弹性光网络可靠传输关键技术

The Key Technologies of Reliable Transmission for Elastic Optical Network

许恒迎　白成林　孙伟斌　杨立山　著

科 学 出 版 社

北 京

内 容 简 介

本书讨论了单载波偏振复用-弹性光网络(PDM-EON) 光发射机的工作原理及数字信号处理(DSP) 预均衡技术，给出了光纤信道的各种线性及非线性损伤模型，阐述了偏振效应的基本原理以及用于 EON 信号相干接收的典型 DSP 均衡算法，重点介绍了本科研团队在 EON 系统参数智能辨识，以及 EON 损伤联合均衡方面的最新科研成果，最后针对 EON 可靠传输技术的发展趋势进行了展望。

本书内容系统全面，结构完整，吸纳了 EON 传输领域的最新科研成果。本书可以作为高等院校信息与通信工程、光学工程、电子科学与技术等相关专业研究生的教材，也可为从事光纤通信技术研究的科研和工程技术人员提供参考。

图书在版编目(CIP)数据

弹性光网络可靠传输关键技术/许恒迎等著. —北京：科学出版社，2020. 2
ISBN 978-7-03-064377-3

Ⅰ. ①弹… Ⅱ. ①许… Ⅲ. ①光传输技术-研究 Ⅳ. ①TN818

中国版本图书馆 CIP 数据核字（2020）第 022433 号

责任编辑：周 涵 田轶静／责任校对：彭珍珍
责任印制：吴兆东／封面设计：无极书装

科学出版社出版
北京东黄城根北街 16 号
邮政编码：100717
http://www.sciencep.com
北京凌奇印刷有限责任公司印刷
科学出版社发行 各地新华书店经销
*
2020 年 2 月第 一 版 开本：720 × 1000 B5
2020 年10月第二次印刷 印张：14
字数：283 000
定价：98.00 元
(如有印装质量问题，我社负责调换)

前　　言

随着第 5 代移动通信 (5G) 的逐步部署，移动互联网、虚拟现实 (Virtual Reality，VR)、物联网 (Internet of Things，IOT) 及云计算的快速发展，全球数据流量将一直保持指数级增长趋势。流量爆炸式的增长，给作为骨干和核心网络的光纤通信系统带来了空前的带宽增长压力。为满足这种海量数据的传输要求，下一代 400Gbit/s 或 1Tbit/s 高速光纤通信系统将利用弹性收发机及相干接收端强大的数字信号处理 (Digital Signal Processing，DSP) 技术，进行带宽、子载波数量及调制格式等参数可调的自适应光传输，以适应流量的动态变化，实现带宽资源的灵活调配。因此，下一代高速光纤通信系统将朝着数字化、软件化、动态可重构的弹性光网络 (Elastic Optical Network，EON) 方向演进。

自 2008 年日本学者提出 EON 的概念以来，EON 迅速获得了光纤通信领域专家和研究学者的关注和支持。基于更加精细的 12.5GHz 频谱栅格以及带宽可变收发机 (Bandwidth Variable Transceiver，BVT)，EON 不仅可根据光纤链路条件产生多种参数 (如调制格式、带宽、子载波数量等) 可调的弹性光路 (Elastic Optical Path，EOP)，灵活满足不同的用户流量需求，而且节省了宝贵的光纤通信带宽资源以提高频谱利用率。

为保障点对点之间用户数据的可靠传输，参数辨识技术及损伤联合均衡技术是 EON 系统相干接收领域中两项非常重要的研究内容。这两项技术对保障下一代高速光纤通信骨干网的可靠运行，以及早日实现 EON 系统的应用和普及具有重要的理论和实践意义。对 EON 而言，由于弹性光发射机的参数一直随光纤传输距离、信道噪声特性及用户流量变化等因素进行动态调整，而目前的研究均假设 EON 接收端已提前获知了发射信号的各种参数，这与实际的传输情况严重不符。因此，在 EON 相干接收端利用 DSP 技术进行参数的智能盲辨识，是进行 EON 光性能监测及信号正确接收的前提和基础，也是保障 EON 系统可靠运行的关键技术之一。

另外，为实现 EON 信号的相干接收，必须使用各种先进的 DSP 技术进行传输损伤的联合均衡。一方面，EON 系统将广泛采用偏振复用 (Polarization Division Multiplexing，PDM) 技术以提高频谱利用率，但这种技术极易受到源自 EON 系统及光纤传输过程中的各种偏振损伤的严重影响，比如偏振相关损耗 (Polarization Dependent Loss，PDL)、偏振态旋转 (Rotation of State of Polarization，RSOP) 及偏振模色散 (Polarization Mode Dispersion，PMD) 等。这些偏振损伤将导致 EON 接收端的经典多输入多输出 (Multiple Input Multiple Output, MIMO) 偏振解复用方案无法正常工作，并产生大量误码。另一方面，激光器自身无法避免的载波相位噪声 (Carrier Phase Noise，CPN) 及频率偏移，都将引起接收信号星座点的随机扩散或整体旋转，最终导致信号解调和判决的严重误码，必须使用有效的 DSP 技术加以均衡。因此，基于 DSP 技术的偏振损伤和载波损伤联合均衡技术在 EON 系统的相干接收处理中占据着非常关键的地位。

为突破以上限制 EON 可靠传输的瓶颈，本书详细介绍了作者所在科研团队在 EON 参数智能辨识和偏振损伤联合均衡方面的研究进展。第 1 章介绍 EON 的基本概念以及国内外相关研究现状；第 2 章给出 EON 相干光纤通信系统的整体架构，详细介绍光发射机的工作原理、光纤信道传输模型及相干接收原理；第 3 章重点阐述偏振效应、单载波 EON 系统以及正交频分复用 (Orthogonal Frequency Division Multiplexing，OFDM)-EON 系统的相干接收 DSP 均衡原理；第 4 章以 OFDM-EON 系统为例，详细阐述 EON 系统的带宽辨识、子载波数量辨识及调制格式辨识原理；第 5 章重点介绍我们提出的几种适用于 EON 系统的偏振损伤联合均衡、载波损伤均衡以及线性动态损伤一体化均衡方案，并给出相应的仿真和实验结果；第 6 章简要介绍 EON 可靠传输技术的发展趋势。

本书部分工作得到了北京邮电大学张晓光教授团队，以及于新阔硕士、赵磊博士、李林倩硕士、冯一乔硕士、郑子博博士、崔楠博士等的大力支持和帮助，在此向他们表示由衷的感谢！同时，本书的相关研究工作得到了国家自然科学基金 (项目编号：61501213、61571057、61527820、61671227)、山东省自然科学基金 (项目编号：ZR2011FM015)、区域光纤通信网与新型光纤通信系统国家重点实验室开放课题 (项目编号：2011GZKF031109)、“泰山学者”建设工程专项经费等项目的资助，在此一并表示衷心感谢！

本书是我们科研工作的初步梳理和总结，由于涉及众多学科专业知识，加上光纤通信领域日益涌现的新技术，书中难免存在疏漏和不妥之处，敬请广大读者批评指正。

作　者

2019 年 10 月

缩写名词表

ADC	Analog-to-Digital Converter	模数转换器
AKF	Adaptive Kalman Filter	自适应卡尔曼滤波器
AR	Augmented Reality	增强现实
ASE	Amplified Spontaneous Emission	放大自发辐射
AWG	Arbitrary Waveform Generator	任意波形发生器
AH	Amplitude Histogram	幅度直方图
BER	Bit Error Rate	误码率
BPS	Blind Phase Search	盲相位搜索
BVT	Bandwidth Variable Transceiver	带宽可变收发机
CAGR	Compound Annual Growth Rate	复合年增长率
CD	Chromatic Dispersion	色度色散
CDC	Colorless-Directionless-Contentionless	无色无向无竞争
CFO	Carrier Frequency Offset	载波频率偏移
CMA	Constant Modulus Algorithm	恒模算法
CMSE	Consecutive Mean Square Error	连续均方误差
CNN	Convolutional Neural Network	卷积神经网络
CO-OFDM	Coherent Optical-Orthogonal Frequency Division Multiplexing	相干光正交频分复用
CP	Cyclic Prefix	循环前缀
CPN	Carrier Phase Noise	载波相位噪声
CW	Continuous Wave	连续波
DAC	Digital-to-Analog Converter	数模转换器
DBP	Digital Back Propagation	数字后向传播
DCF	Dispersion Compensation Fiber	色散补偿光纤
DD	Direct Detection	直接检测
DL	Deep Learning	深度学习
DFB	Distributed Feedback	分布反馈
DGD	Differential Group Delay	差分群时延
DOP	Degree of Polarization	偏振度
DSP	Digital Signal Processing	数字信号处理

DWDM	Dense Wavelength Division Multiplexing	密集波分复用
EAA	Estimation Absolute Accuracy	估计绝对精度
ECL	External Cavity Laser	外腔激光器
EDFA	Erbium Doped Fiber Amplifier	掺铒光纤放大器
EKF	Extended Kalman Filter	扩展卡尔曼滤波器
EMD	Empirical Mode Decomposition	经验模式分解
EON	Elastic Optical Network	弹性光网络
EOP	Elastic Optical Path	弹性光路
EVM	Error Vector Magnitude	误差矢量幅度
FB	Feature-Based	特征提取
FEC	Forward Error Correction	前向纠错
FFT	Fast Fourier Transform	快速傅里叶变换
FFOE	Fourth-Power Frequency Offset Estimation	4 次方频偏估计
FIR	Finite Impulse Response	有限冲激响应
FMF	Few-Mode Fiber	少模光纤
FS-ROADM	Flexible Spectrum Reconfigurable Optical Add Drop Multiplexer	弹性频谱可重构光分插复用器
FWM	Four Wave Mixing	四波混频
GMPLS	Generalized Multiprotocol Label Switching	通用多协议标签交换
GVD	Group-Velocity Dispersion	群速度色散
IAA	Identification Absolute Accuracy	辨识绝对精度
ICI	Intercarrier Interference	载波间串扰
IDFT	Inverse Discrete Fourier Transformation	离散傅里叶逆变换
IFFT	Inverse Fast Fourier Transform	快速傅里叶逆变换
IM	Intensity Modulation	强度调制
IMF	Intrinsic Mode Function	本征模函数
IMP	Improved mth-Power	改进的 m 次方
IOT	Internet of Things	物联网
IP	Internet Protocol	网络协议
IP/MPLS	Internet Protocol/ Multi Protocol Label Switching	网络协议/多协议标签交换
IQM	In-Phase and Quadrature-Phase Modulator	同相正交调制器
ISI	Intersymbol Interference	码间干扰
ITU-T	International Telecommunication Union-Telecommunication Standardization Sector	国际电信联盟电信标准化部门

LB	Likelihood-Based	似然概率
LCoS	Liquid-Crystal-on-Silicon	液晶硅
LPF	Low-Pass Filter	低通滤波器
LUT	Look-Up Table	查找表
MCF	Multi-Core Fiber	多芯光纤
MCM	Multicarrier Modulation	多载波调制
MFI	Modulation Format Identification	调制格式辨识
MEMS	Micro-Electro-Mechanical System	微机电系统
MIMO	Multiple Input Multiple Output	多输入多输出
MMA	Multiple Modulus Algorithm	多模算法
MMF	Multi-Mode Fiber	多模光纤
MMS	Modulus Mean Square	模均方值
MFRR	Modulation Format Recognition Rate	调制格式辨识成功率
MPTG	Multipath Routing Algorithm with Traffic Grooming	具有流量疏导功能的多路径路由算法
MZM	Mach-Zehnder Modulator	马赫–曾德尔调制器
NF	Noise Figure	噪声指数
NLSE	Nonlinear Schrödinger Equation	非线性薛定谔方程
NN	Neural Network	神经网络
NRZ	Non-Return-to-Zero	不归零
Nyquist WDM	Nyquist Wavelength Division Multiplexing	奈奎斯特波分复用
OAM	Orbital Angular Momentum	轨道角动量
OAWG	Optical Arbitrary Waveform Generation	光任意波形产生
O-E-O	Optical-Electrical-Optical	光–电–光
OFDM-EON	Elastic Optical Network based on Orthogonal Frequency Division Multiplexing	基于正交频分复用的弹性光网络
O-OFDM	Optical Orthogonal Frequency Division Multiplexing	光正交频分复用
OPGW	Optical Ground Wire	光纤复合地线
OPM	Optical Performance Monitoring	光性能监测
OSA	Optical Spectrum Analyzer	光谱仪
OSNR	Optical Signal to Noise Ratio	光信噪比
P2P	Peer-to-Peer	点对点
PBC	Polarization Beam Combiner	光偏振合束器

PBS	Polarization Beam Splitter	光偏振分束器
PC	Polarization Controller	偏振控制器
PCD	Polarization-Dependent Chromatic Dispersion	偏振相关色度色散
PCE	Path Computation Element	路径计算单元
PD	Photodetector	光电探测器
PDL	Polarization Dependent Loss	偏振相关损耗
PDM	Polarization Division Multiplexing	偏振复用
PDM-IQM	Polarization Division Multiplexing in-Phase and Quadrature-Phase Modulator	偏振复用同相正交调制器
PM	Phase Modulator	相位调制器
PMD	Polarization Mode Dispersion	偏振模色散
PON	Passive Optical Network	无源光网络
PRBS	Pseudo-Random Bit Sequence	伪随机比特序列
PSD	Power Spectral Density	功率谱密度
PSP	Principal State of Polarization	偏振主态
QAM	Quadrature Amplitude Modulation	正交幅度调制
QoS	Quality of Service	服务质量
QPSK	Quadrature Phase-Shift Keying	四相相移键控
RC	Raised Cosine	升余弦
RDE	Radius-Directed Equalizer	半径指向均衡
RDLKF	Radius-Directed Linear Kalman Filter	半径指向线性卡尔曼滤波器
RF	Radio Frequency	射频
RFA	Raman Fiber Amplifier	拉曼光纤放大器
RRC	Root-Raised Cosine	根升余弦
RSA	Routing and Spectrum Allocation	路由和频谱分配
RSOP	Rotation of State of Polarization	偏振态旋转
RWA	Routing and Wavelength Assignment	路由和波长分配
S/P	Serial to Parallel	串并转换
SCF	Spectral Correlation Function	频谱相关函数
SDH	Synchronous Digital Hierarchy	同步数字体系
SDON	Software-Defined Optical Network	软件定义光网络
SE	Spectral Efficiency	频谱效率
SMF	Single-Mode Fiber	单模光纤

SOP	States of Polarization	偏振态
SOPMD	Second-Order PMD	二阶偏振模色散
SPM	Self-Phase Modulation	自相位调制
SVM	Support Vector Machine	支持向量机
UKF	Unscented Kalman Filter	无迹卡尔曼滤波器
V-BVT	Virtualizable BVT	虚拟化带宽可变收发机
VNE	Volterra-Based Nonlinear Equalizer	基于 Volterra 方法的非线性均衡器
VoD	Video-on-Demand	视频点播
VR	Virtual Reality	虚拟现实
VVPE	Viterbi-Viterbi Phase Estimation	维特比–维特比相位估计
WDM	Wavelength Division Multiplexing	波分复用
WSS	Wavelength Selective Switche	波长选择开关
XPM	Cross-Phase Modulation	交叉相位调制
XPolM	Cross-Polarization Modulation	交叉偏振调制

目 录

第 1 章　绪　　论

人类社会已经迈入信息时代。在近乎无限宽泛的电磁频谱中，目前只有两个窗口可被广泛用于现代的宽带通信。第一个通信窗口从长波无线电到毫米波，频率范围为 100kHz～300GHz，满足了日常通信需求，比如广播电视、无线局域网及移动通信等，然而在射频微波范围内的频谱资源极其宝贵，因此大部分数据通信的比特率均被限制在每秒千兆比特以内。相比之下，第二个通信窗口的频率范围为红外光波区域的 30～300THz[1]，这一窗口提供了几百太赫兹的巨大带宽，使得光纤通信系统的传输容量可以在理论上最高达到 100Tbit/s(太比特每秒) 及以上。如今，海量的音乐、文本、图片及视频数据在光纤链路中流淌，连接着地球的每一个角落，21 世纪将是光的世纪。高速大容量光纤通信系统已经成为现代信息社会生存发展必不可少的基础设施。因此，围绕高速大容量光纤通信系统的可靠传输问题开展研究，对保障光通信骨干网的正确接收及可靠运行具有重要的理论和实践意义。

本书主要针对下一代光网络 —— 弹性光网络 (Elastic Optical Network，EON) 的参数辨识及损伤联合均衡问题展开研究。本章首先简要介绍全球数据流量需求及变化趋势，其后在介绍光纤通信传输系统发展历程和趋势的基础上，重点阐述 EON 的基本概念及关键技术，此后详细介绍 EON 可靠传输的国内外研究现状，最后给出本书的研究内容和章节安排。

1.1　全球数据流量需求及变化趋势

我们首先通过两组数据来说明全球数据流量的变化趋势。1990—2016 年，受到移动互联网、在线游戏、点对点 (Peer-to-Peer，P2P) 文件共享、视频点播 (Video-on-Demand，VoD)、云计算、虚拟现实 (Virtual Reality，VR)、增强现实 (Augmented Reality，AR) 等数据业务的影响，以北美网络协议 (Internet Protocol，IP) 流量变化为例，如图 1.1 所示，每月 IP 流量大约每隔 16 个月翻番，从 1990 年的 TB(1TB=10^3Gigabyte(GB)) 量级增长至 2016 年的艾字节 (Exabyte，EB，1EB=10^9GB) 量级，呈现出指数级的增长趋势 [2]。

此外，据思科预测，从 2016 年开始的未来 5 年，每月全球 IP 总流量将以平均 24%的复合年增长率 (Compound Annual Growth Rate，CAGR) 增长，从 2016 年的约 96054PB 增长到 2021 年的约 278108PB[3]，如图 1.2 所示。从以上的流量数据变化及趋势预测，我们可以推论出：随着第 5 代 (5G) 移动通信的逐步部署、物

联网 (Internet of Things，IOT) 及移动互联网的快速发展，全球 IP 数据流量仍将保持指数级的增长速度。

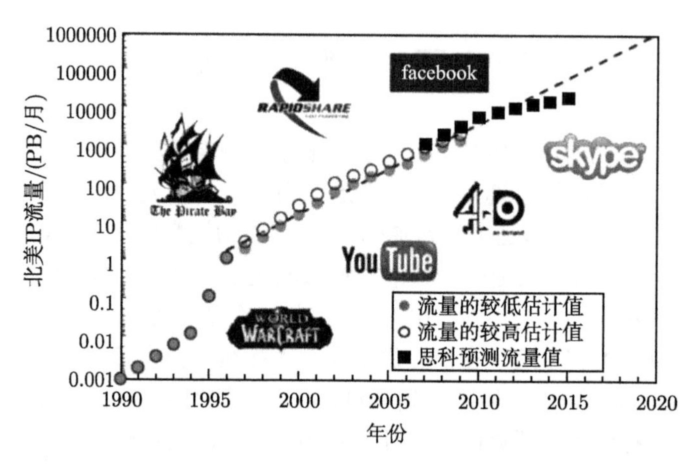

图 1.1　1990—2016 年北美 IP 流量变化趋势 [2]

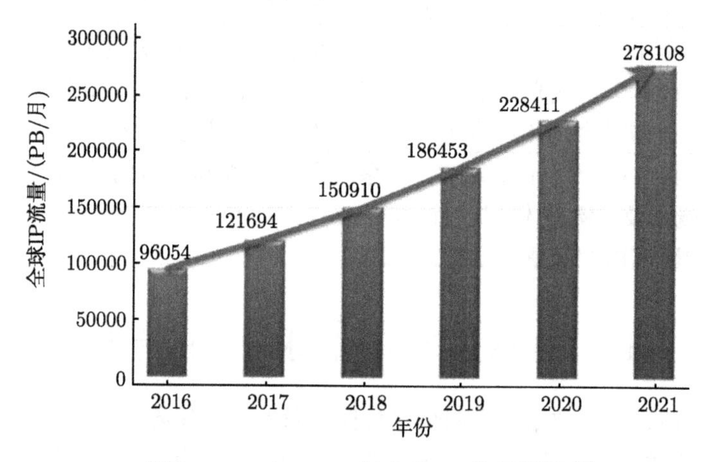

图 1.2　2016—2021 年全球 IP 流量预测 [3]

当前全球几乎 99%的数据都通过光纤传输，数据流量的爆炸式增长，给作为骨干和核心网络的光纤通信系统带来了空前的带宽增长压力。1986—2022 年单模光纤通信系统传输最大容量的发展历程如图 1.3 所示 [4]，从中可以发现：①单波长接口速率 (白色圆圈所示) 以年均 20%的增长率，从 1Gbit/s 逐渐增长至波分复用 (Wavelength Division Multiplexing，WDM) 系统即将商用的 400Gbit/s[5]；②受限于高速模数转换器 (Analog-to-Digital Converter，ADC) 和数模转换器 (Digital-to-Analog Converter，DAC) 的集成工艺难度，单波长光接口的符号速率年均增长仅有 10%(白色方框所示)；③商用波分复用系统容量 (白色三角所示) 在 1995—2000

年的年增长率为 100%，其后受到信道容量香农 (Shannon) 极限及频谱效率的增长接近饱和的影响，这一数值急剧降低为 20%左右。根据以上数据，可以推论出：当前商用光纤通信系统每年 20%左右的容量增长速率显然无法适应总数据流量的指数级增长趋势，并且这一差距在未来几年有逐步扩大的趋势。海量的数据传输需求与相对增长缓慢的光纤容量之间的矛盾，迫使高速光传输网络一步步实现密集波分复用 (Dense Wavelength Division Multiplexing，DWDM)、全光放大、高阶调制、相干检测 (Coherent Detection) 等重大技术的突破及应用，并推动光纤通信系统向大容量、长距离、动态的方向发展。

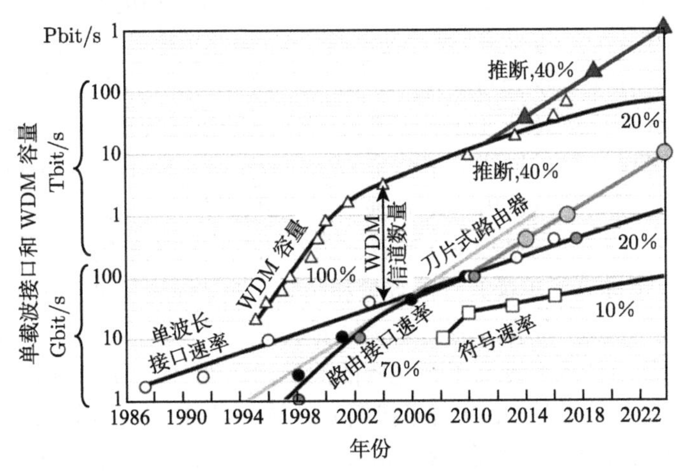

图 1.3 1986—2022 年单模光纤通信系统传输最大容量演进 [4]

1.2 光纤通信传输系统的发展历程与趋势

在了解全球数据流量需求及变化趋势的基础上，我们将简要回顾一下光纤通信传输系统的发展历程，明确未来光纤通信传输网络的发展趋势，便于为 EON 系统研究内容的展开做好铺垫。

1.2.1 光纤通信传输系统的发展历程

人们很早以前就观察到：由于全反射的作用，光能够在弯曲的水流或玻璃棒中前进。随着 19 世纪电报、电话的发明，跨越全球的大容量信息交换迫切需要找到一种速度高、成本低、损耗小的长距离传输媒介。1966 年，“光纤之父” 高锟博士发表了题为《光频率介质纤维表面波导》的论文，开创性地指出：通过提高石英玻璃纤维的纯度，将掺杂杂质造成的极大传输损耗降至 20dB/km 以下，就可使用光纤作为通信媒介进行长距离的信息传递 [6]。这一重要结论证明了使用光纤进行数据通信的可能性，奠定了光纤通信的基础，开启了高速光纤通信的大门。根据这一理论，1970 年，康宁 (Corning) 公司成功研制出衰减损耗小于 20dB/km 的光纤 [7]。在此之后，每一代的光纤通信系统都紧紧围绕如何增大数据传输容量和提高传输距离这两大问题进行演进。

第一代光纤通信系统采用中心波长为 0.8μm的砷化镓 (GaAs) 半导体激光器及多模光纤 (Multi-Mode Fiber，MMF) 技术，传输容量最高为 45Mbit/s，传输距离为 10km[8]。随着单模光纤 (Single-Mode Fiber，SMF) 的损耗降低至 <1dB/km，以及磷砷化镓铟 (InGaAsP) 半导体激光器和光电探测器 (Photodetector，PD) 技术的进步，第二代光纤通信系统工作中心波长迁移至 1.3μm，最高传输速率可达 2Gbit/s，同时传输距离延长至 44km[9]。此后，基于在波长 1.55μm处光纤损耗最低的性质，第三代光纤通信系统采用单纵模分布反馈 (Distributed Feedback，DFB) 激光器及损耗因数为 0.2dB/km 的低损光纤进行中心波长 1.55μm的数据传输 [10,11]，以及集传输、复用与交叉连接于一体的同步数字体系 (Synchronous Digital Hierarchy，SDH)[12]，系统的传输总容量可达 2.5Gbit/s，传输中继距离超过 100km。

1992 年，美籍华人厉鼎毅博士首次开发出采用光放大器的波分复用光纤通信系统 [13]，极大地提高了单模光纤的容量和传输距离，促进了第四代光纤通信系统容量的极大提升。这一代光纤通信系统主要取得了以下技术突破：①大规模应用和普及了波分复用技术并提高了激光器的波长稳定性 [14]，使传输容量从 1992 年开始每隔 6 个月翻倍增长；②实现了掺铒光纤放大器 (Erbium Doped Fiber Amplifier，EDFA) 及拉曼光纤放大器 (Raman Fiber Amplifier，RFA) 的逐渐商用 [15,16]，将波长放大窗口从传统的 C 波段 (1530~1565nm) 扩展至 S 波段 (1460~1530nm) 和 L 波段 (1565~1610nm)，在每隔 80~100km 光纤跨段处使用全光放大器将不同波长信号同时放大，极大地减少了长距离传输所需的光–电–光 (Optical-Electrical-Optical，O-E-O) 中继器的数量，截至 1995 年底海底光缆的传输距离已经达到了 11300km[17]；③利用前向纠错 (Forward Error Correction，FEC)、改进的强度调制 (Intensity Modulation，IM)、直接检测 (Direct Detection，DD)、色度色散 (Chromatic Dispersion，CD) 和偏振模色散 (Polarization Mode Dispersion，PMD) 管理等技术将密集波分复用系统每信道比特率提高至 40Gbit/s，光纤通信系统的总传输容量在 2007 年时已经超过 25Tbit/s[18]。

值得注意的是，尽管基于强度调制–直接检测 (IM-DD) 技术使得第四代光纤通信系统的容量得到了很大提升，但在此基础上再进一步增加每波长比特率的难度显著增加，比如从单波长 40Gbit/s 提高至 100Gbit/s，遭遇到了直接检测系统的 CD、PMD 均衡与补偿的瓶颈。如果单纯依靠提升硬件带宽的方式增加传输比特率，就会对波分复用系统光电探测器、ADC 等关键器件的研发造成极大难度，运营商也难以承受如此高昂的建设成本 [19]。此外，密集波分复用系统利用 50GHz 固定频谱栅格对每波长 100Gbit/s 以上的比特率适配时，也会造成频谱资源的巨大浪费。

为解决上述问题，2004 年以来，第 5 代高频谱效率 (Spectral Efficiency, SE) 数字相干光纤通信系统得以蓬勃发展 [20,21]，主要特点是采用了高阶调制格式、偏振复用 (Polarization Division Multiplexing，PDM)、多载波复用 (如光正交频分复用、Nyquist 波分复用)、FEC 和基于数字信号处理 (Digital Signal Processing，DSP) 的相干检测技术 [22,23]。已有研究结果表明：如果采用高频谱效率调制方式，并完全利用 EDFA 的 C 和 L 波段，可将标准单模光纤的传输容量提升至理论极限 100Tbit/s[24,25]。这种高频谱效率相干光纤通信技术被看作是最适于单波长 100Gbit/s 及以上速率密集波分复用系统的技术，其优点在于：①采用高频谱效率调制方式，充分利用光载波的 5 个维度，包括时间、频率、偏振、正交及空间等维度携带信息 [22,26−28]，如图 1.4 所示，这样可以在无缝兼容现有光纤通信系统带宽的情况下，极大地提高传输容量，降低对收发机的硬件速率要求；②在相同比特率下，高频谱效率相干光纤通信系统占用带宽更少，提高了系统对 CD 和 PMD 的容忍度 [29]；③相干接收机使用同频同相的本振 (LO) 激光器与接收信号拍频，产生了正比于本振信号强度的额外光电流，显著提高了接收机的灵敏度，这种技术有助于提高光纤的传输距离 [30,31]；④相干检测技术可完美恢复光载波的幅度、相位、正交、偏振等各维度信息，获得远高于 IM-DD 系统的频谱效率 [32]；⑤借助发射端和接收端强大的 DSP 算法，可以在数字域实现波形预失真、CD 补偿、PMD 补偿、非线性补偿、偏振跟踪、频偏及相位估计等 [2,23,33−37]，极大地增加

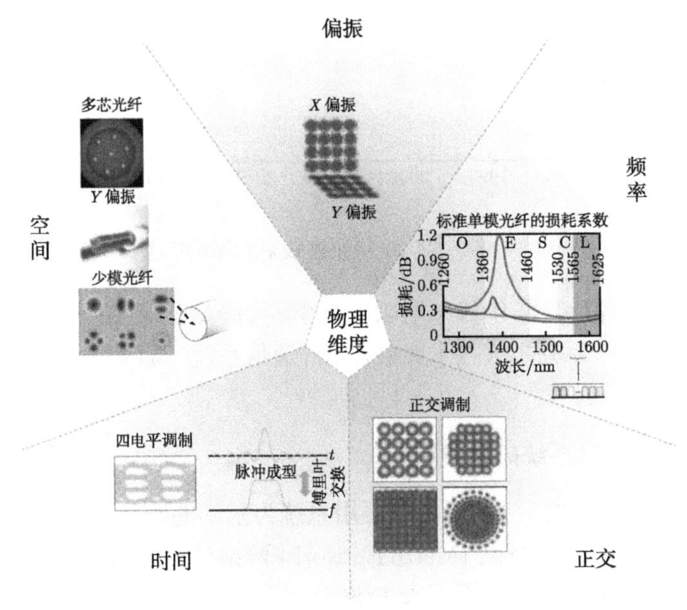

图 1.4 高频谱效率相干光纤通信系统利用 5 个物理维度传输信息示意图 [26]

了密集波分复用系统的传输容量和距离；⑥基于 DSP 的相干检测可支持比特率、调制格式及带宽等参数可调的自适应光传输 [38]，这对下一代光网络非常重要；⑦相干检测技术可支持多种新型光纤传输，比如少模光纤 (Few-Mode Fiber，FMF)、多芯光纤 (Multi-Core Fiber，MCF)，或轨道角动量 (Orbital Angular Momentum，OAM) 模式传输 [39]，可进一步提高光纤系统的传输容量至 Pbit/s 以上 [40,41]。

归功于上述先进复用、调制及相干检测技术的飞跃发展，第 5 代光纤通信系统传输容量的递增速度大约为每 4 年增长 10 倍 [42]，2011 年，单模光纤传输容量达到了 100Tbit/s 以上 [43,44]；2014 年，现场传输容量达到了 54.2Tbit/s[45]。与此同时，频谱效率也得到了极大提高，从 1991 年的 0.03bit/(s·Hz) 快速提升至 2011 年的 10bit/(s·Hz) 以上，如图 1.5 所示。2015 年日本 Beppu 等使用单载波 2048 进制正交幅度调制 (Quadrature Amplitude Modulation，QAM) 将单模光纤的频谱效率提升至 15.3bit/(s·Hz)[46]，其后他们又利用 1024QAM 调制和 7 芯光纤将频谱效率提升至创纪录的 109bit/(s·Hz)[41]。

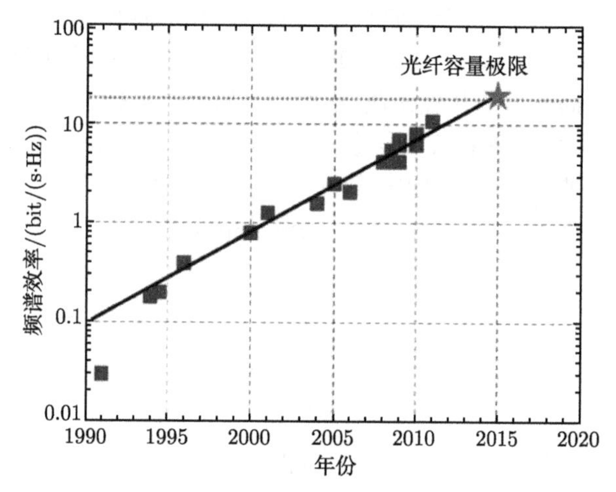

图 1.5　1990—2020 年频谱效率的演进历程 [47]

综上可知，20 世纪 80 年代中期以来至今，为满足全球 IP 流量指数级增长的传输需求，伴随着一系列重大技术突破，光纤通信系统一直朝大容量、长距离、高频谱效率的方向发展。

1.2.2　光纤通信传输系统的发展趋势

经历 30 余年的发展，当前以波分复用系统为基础的光纤通信网络可划分为核心网 (Core Network) 及城域网 (Metro Network) 两部分 [48]，如图 1.6 所示。核心网主要依靠相干收发技术连接不同的城域网及大型数据中心 (Mega-Datacenter)，而城域网连接不同的商务用户、家庭用户、小型数据中心 (Small-Scale Datacenter)

及移动用户等，一般使用低成本的非相干检测无源光网络 (Passive Optical Network，PON) 技术。

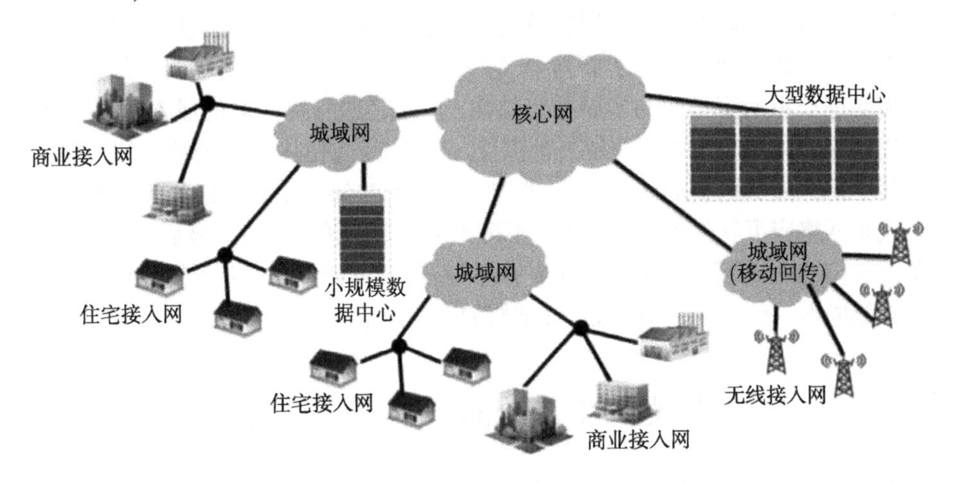

图 1.6 光纤通信系统网络架构 [48]

从这两种光纤网络传输的角度来说，实际的数据流量一直在动态变化。具体来说，以视频和在线游戏为主的家庭用户流量要远多于商务用户流量，需要当前的光纤通信网络技术朝更加动态的方向发展 [49]。另一方面，即使在同一城域网内，数据中心和家庭用户对流量的需求也是千差万别的。此外，基于新兴云计算的普及和能耗节省的考虑，不同的移动互联应用经常需要从一台服务器迁移至其他服务器，进一步加剧了数据流量的动态变化。

另外，从信道容量不断升级的角度研究这一发展趋势，可发现：随着当前单波长 100Gbit/s 容量的逐步商用化，光纤信道容量升级至 400Gbit/s 及以上比特率只是时间问题。而目前已提出多种升级至 400Gbit/s 的候选技术方案 [50]，可大体分为以下三大类：①基于更高波特率或更高阶调制格式的单载波技术，如采用 110G 波特 (GBaud) 和 128.8G 波特 (GBaud) 的基于 PDM 的四相相移键控 (Quadrature Phase-Shift Keying, QPSK) 方案 [51,52]、64GBaud PDM-16QAM 方案等 [53]；②多子载波技术 [5]，比如基于两个子载波的 60GBaud[54] 及 64GBaud PDM-QPSK 方案 [54]、PDM-8QAM 方案 [55]，基于 3 个子载波的 PDM-64QAM 方案 [50] 等；③为降低系统对于 ADC 和 DAC 硬件带宽要求，提出的基于光正交频分复用 (Optical Orthogonal Frequency Division Multiplexing, O-OFDM) 或奈奎斯特波分复用 (Nyquist WDM) 的超级信道 (Super Channel) 技术 [56−59] 等。对于上述多种方案，我们可以发现，如果密集波分复用系统继续使用当前的固定频谱栅格，将单波长容量从目前的 100Gbit/s 升级至 400Gbit/s，大部分候选方案将会产生频谱资源的严重浪费。为提高频谱利用率，必须对固定的频谱栅格加以改进才能适配下一代 400Gbit/s 系统。

数据流量的动态变化及信道容量迫切需要升级至 400Gbit/s 甚至 1Tbit/s，所以对下一代光通信网络提出了更高要求。这些要求体现在：首先，下一代光纤通信网络需要进一步精简当前的多层网络结构，以减轻服务提供商的成本压力；其次，下一代光通信网络应该尽可能地具备弹性，比如研发调制格式、波特率和带宽等参数随信道条件灵活调整的光收发机 [38,60]，以满足时刻变化的数据业务需求；再次，下一代光网络应可软件配置，以适应不可预测的数据流量变化；最后，这种网络应具备可重构性，以支持网络资源的发布、重新部署及再优化。下一代光纤通信网络将朝着低成本、有弹性、可配置、可重构的方向发展。

1.3　弹性光网络系统的基本概念及关键技术

为使下一代光纤通信网络具备成本低、有弹性、可配置、可重构的特点，满足流量激增的需求，实现信道资源的灵活调配，下一代光网络一方面需要光频谱能够灵活分割，采用比密集波分复用系统更精细的频谱间隔，以满足不同波特率的单载波或多载波传输需求 [61]；另一方面需要满足运营商根据应用场景灵活设置不同比特率、调制格式等参数的需求。因此，开展可灵活满足不同场景需求、参数可调的高阶调制光纤通信系统研究，不仅是当前光纤通信领域的热点，也代表了未来光纤通信的发展方向。在本节中，我们首先给出 EON 的基本概念，其后重点阐述 EON 的研究现状和关键技术。

1.3.1　EON 的基本概念

2008 年，M. Jinno 首次提出了弹性光网络 (Elastic Optical Network，EON) 的概念 [62]，利用 OFDM 和通用收发机技术向每次连接需求提供 “刚刚够” 的频谱以动态调节比特率，达到收发机弹性可调的目的 [63]。

首先，EON 概念中的关键特征 ——“弹性” 体现在这种网络采用了更加精细的频谱栅格 [61]，以及可进行频谱汇聚与交换的弹性频谱可重构光分插复用器 (Flexible Spectrum Reconfigurable Optical Add Drop Multiplexer，FS-ROADM)[49]，以达到灵活满足不同用户流量需求的目的。国际电信联盟电信标准化部门 (International Telecommunication Union-Telecommunication Standardization Sector，ITU-T) 规定波分复用系统对每次数据连接提供 50GHz 的频谱颗粒度，而相比之下 EON 系统采用了标称为 6.25GHz 的中心频率颗粒度以及 12.5GHz 的频谱槽宽度颗粒度 [64,65]，允许将一次数据连接占用多个频谱槽，这样既保证了对原固定的 50GHz 频谱栅格的兼容，又可提供 75GHz、112.5GHz 或 125GHz 等多种频谱资源供下一代 400Gbit/s 甚至 1Tbit/s 系统使用，相比现有密集波分复用系统节省了大量宝贵的光纤通信带宽资源，有效提高了频谱利用率。这两种系统占用频谱资源的对比示意图如图 1.7 所示。据文献报道 [66]，在采用 10GHz 信道保护边带的情况下，针对基于超级信道方案的 400Gbit/s 和 1Tbit/s 系统，EON 的频谱效率相比同样速率的密集波分复用系统可分别提高 17%～135%和 25%～150%。

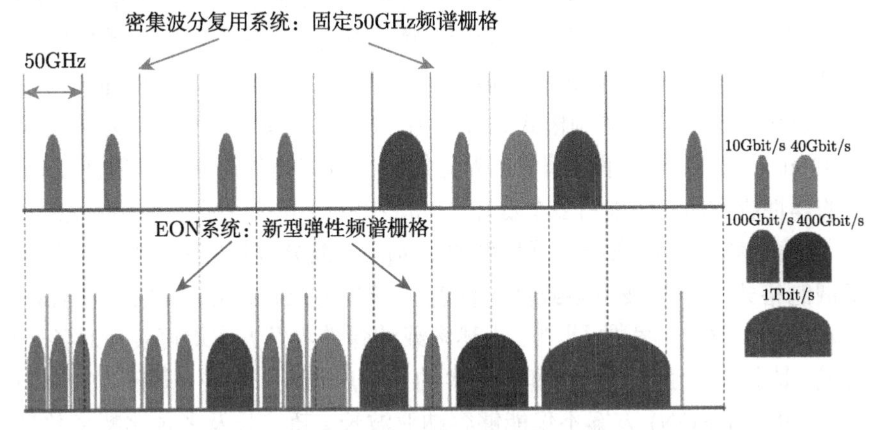

图 1.7 密集波分复用系统与 EON 系统频谱资源占用对比示意图 (扫描封底二维码查看彩图)

其次，EON 概念的第二个关键特征为采用了带宽可变收发机 (Bandwidth Variable Transceiver，BVT)，它可根据光纤链路条件和用户带宽需求产生多种参数可调的弹性光路 (Elastic Optical Path，EOP)[66]，其示意图如图 1.8 所示。节点 A 处的多个带宽可变光发射机发送不同比特率的信号，并经弹性光复用后，再利用 FS-ROADM 发向不同的互联节点 B、C 和 D，最后由带宽可变接收机进行数据的相干接收。

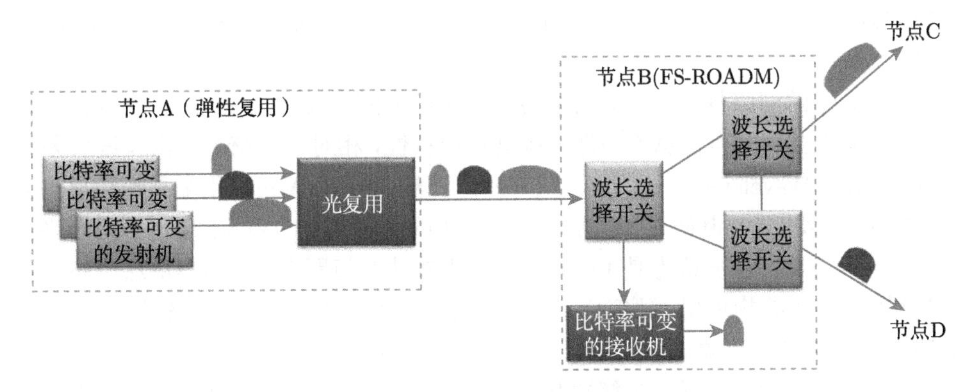

图 1.8 弹性光路的发送及接收示意图

1.3.2 EON 的研究现状及关键技术

EON 的概念被提出以来，立即引起了国内外光纤通信领域学者的极大关注，目前已取得一系列的研究成果。当前 EON 的研究主要以 EON 的物理层、网络规划及控制层面三个大类展开 [67,68]，以下将进行详细阐述。

在 EON 的物理层研究领域，为实现弹性光路的正确收发并达到信道的有效容量、透明传输、频谱效率和可调性之间的平衡，相关学者主要进行了弹性收发机及弹性光开关的研究 [67]。单载波弹性收发机的研究主要集中在其应能提供多种 弹性自由度以供调节，比如调制格式、符号率、FEC 比率等 [69−71]。为使 EON 总速率从 Gbit/s 向 Tbit/s 平滑演进，提出的解决方案是使用基于多载波或超级信道技术的弹性收发机，如采用多个低速 (⩽40GBaud) 正交子载波的相干光 OFDM 方案 [72]、信号频谱接近或等于符号率的 Nyquist 波分复用方案 [38,73]、基于大带宽任意调制格式的单载波或多载波光任意波形产生 (Optical Arbitrary Waveform Generation，OAWG)方案 [66,74] 等。上述多载波弹性收发方案均可实现对各子载波调制格式、比特率、子载波数量和间隔等的自适应调制。其中，基于 OFDM 的弹性光网络(OFDM-EON) 方案不仅能够容纳亚波长、超波长及多种比特率数据 (如从 Gbit/s 到 Tbit/s)，还可以通过调整子载波数量及调制格式实现比特率随距离的自适应变化，进而达到频谱的动态扩张与汇聚的目的，另外，这种方案可根据用户流量的动态变化关闭一部分子载波以节省能耗 [68,75,76]。因此，OFDM-EON 方案被认为是下一代 EON 最有可能选用的方案。同时，为实现 EON 具有更精细的颗粒度、可变带宽特性 (比如可调光带宽和每信道可调中心频率)的超级信道交换 [77−79]，针对波长选择开关 (Wavelength Selective Switch, WSS) 这一关键器件，相关学者在 EON 的弹性光开关研究方面提出了基于液晶硅 (Liquid-Crystal-on-Silicon，LCoS)[80,81] 和微机电系统 (Micro-Electro-Mechanical System，MEMS) 的技术方案 [82,83]，能够支持几乎任意频谱切片 (步长为 3.125~6.250GHz) 的交换等。

在 EON 的网络规划领域，由于路由和频谱分配 (Routing and Spectrum Allocation, RSA) 技术具有信息透明性和频谱重用特性，相对于传统的路由和波长分配 (Routing and Wavelength Assignment, RWA) 算法 [84]，RSA 可采用多种弹性自由度 (比如子载波数量、调制格式、符号率、FEC、功率、子载波间隔等) 实现不同的路由和资源分配方案，这被认为是 EON 中最具挑战性的问题之一。为解决这一问题并有效利用 EON 的物理层，研究学者已经提出了许多新颖的 RSA 方案 [85]，比如基于调制格式的路由及频谱分配技术 [86]，基于距离自适应的频谱分配方案 [87] 及启发式几何优化方法 [88] 等。为解决基于 RSA 的路由方案带来的频谱碎片问题，已提出了多种有效的频谱碎片整理方案，比如重优化方案 [89]、破坏最小化方案 [90]、

推挽模式方案 [91]，以及可生存多路径路由方案 [92]，可有效满足 OFDM-EON 的灵活保护需求。此外，为解决多路径路由算法 (MPTG) 在部署多个子连接时产生的频谱效率低下问题，Fan 等提出了一种具有流量疏导功能的动态多路径路由算法 [93]，通过共享光纤链路及汇聚源自同一源节点的小规模连接，可以提高网络吞吐量，有效降低带宽可变收发机的消耗。

在 EON 控制领域，由云计算网络和数据中心需求驱动的流量模式，正在推动网络架构从“始终开启”的点对点模式升级至基于数字切换的弹性传输模式。为提供按需带宽，应该在操作流程中去除人工干预，这就需要能够跨越多个网络层次的自动化处理，比如从传输层跨越至网络协议/多协议标签交换 (Internet Protocol/ Multiprotocol Label Switching, IP/MPLS) 层。在这一领域已取得的进展可主要分为两类：①对现有的通用多协议标签交换 (Generalized Multiprotocol Label Switching, GMPLS)[94] 和路径计算单元 (Path Computation Element, PCE) 控制平面标准 [95] 进行扩展，主要进行了基于 GMPLS 和 PCE 的分布式路由、调制及频谱分配研究 [96]、多流式光收发机研究 [97]、光功率控制研究 [98] 等；②提出了具有可编程性及更低控制复杂度的软件定义光网络 (Software-Defined Optical Network, SDON)[99] 和 OpenFlow 范例 [100]，目前这些研究主要集中在基础设施层、控制层、应用层及网络虚拟化方面 [101]。具体而言，在基础设施层主要进行了单数据流带宽可变收发机 [102]、切片式多数据流带宽可变收发机 [103]、虚拟化带宽可变收发机 [104]、具有无色无向无竞争特性的可重构光分插复用器 (Reconfigurable Optical Add-Drop Multiplexer，ROADM)[105]、光性能监测研究 [106] 等；在控制层提出了基于 OpenFlow 的光收发机控制 [107]、光路交换控制 [108]、光频谱碎片整理 [109] 及 PON 控制技术 [110] 等；在应用层主要进行了服务质量 (Quality of Service, QoS) 预测与管理 [111]、访问控制与安全 [112]、能源效率 [113] 和故障恢复研究 [114] 等；在网络虚拟化方面，主要进行了接入网虚拟化 [115]、虚拟数据中心研究 [116]、光纤核心网络的损伤感知虚拟化 [117]、可生存性 [118] 及节能研究 [119] 等。

总之，从上述 EON 的研究现状可以看出，为满足动态数据流量的传输要求，构建具有数字化、软件化、全动态特点的 EON，实现信道资源的灵活调配，将是下一代 400Gbit/s 和 1Tbit/s 高速光纤通信系统的主要发展方向。

1.4 弹性光网络可靠传输的国内外研究现状

由上述 EON 的基本概念可知，EON 中弹性收发机可自适应地利用多种自由度满足动态变化的流量需求，包括调制格式、带宽、FEC 比率、子载波数量和间隔等参数。然而需要注意的是，目前已进行的弹性收发机研究均假设在 EON 接收端提前获知了发射信号的各种参数，这一点与 EON 信号的实际传输情况严重不符，原因在于，弹性收发机的参数一直随光纤的传输距离、光信道噪声特性及用户流量变化进行动态调整。因此，有必要在 EON 接收端进行发射信号参数的智能辨识，这是进行 EON 光性能监测 (Optical Performance Monitoring，OPM) 与信号正确接收的前提与基础。

另外，基于各种先进的 DSP 技术进行传输损伤的联合均衡也是实现 EON 信号可靠传输的关键环节。这种重要性体现在两方面：一方面，由于 EON 使用的是弹性收发机，将利用 PDM 技术的优点以提高频谱效率 [70,71,74,120]，即同时使用光载波的两个正交偏振态携带信息达到传输速率翻倍的目的。然而，这种技术极易受到各种偏振损伤的影响，包括偏振相关损耗 (PDL)、RSOP 及 PMD 等。这些偏振损伤轻则引起误码，重则将导致偏振解复用的完全失败，必须提出有效的偏振解复用方案。另一方面，激光器的载波相位噪声 (Carrier Phase Noise，CPN)，以及发射端和接收端激光器之间的载波频率偏移 (Carrier Frequency Offset，CFO) 都将引起接收信号星座点的随机扩散或整体旋转，最终导致 EON 信号解调和判决的严重误码，也必须进行有效的载波损伤均衡。

因此，为保障高速 EON 的可靠传输，对 EON 系统进行参数的智能辨识和损伤联合均衡必不可少。本书主要针对 EON 中弹性收发机的参数辨识和损伤联合均衡问题展开研究。

1.4.1　参数辨识的研究现状

下一代数字化、软件化、全动态的 EON，将混杂多种比特率、多个子载波及多种调制格式，频谱分割灵活多变，无论是对 EON 信号的相干接收还是关键节点的光性能监测，都需要智能获取光载波的参数信息。进行 EON 参数辨识研究的作用及重要意义，可从以下两个角度理解。

(1) 相干接收：受限于 ADC 及 DAC 芯片速率提升的瓶颈，EON 总传输比特率的提升，在载波数量固定的情况下，主要依赖于单子载波使用的具有高频谱效率的高阶调制格式，包括 PDM-QPSK、PDM-16QAM 到 PDM-64QAM 等。码型复杂度的提高 [69,76,121]，使得在 EON 接收端的 DSP 处理中载波频偏估计和相位噪声恢复处于越来越重要的地位，这些 DSP 过程与动态变化的 EON 调制格式及带宽等参数息息相关。因此，当 EON 发射载波的重要参数动态变化时，如何使相干接收机在最短时间内智能适应发射信号的频谱及星座映射的变化，是正确进行 EON 接收和解调的前提，具有重要的理论和实践意义。

(2) 光性能监测：为降低动态光网络的运营成本，确保带宽资源的最佳利用并实现对光网络的精细管理，必须在 EON 的关键节点上实现对各个光传输路径上的光信噪比 (Optical Signal to Noise Ratio，OSNR)、CD、PMD 和 PDL 等损伤参数的实时光性能监测 [122]，这种监测与所使用光载波的调制格式及带宽等参数密切相关。现有光性能监测技术均假设这些参数已知且固定不变，并不符合 EON 光路参数动态变化的实际场景，这将导致光性能监测失败。尽管理论上存在从更上层协议获得这些参数信息的可能，但这种交叉层通信可行性不高 [123]。因此，为不中断 EON 的正常业务传输，在 EON 关键节点上进行光性能监测时，对传输光信号的参数盲辨识将必不可少。

在无线通信领域，参数辨识方法可分为基于似然概率 (Likelihood-Based, LB) 和特征提取 (Feature-Based, FB) 两类。LB 方法基于错误概率最小化原则进行调制格式辨识，计算复杂度较高，而 FB 方法利用信号特征辨识调制格式，尽管辨识结果有时不是最优，但这种方法更易实现 [124]。最近几年以来，国内外学者主要使用高阶统计量、循环平稳等特征进行 OFDM 系统的参数估计，并在 MIMO 与多天线 OFDM 系统的参数辨识方面取得了一系列成果 [125−127]。

在光纤通信领域，对 EON 的参数辨识研究起步较晚，目前已取得的进展主要集中在符号率估计及调制格式辨识上。已提出的符号率估计方案包括: ①基于信号功率谱密度 (Power Spectral Density, PSD) 标准差的估计方案，首先计算接收信号的 PSD 标准差，其后利用查找表 (Look-Up Table，LUT) 法进行 mPSK 及 QAM 格式的波特率估计 [128]，这种方案需要提前进行 PSD 标准差和波特率之间的大量转换；②基于二阶循环平稳特性的估计方案 [129]，该方案基于接收信号的频谱相关函数 (Spectral Correlation Function，SCF) 呈现出基频等于符号率的特性，进行 Nyquist 波分复用系统波特率估计，缺陷是需要参与运算的采样点数过多，计算量过大；③基于 Godard 定时恢复的时钟音方案 [130] 以及异步延时采样技术进行符号率估计方案等 [131]，这两种方案有待进一步研究 CD 对符号率估计结果的影响。

在 EON 调制格式辨识上，已提出的方案大体可分四类: ①数据辅助方案，包括基于数据辅助方法，通过添加物理层前导符号的光 OFDM 变速率传输方法 [132] 及基于导频符号的调制格式辨识方法 [133] 等；②基于数学特征的辨识方案，包括基于高阶统计 (HOS)[134] 及主成分分析 (PCA) 技术的调制格式辨识方法，异步时延抽头绘图 (ADTP) 方法 [135]、基于信号功率分布 [136] 及峰均功率比方法 [137] 等；③人工智能辨识方案，包括基于斯托克斯 (Stokes) 空间的可变贝叶斯期望最大化方法及聚类算法等；④物理层特征方案 [138] 及基于光波导的辨识方案 [139] 等。

从上述相关研究进展来看，国内外对 EON 的符号率估计和调制格式辨识的研究已取得相当的研究成果，但现有方案大都存在一些缺陷和不足，比如主要针对单载波系统，计算复杂度高，OSNR 较低时辨别性能有待提升等，并且对多载波 EON 特别是 OFDM-EON 参数辨识的研究还处于初期探索阶段。因此，深入进行 EON 参数辨识研究是非常必要的，这对实现下一代光通信骨干网弹性光路的相干接收及光性能监测具有重要的理论和应用价值。

1.4.2 损伤均衡的研究现状

作为实现 EON 信号可靠传输的关键技术，利用 DSP 相关算法进行偏振损伤和载波损伤的均衡已经成为当前相干光纤通信领域的研究热点之一。以下内容分别针对这两方面已取得的研究进展进行概括介绍。

1.4.2.1 偏振损伤联合均衡的研究进展

我们知道，借助于先进的相干接收 DSP 处理技术，PDM-EON 系统能够实现对光信号传输过程中各种线性和非线性损伤的数字均衡，这些均衡技术包括 CD 补偿、偏振解复用、频率偏移估计、载波相位恢复及非线性效应补偿等。这种基于 DSP 技术的信道损伤均衡研究已经取得了一系列研究成果 [29,36,56,140,141]。然而基于 PDM 技术的 EON 系统容易受到各种偏振损伤的影响，包括 PDL、RSOP 及 PMD 等，特别在快速 RSOP 下的 EON 信号偏振损伤的联合均衡问题仍有待进一步研究。

在受到的偏振损伤中，相对而言，PDL 可被看作静态信道损伤，可在斯托克斯空间中将所有接收符号的重心平移至理想位置以实现对 PDL 损伤的补偿 [142]。而 RSOP 与 PMD 均被视为动态信道损伤，据文献报道 [143,144]，在极端情形下由雷电造成的光纤复合地线 (Optical Ground Wire, OPGW) 中最快 RSOP 可达 5.1Mrad/s。其次，由于光纤制造的不完美、内部残留应力或外界环境的变化，PDM-EON 系统两正交偏振态的传输速度差异而形成的 PMD 矢量，其大小等于快慢轴偏振主态之间的差分群时延 (Differential Group Delay，DGD)，方向指向慢轴偏振主态 (Principal State of Polarization，PSP)[145]。快速 RSOP 将引起 PMD 矢量方向的剧烈变化，这种共同作用将导致接收信号难以承受的相位和频率变化，从而产生大量误码。再次，当前基于电域 DSP 技术的 PMD 补偿主要集中在一阶 PMD，即 DGD 补偿上，而忽略了更高阶 PMD 效应，比如二阶 PMD(Second-Order PMD，SOPMD)。实际上二阶 PMD 对信号传输也造成了严重损伤，若只考虑一阶 PMD 而忽略二阶 PMD 补偿，PDM-EON 系统的 PMD 容忍度将被高估 10%~20%[146]。最后，信号损伤的均衡算法必须具有快速的收敛速度，以适配弹性收发机的硬件再配置时间 (<450μs) 及波长切换时间 (<150ns) 的要求 [71,147,148]。

针对这些偏振损伤的联合均衡问题，目前国内外提出的解决方案大体可分为三类。① MIMO 均衡及其改进方案，如恒模算法 (Constant Modulus Algorithm，CMA)[149]，多模算法 (Multiple Modulus Algorithm，MMA)[150]，以及针对 CMA/MMA 表现出的奇异性问题进行改进的相应算法 [151,152]，这些算法最大只能够跟踪 2Mrad/s 左右的 RSOP，计算复杂度高，收敛速度较慢。②基于斯托克斯空间的偏振解复用方案，包括 PDL 监测与补偿 [142,153]，自适应地跟踪采样点拟合平面的法向量进行偏振跟踪 [154]，计算偏振态的反旋矩阵进行偏振恢复 [155,156]，以及使用梯度下降最优方法进行联合偏振和相位跟踪 [157] 等。③基于卡尔曼 (Kalman) 滤波器的偏振解复用方案，包括使用半径指向线性卡尔曼滤波器 (Radius-Directed Linear Kalman Filter, RD-LKF) 进行 RSOP 跟踪与信道均衡方案 [158−160]，利用扩展卡尔曼滤波器 (Extended Kalman Filter, EKF) 进行偏振跟踪 [161−163]、一阶 PMD 补偿 [162,163]，以及结合 LKF 和 EKF 优点的串联卡尔曼滤波用于偏振态跟踪及相位估计 [164] 等，均取得了良好效果；此外，为进一步提高参数的估计精度，已提出使用无迹卡尔曼滤波器 (Unscented Kalman Filter, UKF) 进行偏振跟踪和相位噪声缓解 [165,166]，这种方法的缺陷是引入了更高的计算复杂度。

1.4.2.2 载波损伤均衡的研究进展

在 EON 系统的载波损伤均衡研究方面，我们主要概述在 CFO 估计和 CPN 恢复方向取得的研究进展。

针对 CFO 估计，目前取得的进展可分为以下几类。①时域方案，即寻找出两个相邻符号之间由 CFO 导致的相移，如经典的 M 次方前馈式算法 [167]，改进的 m 次方 (Improved mth-Power，IMP) 算法等，即利用 16QAM/32QAM 星座图上类似 QPSK 的圆环进行 CFO 估计 [168,169]。这类方案虽然对 m PSK 信号非常有效，但应用于高阶 QAM 信号后，由于这些调制格式的星座图上仅有少量可用的类似 QPSK 的符号，CFO 估计性能退化非常严重。②频域方案，即首先对接收信号进行 4 次方操作，进行快速傅里叶变换 (FFT) 并在该频谱上搜寻所有离散频率的最大值以进行 CFO 估计 [170]。这类方案对所有输入符号进行运算，只能得到一个 CFO 估计值，计算复杂度较高，难以满足实时性要求。③数字辅助方案，即通过在发射端频域添加数字导频 [171]，并在接收端将其检测出来作为 CFO 指示器，以及在差分编码后能够产生非对称星座点的方案 [172] 等。这类方案具有实现简单、CFO 估计范围大等优点，不足之处在于会导致频谱利用效率降低。④其他方案，如二阶段频偏估计方案 [173]、匹配滤波器方案 [174]、卡尔曼滤波器方案 [175] 等。

在 CPN 恢复的研究中，目前已提出的方案可分为三类。①经典方案，包括维特比–维特比相位估计 (Viterbi-Viterbi Phase Estimation, VVPE) 算法 [176] 和盲相位搜索 (Blind Phase Search, BPS) 算法 [177]，以及改进方案 [178] 和多阶段 CPN 恢复方案 [179] 等。这种方案尽管恢复效果较好，但计算复杂度太高。②数据辅助方案，如基于单边带调制的电导频 CPN 恢复方案 [180,181]，以及光导频的 Nyquist PDM-QPSK CPN 恢复方案 [182,183] 等。这类方案要占用一定的频谱资源，降低了频谱利用率。③卡尔曼滤波器方案，已提出利用 UKF 及自适应卡尔曼滤波器 (Adaptive Kalman Filter，AKF) 进行偏振跟踪和载波相位噪声缓解 [166,175]，但这些方案往往存在计算复杂度较高的缺点。

通过上述对国内外偏振损伤均衡和载波损伤均衡研究的梳理，我们可以发现：

在快速 RSOP 条件下进行 PDM-EON 接收信号的偏振损伤联合均衡及动态损伤的一体化均衡研究仍然是空白。当前方案往往只侧重于一个方面进行研究，而忽视了联合均衡的重要性和迫切性。另外，针对 EON 系统的载波损伤均衡研究，现有方案或存在收敛速度慢的问题，或存在计算复杂度较高的问题，需要我们深入研究并解决。因此，基于 DSP 技术的偏振损伤联合均衡和载波损伤均衡技术是 PDM-EON 系统重要的研究课题，这对保障下一代高速光纤通信骨干网的可靠运行具有非常重要的理论和实践意义。

1.5　本书的章节结构

在国家自然科学基金 (项目编号：61501213、61571057、61527820、61671227)、山东省自然科学基金 (项目编号：ZR2011FM015)、区域光纤通信网与新型光纤通信系统国家重点实验室开放课题 (项目编号：2011GZKF031109)、“泰山学者” 建设工程专项经费等项目的大力支持下，为保障下一代数字化、软件化、全动态的 EON 稳定可靠运行，本书主要对 EON 的参数辨识及损伤联合均衡进行了研究，其详细章节结构安排如下。

第 1 章绪论。该章首先给出全球数据流量需求，以及光纤通信传输系统的发展历程和趋势；其次在详细介绍 EON 系统基本概念及关键技术的基础上，重点阐述 EON 系统参数辨识及损伤联合均衡的研究意义及现状；最后简要介绍本书的主要研究内容和章节安排。

第 2 章弹性光网络相干光纤通信系统。该章作为全书的基础，首先给出 EON 相干光传输系统的整体架构，详细阐述单载波 PDM-EON 光发射机的工作原理及 DSP 预均衡技术；然后简要介绍 OFDM 调制的基本原理和 OFDM-EON 光发射机的结构，并给出光纤信道的传输模型，简要介绍光纤信道的各种线性及非线性损伤，包括放大自发辐射 (Amplified Spontaneous Emission, ASE) 噪声、光纤损耗、CD、非线性噪声等；此后阐述相干光接收前端的结构和工作原理，为后续章节的讨论和分析做好铺垫。

第 3 章偏振效应及弹性光网络信号的相干接收。该章首先重点阐述各种偏振效应的基本原理和数学模型，包括 RSOP、PDL、PMD 等；此后详细讨论单载波 EON 信号及 OFDM-EON 信号在相干接收各阶段使用的典型 DSP 均衡算法，并进行了相应的算法验证。

第 4 章弹性光网络参数智能辨识技术。参数的智能辨识是进行 EON 光性能监测和相干接收的基础。该章首先介绍相关研究背景；其后详细阐述并验证我们提出的 OFDM-EON 智能带宽估计方案；4.3 节针对 OFDM-EON 系统的子载波数量进行盲辨识，提出并验证一种基于四阶循环累积量的辨识方案；4.4 节提出并验证一种

基于信号模均方 (Modulus Mean Square，MMS) 值的 OFDM-EON 系统子载波调制格式辨识方案，最后进行基于二进制相移键控 (Binary Phase Shift Keying，BPSK) 训练符号的 OFDM-EON 系统子载波调制格式辨识的初步研究。

第 5 章基于 EKF 的弹性光网络损伤联合均衡技术。偏振损伤联合均衡对保障 EON 系统的可靠运行具有重要的研究意义。该章首先介绍偏振损伤及载波损伤均衡的基本概念及研究现状；其次详细介绍 EKF 的参数估计原理；5.3 节阐述并验证可进行 PDL、RSOP 及一阶 PMD 等偏振损伤联合均衡和相位噪声恢复的方案；5.4 节提出并验证可进行 RSOP 跟踪、一阶 PMD 和二阶 PMD 补偿的偏振损伤联合均衡方案；5.5 节主要进行基于 EKF 的 CFO 估计和 CPN 恢复研究；5.6 节提出三阶段线性动态损伤一体化均衡方案。

第 6 章弹性光网络可靠传输的发展趋势。在光纤通信领域，EON 可靠传输技术是保障下一代光网络稳定运行的重要研究方向。该章简要针对未来 EON 光性能监测技术、参数辨识技术和偏振损伤均衡技术的研究进行了展望。

参 考 文 献

[1] Shieh W, Djordjevic I. Orthogonal Frequency Division Multiplexing for Optical Communications [M]. San Diego, California, USA: Academic Press, 2010.

[2] Bayvel P, Behrens C, Millar D S. Optical Fiber Telecommunications[M].VI.Boston: Elsevier Inc., 2013.

[3] Cisco Systems, Inc. Cisco Visual Networking Index: Forecast and Methodology, 2016—2021 [R]. San Jose, 2017.

[4] Winzer P J, Neilson D T. From scaling disparities to integrated parallelism: a decathlon for a decade [J]. Journal of Lightwave Technology, 2017, 35(5): 1099-1115.

[5] Nokia. PSE Super Coherent Technology [EB/OL]. 2017. https://networks.nokia.com/products/pse-2-super-coherent-technology.

[6] Kao K C, Hockham G A. Dielectric-fibre surface waveguides for optical frequencies [J]. Proceedings of the Institution of Electrical Engineers, 1966, 113(7): 1151-1158.

[7] Wikipedia. The History of Corning Innovation [EB/OL]. 2017. https://www.corning.com/cn/zh/innovation/culture-of-innovation/the-history-of-corning-innovation.html.

[8] Wikipedia. Fiber-optic communication [EB/OL]. 2017. https://en.wikipedia.org/wiki/Fiber-optic_communication.

[9] Yamada J I, Machida S, Kimura T. 2Gbit/s optical transmission experiments at 1.3μm with 44km single-mode fibre [J]. Electronics Letters, 1981, 17(13): 479-480.

[10] Plumb R G S. Distributed feedback laser. America, US4813054 A [P]. 1989-03-14.

[11] Miya T, Terunuma Y, Hosaka T, et al. Ultimate low-loss single-mode fibre at 1.55μm[J]. Electronics Letters, 1979, 15(4): 106-108.

[12] ITU-T. G.694.2. Network node interface for the synchronous digital hierarchy (SDH) [S]. International Telecommunication Union-Telecommunication Standardization Sector (ITU-T), 2007.

[13] Li T, Johnson E D, Lind A, et al. Optical amplifiers and transparent networks-a resurgence of excitement in lightwave communications [C]//Conference on Lasers and Electro-Optics, Anaheim, California: Optical Society of America, 1992, 12: JMA4.

[14] ITU-T. G.694.2. Spectral grids for WDM applications: CWDM wavelength grid [S]. International Telecommunication Union-Telecommunication Standardization Sector (ITU-T), 2003.

[15] Desurvire E, Simpson J R, Becker P C. High-gain erbium-doped traveling-wave fiber amplifier [J]. Optics Letters, 1987, 12(11): 888-890.

[16] Perlin V E, Winful H G. On distributed Raman amplification for ultrabroad-band long-haul WDM systems [J]. Journal of Lightwave Technology, 2002, 20(3): 409.

[17] Otani T, Goto K, Abe H, et al. 5.3Gbit/s 11300km data transmission using actual submarine cables and repeaters [J]. Electronics Letters, 1995, 31(5): 380-381.

[18] Gnauck A H, Charlet G, Tran P, et al. 25.6-Tb/s C+L-Band Transmission of Polarization-Multiplexed RZ-DQPSK Signals [C]//Optical Fiber Communication Conference and Exposition and The National Fiber Optic Engineers Conference, Anaheim, California: Optical Society of America, 2007: PDP19.

[19] Zhou X, Xie C. Enabling Technologies for High Spectral-Efficiency Coherent Optical Communication Networks[M]. New York: John Wiley & Sons, Inc., 2016: 1-12.

[20] Taylor M G. Coherent detection method using DSP for demodulation of signal and subsequent equalization of propagation impairments [J]. IEEE Photonics Technology Letters, 2004, 16(2): 674-676.

[21] Kikuchi K. Phase-diversity homodyne detection of multilevel optical modulation with digital carrier phase estimation [J]. IEEE Journal of Selected Topics in Quantum Electronics, 2006, 12(4): 563-570.

[22] Winzer P J. High-spectral-efficiency optical modulation formats [J]. Journal of Lightwave Technology, 2012, 30(24): 3824-3835.

[23] Li G. Recent advances in coherent optical communication [J]. Advances in Optics and Photonics, 2009, 1(2): 279-307.

[24] Masataka N. Exabit optical communication explored using 3M scheme [J]. Japanese Journal of Applied Physics, 2014, 53(8S2): 08MA01.

[25] Winzer P J, Essiambre R J. Optical Fiber Telecommunications V B [M]. 5th ed. Burlington: Academic Press, 2008: 23-93.

[26] Winzer P J. Making spatial multiplexing a reality [J]. Nature Photonics, 2014, 8(5): 345-348.

[27] Winzer P J, Ryf R, Randel S. Optical Fiber Telecommunications [M]. 6th ed. Boston: Academic Press, 2013: 433-490.

[28] 白成林, 冯敏, 罗清龙. 光通信中的 OFDM [M]. 北京: 电子工业出版社, 2011.

[29] 余建军, 迟楠, 陈林. 基于数字信号处理的相干光通信技术 [M]. 北京: 人民邮电出版社, 2013.

[30] 顾畹仪. 光纤通信系统 [M]. 3 版. 北京: 北京邮电大学出版社, 2013.

[31] Ellis A D, McCarthy M E, Al Khateeb M A Z, et al. Performance limits in optical communications due to fiber nonlinearity [J]. Advances in Optics and Photonics, 2017, 9(3): 429-503.

[32] Erik A, Magnus K, Chraplyvy A R, et al. Roadmap of optical communications [J]. Journal of Optics, 2016, 18(6): 063002.

[33] Zhang J, Yu J, Chi N, et al. Time-domain digital pre-equalization for band-limited signals based on receiver-side adaptive equalizers [J]. Optics Express, 2014, 22(17): 20515-20529.

[34] Rezania A, Cartledge J C, Bakhshali A, et al. Compensation schemes for transmitter and receiver-based pattern-dependent distortion [J]. IEEE Photonics Technology Letters, 2016, 28(22): 2641-2644.

[35] Zhou X. Digital signal processing for coherent multi-level modulation formats (Invited Paper) [J]. Chinese Optics Letters, 2010, 8(9): 863-870.

[36] Kuschnerov M, Hauske F N, Piyawanno K, et al. DSP for coherent single-carrier receivers [J]. Journal of Lightwave Technology, 2009, 27(16): 3614-3622.

[37] Savory S J. Digital filters for coherent optical receivers [J]. Optics Express, 2008, 16(2): 804-817.

[38] Sambo N, Castoldi P, Errico A D, et al. Next generation sliceable bandwidth variable transponders [J]. IEEE Communications Magazine, 2015, 53(2): 163-171.

[39] Willner A E, Huang H, Yan Y, et al. Optical communications using orbital angular momentum beams [J]. Advances in Optics and Photonics, 2015, 7(1): 66-106.

[40] Li G, Bai N, Zhao N, et al. Space-division multiplexing: the next frontier in optical communication [J]. Advances in Optics and Photonics, 2014, 6(4): 413-487.

[41] Yoshida M, Beppu S, Kasai K, et al. 1024 QAM, 7-core (60Gbit/s×7) fiber transmission over 55km with an aggregate potential spectral efficiency of 109bit/s/Hz [J]. Optics Express, 2015, 23(16): 20760-20766.

[42] Richardson D J, Fini J M, Nelson L E. Space-division multiplexing in optical fibres [J]. Nature Photonics, 2013, 7(5): 354-362.

[43] Qian D, Huang M F, Ip E, et al. 101.7-Tb/s (370×294-Gb/s) PDM-128QAM-OFDM transmission over 3×55-km SSMF using pilot-based phase noise mitigation [C]// Optical Fiber Communication Conference/National Fiber Optic Engineers Conference 2011, Los Angeles, California: Optical Society of America, 2011: PDPB5.

[44] Sano A, Kobayashi T, Yamanaka S, et al. 102.3-Tb/s (224×548-Gb/s) C-and extended L-band all-Raman transmission over 240km using PDM-64QAM single carrier FDM with digital pilot tone [C]//National Fiber Optic Engineers Conference, Los Angeles, California: Optical Society of America, 2012: PDP5C.3.

[45] Huang M F, Tanaka A, Ip E, et al. Terabit/s Nyquist superchannels in high capacity fiber field trials using DP-16QAM and DP-8QAM modulation formats [J]. Journal of Lightwave Technology, 2014, 32(4): 776-782.

[46] Beppu S, Kasai K, Yoshida M, et al. 2048 QAM (66Gbit/s) single-carrier coherent optical transmission over 150km with a potential SE of 15.3bit/s/Hz [J]. Optics Express, 2015, 23(4): 4960-4969.

[47] Essiambre R J, Tkach R W. Capacity trends and limits of optical communication networks [J]. Proceedings of the IEEE, 2012, 100(5): 1035-1055.

[48] Layec P, Morea A, Pointurier Y, et al. Enabling Technologies for High Spectral-Efficiency Coherent Optical Communication Networks[M]. New York: John Wiley & Sons, Inc., 2016: 507-546.

[49] Gerstel O, Jinno M. Optical Fiber Telecommunications [M]. 6th ed. Boston: Academic Press, 2013: 653-682.

[50] OIF. Technology options for 400G implementation [R]. Fremont: The Optical Internetworking Forum, 2015.

[51] Zhang J, Yu J, Jia Z, et al. 400G transmission of super-Nyquist-filtered signal based on single-carrier 110-GBaud PDM QPSK with 100-GHz grid [J]. Journal of Lightwave Technology, 2014, 32(19): 3239-3246.

[52] Zhang J, Yu J, Zhu B, et al. Transmission of single-carrier 400G signals (515.2-Gb/s) based on 128.8-GBaud PDM QPSK over 10,130- and 6,078km terrestrial fiber links[J]. Optics Express, 2015, 23(13): 16540-16545.

[53] Rios-Müler R, Renaudier J, Brindel P, et al. Optimized spectrally efficient transceiver for 400-Gb/s single carrier transport [C]//The European Conference on Optical Communication (ECOC), Cannes, France: IEEE, 2014: 1-3.

[54] Wang K, Lu Y, Liu L. Dual-carrier 400G field trial submarine transmission over 6,577-km using 60-GBaud digital faster-than-Nyquist shaping PDM-QPSK modulation format [C]//Optical Fiber Communication Conference, Los Angeles, California: Optical Society of America, 2015: W3E.2.

[55] Zhang S, Yaman F, Wang T, et al. transoceanic transmission of dual-carrier 400G DP-8QAM at 121.2km span length with EDFA-only [C]//Optical Fiber Communication Conference, San Francisco, California: Optical Society of America, 2014: W1A.3.

[56] Xiang L, Chandrasekhar S, Winzer P J. Digital signal processing techniques enabling multi-Tb/s superchannel transmission: an overview of recent advances in DSP-enabled superchannels [J]. IEEE Signal Processing Magazine, 2014, 31(2): 16-24.

[57] Renaudier J, Rios-Müler R, Tran P, et al. Spectrally efficient 1-Tb/s transceivers for long-haul optical systems [J]. Journal of Lightwave Technology, 2015, 33(7): 1452-1458.

[58] Ellis A D, Tan M, Iqbal M A, et al. 4Tb/s transmission reach enhancement using 10×400Gb/s super-channels and polarization insensitive dual band optical phase conjugation [J]. Journal of Lightwave Technology, 2016, 34(8): 1717-1723.

[59] Millar D S, Maher R, Lavery D, et al. Design of a 1Tb/s superchannel coherent receiver [J]. Journal of Lightwave Technology, 2016, 34(6): 1453-1463.

[60] Jinno M. Elastic optical networking: roles and benefits in beyond 100-Gb/s era [J]. Journal of Lightwave Technology, 2017, 35(5): 1116-1124.

[61] ITU-T. Spectral grids for WDM applications: DWDM frequency grid [S]. 2012.

[62] Jinno M. Demonstration of novel spectrum-efficient elastic optical path network with per-channel variable capacity of 40Gb/s to over 400Gb/s [C]//Proceeding of ECOC'08, Brussels, 2008: Th.3.F.6.

[63] Jinno M, Takara H, Kozicki B, et al. Spectrum-efficient and scalable elastic optical path network: architecture, benefits, and enabling technologies [J]. IEEE Communications Magazine, 2009, 47(11): 66-73.

[64] ITU-T. G.709.1/Y.1331.1. Flexible OTN short-reach interfaces [S]. ITU-T, 2018.

[65] ITU-T. G.872. Architecture of optical transport networks [S]. International Telecommunication Union-Telecommunication Standardization Sector (ITU-T), 2017.

[66] Gerstel O, Jinno M, Lord A, et al. Elastic optical networking: a new dawn for the optical layer? [J]. IEEE Communications Magazine, 2012, 50(2): s12-s20.

[67] Tomkos I, Azodolmolky S, SoléPareta J, et al. A tutorial on the flexible optical networking paradigm: state of the art, trends, and research challenges [J]. Proceedings of the IEEE, 2014, 102(9): 1317-1337.

[68] Zhang G Y, Marc D L, Annalisa M, et al. A survey on OFDM-based elastic core optical networking [J]. IEEE Communications Surveys & Tutorials, 2013, 15(1): 65-87.

[69] Yu F, Li M, Stojanovic N, et al. Bitrate-compatible adaptive coded modulation for software defined networks [C]//European Conference on Optical Communications (ECOC), Cannes, France, 2014: P.3.5.

[70] Pagano A, Riccardi E, Bertolini M, et al. 400Gb/s real-time trial using rate-adaptive transponders for next-generation flexible-grid networks [Invited] [J]. Journal of Optical Communications and Networking, 2015, 7(1): A52-A58.

[71] Dupas A, Layec P, Dutisseuil E, et al. Elastic optical interface with variable baudrate: architecture and proof-of-concept [J]. Journal of Optical Communications and Networking, 2017, 9(2): A170-A175.

[72] Rezania A, Cartledge J C. Impact of MAP detection on the mutual information of a 1.2Tb/s three-carrier DP 16-QAM superchannel [C]//Optical Fiber Communication Conference, Los Angeles, California: Optical Society of America, 2015: M2G.5.

[73] Bosco G, Curri V, Carena A, et al. On the performance of Nyquist-WDM terabit superchannels based on PM-BPSK, PM-QPSK, PM-8QAM or PM-16QAM subcarriers[J]. Journal of Lightwave Technology, 2011, 29(1): 53-61.

[74] Proietti R, Qin C, Guan B, et al. Elastic optical networking by dynamic optical arbitrary waveform generation and measurement [J]. Journal of Optical Communications and Networking, 2016, 8(7): A171-A179.

[75] Fabrega J M, Moreolo M S, Vflchez F J, et al. Experimental demonstration of elastic optical networking utilizing time-sliceable bitrate variable OFDM transceiver [C]// Optical Fiber Communications Conference (OFC), San Francisco, California: Optical Society of America, 2014: TU2G.8.

[76] Yu X S, Tornatore M, Zhao Y L, et al. When and how should the optical network be upgraded to flexible grid [C]//European Conference on Optical Communications (ECOC), Cannes, France, 2014: P.6.15.

[77] Poole S, Frisken S, Roelens M A, et al. Bandwidth-flexible ROADMs as network elements [C]//Optical Fiber Communication Conference/National Fiber Optic Engineers Conference 2011, Los Angeles, California: Optical Society of America, 2011: OTuE1.

[78] Poole S. Flexible ROADM architectures for future optical networks [C]//Workshop OSUE, in Proc OFC, San Diego, California, 2010.

[79] Strasser T A, Wagener J L. Wavelength-selective switches for ROADM applications[J]. IEEE Journal of Selected Topics in Quantum Electronics, 2010, 16(5): 1150-1157.

[80] Frisken S, Baxter G, Abakoumov D, et al. Flexible and grid-less wavelength selective switch using LCOS technology [C]//Optical Fiber Communication Conference/National Fiber Optic Engineers Conference 2011, Los Angeles, California: Optical Society of America, 2011: OTuM3.

[81] Marom D M, Colbourne P D, D'Errico A, et al. Survey of photonic switching architectures and technologies in support of spatially and spectrally flexible optical networking [Invited] [J]. Journal of Optical Communications and Networking, 2017, 9(1): 1-26.

[82] Seok T J, Quack N, Han S, et al. Highly scalable digital silicon photonic MEMS switches [J]. Journal of Lightwave Technology, 2016, 34(2): 365-371.

[83] Mellette W M, Ford J E. Scaling limits of MEMS beam-steering switches for data center networks [J]. Journal of Lightwave Technology, 2015, 33(15): 3308-3318.

[84] Chatterjee B C, Sarma N, Sahu P P. Review and performance analysis on routing and wavelength assignment approaches for optical networks [J]. IETE Technical Review,

2013, 30(1): 12-23.

[85] Chatterjee B C, Sarma N, Oki E. Routing and spectrum allocation in elastic optical networks: a tutorial [J]. IEEE Communications Surveys & Tutorials, 2015, 17(3): 1776-1800.

[86] Christodoulopoulos K, Tomkos I, Varvarigos E A. Elastic bandwidth allocation in flexible OFDM-based optical networks [J]. Journal of Lightwave Technology, 2011, 29(9): 1354-1366.

[87] Talebi S, Rouskas G N. On distance-adaptive routing and spectrum assignment in mesh elastic optical networks [J]. Journal of Optical Communications and Networking, 2017, 9(5): 456-465.

[88] Hadi M, Pakravan M R. Resource allocation for elastic optical networks using geometric optimization [J]. Journal of Optical Communications and Networking, 2017, 9(10): 889-899.

[89] Patel A N, Ji P N, Jue J P, et al. Defragmentation of transparent flexible optical WDM (FWDM) networks [C]//Optical Fiber Communication Conference/National Fiber Optic Engineers Conference 2011, Los Angeles, California: Optical Society of America, 2011: OTuI8.

[90] Takagi T, Hasegawa H, Sato K, et al. Disruption minimized spectrum defragmentation in elastic optical path networks that adopt distance adaptive modulation [C]//37th European Conference and Exposition on Optical Communications, Geneva: Optical Society of America, 2011: Mo.2.K.3.

[91] Cugini F, Paolucci F, Meloni G, et al. Push-pull defragmentation without traffic disruption in flexible grid optical networks [J]. Journal of Lightwave Technology, 2013, 31(1): 125-133.

[92] Ruan L, Zheng Y. Dynamic survivable multipath routing and spectrum allocation in OFDM-based flexible optical networks [J]. Journal of Optical Communications and Networking, 2014, 6(1): 77-85.

[93] Fan Z, Qiu Y, Chan C K. Dynamic multipath routing with traffic grooming in OFDM-based elastic optical path networks [J]. Journal of Lightwave Technology, 2015, 33(1): 275-281.

[94] Network Working Group. RFC 3945, Generalized multi-protocol label switching (GMPLS) architecture [S]. 2004.

[95] Gonzalez de dios O. Control plane architectures for flexi-grid networks [C]//Optical Fiber Communication Conference, Los Angeles, California: Optical Society of America, 2017: W1H.2.

[96] Fukuda T, Liu L, Baba K, et al. GMPLS control plane with distributed multipath rMSA for elastic optical networks [J]. Journal of Lightwave Technology, 2015, 33(8): 1522-1530.

[97] Martíez R, Casellas R, Vilalta R, et al. GMPLS/PCE-controlled multi-flow optical transponders in elastic optical networks [Invited] [J]. Journal of Optical Communications and Networking, 2015, 7(11): B71-B80.

[98] Kanj M, Le Rouzic E, Meuric J, et al. Optical power control in GMPLS control plane[J]. Journal of Optical Communications and Networking, 2016, 8(8): 553-568.

[99] Channegowda M, Nejabati R, Simeonidou D. Software-defined optical networks technology and infrastructure: enabling software-defined optical network operations [Invited] [J]. Journal of Optical Communications and Networking, 2013, 5(10): A274-A282.

[100] Hu F, Hao Q, Bao K. A survey on software-defined network and openflow: from concept to implementation [J]. IEEE Communications Surveys & Tutorials, 2014, 16(4): 2181-2206.

[101] Singh S, Jha R K. A survey on software defined networking: architecture for next generation network [J]. Journal of Network and Systems Management, 2017, 25(2): 321-374.

[102] Liu L, Choi H Y, Casellas R, et al. Demonstration of a dynamic transparent optical network employing flexible transmitters/receivers controlled by an openflow-stateless PCE integrated control plane [Invited] [J]. Journal of Optical Communications and Networking, 2013, 5(10): A66-A75.

[103] Moreolo M S, Fabrega J M, Nadal L, et al. SDN-enabled sliceable BVT based on multicarrier technology for multiflow rate/distance and grid adaptation [J]. Journal of Lightwave Technology, 2016, 34(6): 1516-1522.

[104] Ou Y, Yan S, Hammad A, et al. Demonstration of virtualizeable and software-defined optical transceiver [J]. Journal of Lightwave Technology, 2016, 34(8): 1916-1924.

[105] Jin W, Zhang C, Duan X, et al. Improved performance robustness of DSP-enabled flexible ROADMs free from optical filters and O-E-O conversions [J]. Journal of Optical Communications and Networking, 2016, 8(8): 521-529.

[106] Moura U, Garrich M, Carvalho H, et al. Cognitive methodology for optical amplifier gain adjustment in dynamic DWDM networks [J]. Journal of Lightwave Technology, 2016, 34(8): 1971-1979.

[107] Ji P N, Xia T J, Hu J, et al. Demonstration of openflow-enabled traffic and network adaptive transport SDN [C]//Optical Fiber Communication Conference, San Francisco, California: Optical Society of America, 2014: W2A.20.

[108] Cao X, Yoshikane N, Tsuritani T, et al. Dynamic openflow-controlled optical packet switching network [J]. Journal of Lightwave Technology, 2015, 33(8): 1500-1507.

[109] Yao Q, Yang H, Xiao H, et al. A spectrum defragmentation strategy for service differentiation consideration in elastic optical networks [J]. Optical Fiber Technology, 2017, 38(Supplement C): 17-23.

[110] Kondepu K, Sgambelluri A, Valcarenghi L, et al. Exploiting SDN for integrating green TWDM-PONs and metro networks preserving end-to-end delay [J]. Journal of Optical Communications and Networking, 2017, 9(1): 67-74.

[111] Khodakarami H, Pillai B S G, Shieh W. Quality of service provisioning and energy minimized scheduling in software defined flexible optical networks [J]. Journal of Optical Communications and Networking, 2016, 8(2): 118-128.

[112] Li W, Meng W, Kwok L F. A survey on openflow-based software defined networks: security challenges and countermeasures [J]. Journal of Network and Computer Applications, 2016, 68(Supplement C): 126-139.

[113] Ji Y, Zhang J, Zhao Y, et al. All optical switching networks with energy-efficient technologies from components level to network level [J]. IEEE Journal on Selected Areas in Communications, 2014, 32(8): 1600-1614.

[114] Aguado A, Davis M, Peng S, et al. Dynamic virtual network reconfiguration over SDN orchestrated multitechnology optical transport domains [J]. Journal of Lightwave Technology, 2016, 34(8): 1933-1938.

[115] Li C, Guo W, Wang W, et al. Programmable bandwidth management in software-defined EPON architecture [J]. Optics Communications, 2016, 370(Supplement C): 43-48.

[116] Saridis G M, Peng S, Yan Y, et al. Lightness: a function-virtualizable software defined data center network with all-optical circuit/packet switching [J]. Journal of Lightwave Technology, 2016, 34(7): 1618-1627.

[117] Peng S, Nejabati R, Simeonidou D. Impairment-aware optical network virtualization in single-line-rate and mixed-line-rate WDM networks [J]. Journal of Optical Communications and Networking, 2013, 5(4): 283-293.

[118] Hong S, Jue J P, Park P, et al. Survivable virtual topology design in multi-domain optical networks [J]. Journal of Optical Communications and Networking, 2016, 8(6): 408-416.

[119] Chen B. Power-aware virtual optical network provisioning in flexible bandwidth optical networks [Invited] [J]. Photonic Network Communications, 2016, 32(2): 300-309.

[120] Zhou Y R, Smith K, West S, et al. Field trial demonstration of real-time optical superchannel transport up to 5.6Tb/s over 359km and 2Tb/s over a live 727km flexible grid optical link using 64GBaud software configurable transponders [J]. Journal of Lightwave Technology, 2017, 35(3): 499-505.

[121] Zong L J, Liu G N, lord A, et al. 40/100/400Gb/s mixed line rate transmission performance in flexgrid optical networks [C]//Optical Fiber Communication Conference (OFC), Anaheim, California Optical Society of America, 2013: OTu2A.2.

[122] Dong Z, Khan F N, Sui Q, et al. Optical performance monitoring: a review of current and future technologies [J]. Journal of Lightwave Technology, 2016, 34(2): 525-543.

[123] Khan F N, Zhou Y D, Lau A P T, et al. Modulation format identification in heterogeneous fiber-optic networks using artificial neural networks [J]. Optics Express, 2012, 20(11): 12422-12431.

[124] Dobre O A, Abdi A, Bar-Ness Y, et al. Survey of automatic modulation classification techniques: classical approaches and new trends [J]. IET Communications, 2007, 1(2): 137-156.

[125] Karami E, Dobre O. Identification of SM-OFDM and AL-OFDM signals based on their second-order cyclostationarity [J]. IEEE Transactions on Vehicular Technology, 2014, 64(3): 942-953.

[126] Eldemerdash Y A, Dobre O A, Öner M. Signal identification for multiple-antenna wireless systems: achievements and challenges [J]. IEEE Communications Surveys & Tutorials, 2016, 18(3): 1524-1551.

[127] Liu Y, Simeone O, Haimovich A M, et al. Modulation classification for MIMO-OFDM signals via approximate bayesian inference [J]. IEEE Transactions on Vehicular Technology, 2017, 66(1): 268-281.

[128] Ionescu M V, Erkilinc M S, Paskov M, et al. Novel baud-rate estimation technique for M-PSK and QAM signals based on the standard deviation of the spectrum [C]//ECOC 2013, 39th European Conference and Exhibition on Optical Communication, London, 2013: 1-3.

[129] Ionescu M, Sato M, Thomsen B. Cyclostationarity-based joint monitoring of symbol-rate, frequency offset, CD and OSNR for Nyquist WDM superchannels [J]. Optics Express, 2015, 23(20): 25762-25772.

[130] Cui S, Xia W, Shang J, et al. Simple and robust symbol rate estimation method for digital coherent optical receivers [J]. Optics Communications, 2016, 366(Supplement C): 200-204.

[131] Wei J, Dong Z, Huang Z, et al. Symbol rate identification for auxiliary amplitude modulation optical signal [J]. Optics Communications, 2016, 374(Supplement C): 84-91.

[132] 刘博. 多维多阶正交光信号的传输理论及其数字域损伤补偿与动态识别的研究 [D]. 北京: 北京邮电大学, 2013.

[133] Xiang M, Zhuge Q, Qiu M, et al. Modulation format identification aided hitless flexible coherent transceiver [J]. Optics Express, 2016, 24(14): 15642-15655.

[134] Isautier P, Mehta K, Stark A J, et al. Robust architecture for autonomous coherent optical receivers [J]. Journal of Optical Communications and Networking, 2015, 7(9): 864-874.

[135] Khan F N, Zhou Y D, Sui Q, et al. Non-data-aided joint bit-rate and modulation format identification for next-generation heterogeneous optical networks [J]. Optical Fiber Technology, 2014, 20(2): 68-74.

[136] Liu J, Zhong K, Dong Z, et al. Signal power distribution based modulation format identification for coherent optical receivers [J]. Optical Fiber Technology, 2017, 36(Supplement C): 75-81.

[137] Bilal S M, Bosco G, Dong Z, et al. Blind modulation format identification for digital coherent receivers [J]. Optics Express, 2015, 23(20): 26769-26778.

[138] Adles E J, Dennis M L, Johnson W R, et al. Blind optical modulation format identification from physical layer characteristics [J]. Journal of Lightwave Technology, 2014, 32(8): 1501-1509.

[139] Inoshita K, Hama Y, Kishikawa H, et al. Noise tolerance in optical waveguide circuits for recognition of optical 16 quadrature amplitude modulation codes [J]. Optical Engineering, 2016, 55(12): 126105.

[140] Kikuchi K. Fundamentals of coherent optical fiber communications [J]. Journal of Lightwave Technology, 2016, 34(1): 157-179.

[141] Amari A, Dobre O A, Venkatesan R, et al. A survey on fiber nonlinearity compensation for 400 Gb/s and beyond optical communication systems [J]. IEEE Communications Surveys & Tutorials, 2017, 19(4): 3097-3113.

[142] Muga N J, Pinto A N. Digital PDL compensation in 3D stokes space [J]. Journal of Lightwave Technology, 2013, 31(13): 2122-2130.

[143] Kuschnerov M, Herrmann M. Lightning Affects Coherent Optical Transmission in Aerial Fiber [EB/OL]. 2016. https://www.lightwaveonline.com/network-design/high-speed-networks/article/16654079/lightning-affects-coherent-optical-transmission-in-aerial-fiber.

[144] Charlton D, Clarke S, Doucet D, et al. Field measurements of SOP transients in OPGW, with time and location correlation to lightning strikes [J]. Optics Express, 2017, 25(9): 9689-9696.

[145] Damask J N. Polarization Optics in Telecommunications [M]. New York: Springer-Verlag, 2005.

[146] Xie C. Polarization-mode-dispersion impairments in 112-Gb/s PDM-QPSK coherent systems [C]//36th European Conference and Exhibition on Optical Communication, Torino, 2010: Th.10.E.16.

[147] Maher R, Millar D, Savory S, et al. Fast switching burst mode receiver in a 24-channel 112Gb/s DP-QPSK WDM system with 240km transmission [C]//National Fiber Optic Engineers Conference, Los Angeles, California: Optical Society of America, 2012: JW2A.57.

[148] Faruk M S, Savory S J. Digital signal processing for coherent transceivers employing multilevel formats [J]. Journal of Lightwave Technology, 2017, 35(5): 1125-1141.

[149] Kikuchi K. Performance analyses of polarization demultiplexing based on constant-modulus algorithm in digital coherent optical receivers [J]. Optics Express, 2011,

19(10): 9868-9880.

[150] Jian Y, Werner J J, Dumont G A. The multimodulus blind equalization and its generalized algorithms [J]. IEEE Journal on Selected Areas in Communications, 2002, 20(5): 997-1015.

[151] Yu Z, Yi X, Zhong J, et al. Modified constant modulus algorithm with polarization demultiplexing in Stokes space in optical coherent receiver [J]. Journal of Lightwave Technology, 2013, 31(19): 3203-3209.

[152] Zhou J, Zheng G, Wu J. Constant modulus algorithm with reduced probability of singularity enabled by PDL mitigation [J]. Journal of Lightwave Technology, 2017, 35(13): 2685-2694.

[153] Yu Z, Yi X, Zhang J, et al. Experimental demonstration of polarization-dependent loss monitoring and compensation in Stokes space for coherent optical PDM-OFDM[J]. Journal of Lightwave Technology, 2014, 32(23): 3926-3931.

[154] Muga N J, Pinto A N. Extended Kalman filter vs. geometrical approach for Stokes space-based polarization demultiplexing [J]. Journal of Lightwave Technology, 2015, 33(23): 4826-4833.

[155] Chagnon M, Osman M, Xu X, et al. Blind, fast and SOP independent polarization recovery for square dual polarization-MQAM formats and optical coherent receivers[J]. Optics Express, 2012, 20(25): 27847-27865.

[156] Muga N J, Pinto A N. Adaptive 3-D Stokes space-based polarization demultiplexing algorithm [J]. Journal of Lightwave Technology, 2014, 32(19): 3290-3298.

[157] Czegledi C B, Agrell E, Karlsson M, et al. Modulation format independent joint polarization and phase tracking for coherent receivers [J]. Journal of Lightwave Technology, 2016, 34(14): 3354-3364.

[158] Jiang W, Zhang Q, Cao G, et al. Blind and simultaneous polarization and phase recovery for time domain hybrid QAM signals based on extended Kalman filtering[C]// Asia Communications and Photonics Conference 2015, Hong Kong: Optical Society of America, 2015: AS4F.2.

[159] Yang Y, Zhang Q, Yao Y, et al. Decision-free radius-directed Kalman filter for universal polarization demultiplexing of square M-QAM and hybrid QAM signals [J]. Chinese Optics Letters, 2016, 14(11): 110601.

[160] Zhang Q, Yang Y, Zhong K, et al. Joint polarization tracking and channel equalization based on radius-directed linear Kalman filter [J]. Optics Communications, 2018, 407(Supplement C): 142-147.

[161] Marshall T, Szafraniec B, Nebendahl B. Kalman filter carrier and polarization-state tracking [J]. Optics Letters, 2010, 35(13): 2203-2205.

[162] Szafraniec B, Marshall T S, Nebendahl B. Performance monitoring and measurement techniques for coherent optical systems [J]. Journal of Lightwave Technology, 2013,

31(4): 648-663.

[163] Feng Y, Li L, Lin J, et al. Joint tracking and equalization scheme for multi-polarization effects in coherent optical communication systems [J]. Optics Express, 2016, 24(22): 25491-25501.

[164] Pakala L, Schmauss B. Joint tracking of polarization state and phase noise using adaptive cascaded Kalman filtering [J]. IEEE Photonics Technology Letters, 2017, 29(16): 1297-1300.

[165] Jignesh J, Corcoran B, Lowery A. Parallelized unscented Kalman filters for carrier recovery in coherent optical communication [J]. Optics Letters, 2016, 41(14): 3253-3256.

[166] Jignesh J, Corcoran B, Zhu C, et al. Unscented Kalman filters for polarization state tracking and phase noise mitigation [J]. Optics Express, 2016, 24(19): 22282-22295.

[167] Leven A, Kaneda N, Koc U V, et al. Frequency estimation in intradyne reception [J]. IEEE Photonics Technology Letters, 2007, 19(6): 366-368.

[168] Fatadin I, Savory S J. Compensation of frequency offset for 16-QAM optical coherent systems using QPSK partitioning [J]. IEEE Photonics Technology Letters, 2011, 23(17): 1246-1248.

[169] Liu G, Zhang K, Zhang R, et al. Demonstration of a carrier frequency offset estimator for 16-/32-QAM coherent receivers: a hardware perspective [J]. Optics Express, 2018, 26(4): 4853-4862.

[170] Xiao F, Lu J, Fu S, et al. Feed-forward frequency offset estimation for 32-QAM optical coherent detection [J]. Optics Express, 2017, 25(8): 8828-8839.

[171] Zhao D, Xi L, Tang X, et al. Digital pilot aided carrier frequency offset estimation for coherent optical transmission systems [J]. Optics Express, 2015, 23(19): 24822-24832.

[172] Koma R, Fujiwara M, Igarashi R, et al. Wide range carrier frequency offset estimation method using training symbols with asymmetric constellations for burst-mode coherent reception [C]//Optical Fiber Communication Conference, San Diego, California: Optical Society of America, 2018: M3B.5.

[173] Xiang Z. Efficient clock and carrier recovery algorithms for single-carrier coherent optical systems: a systematic review on challenges and recent progress [J]. IEEE Signal Processing Magazine, 2014, 31(2): 35-45.

[174] Du X, Song T, Kam P Y. Carrier frequency offset estimation for CO-OFDM: the matched-filter approach [J]. Journal of Lightwave Technology, 2018, 36(14): 2955-2965.

[175] Xiang Q, Yang Y, Zhang Q, et al. Adaptive and joint frequency offset and carrier phase estimation based on Kalman filter for 16QAM signals [J]. Optics Communications, 2019, 430: 336-341.

[176] Viterbi A. Nonlinear estimation of PSK-modulated carrier phase with application to

burst digital transmission [J]. IEEE Transactions on Information Theory, 1983, 29(4): 543-551.

[177] Pfau T, Hoffmann S, Noé R. Hardware-efficient coherent digital receiver concept with feedforward carrier recovery for M-QAM constellations [J]. Journal of Lightwave Technology, 2009, 27(8): 989-999.

[178] Rozental V, Kong D, Corcoran B, et al. Filtered carrier phase estimator for high-order QAM optical systems [J]. Journal of Lightwave Technology, 2018, 36(14): 2980-2993.

[179] Su X, Xi L, Tang X, et al. A multistage CPE scheme based on crossed constellation transformation for M-QAM [J]. IEEE Photonics Technology Letters, 2015, 27(1): 77-80.

[180] Zhang F, Li Y, Wu J, et al. Improved pilot-aided optical carrier phase recovery for coherent M-QAM [J]. IEEE Photonics Technology Letters, 2012, 24(18): 1577-1580.

[181] Li Y, Song T, Gurusamy M, et al. Enhanced adaptive DA-ML carrier phase estimator and its application to accurate laser linewidth and SNR estimation [J]. Optics Express, 2018, 26(12): 14817-14831.

[182] Pan D, Tang X, Feng Y, et al. An effective scheme of optical pilot aided carrier phase estimation for a time packing Nyquist optical communication system [J]. Optical Fiber Technology, 2015, 26: 135-141.

[183] Zhang W, Pan D, Su X, et al. Pilot-added carrier-phase recovery scheme for Nyquist M-ary quadrature amplitude modulation optical fiber communication system [J]. Chinese Optics Letters, 2016, 14(2): 020601.

第 2 章　弹性光网络相干光纤通信系统

作为下一代最有可能取代当前波分复用系统的弹性光网络 (EON)，其发射端根据光纤链路条件和用户带宽需求将产生多种参数 (比如调制格式、符号率、FEC 比率、子载波数量和间隔等) 可调的弹性光路 [1-3]，这就要求 EON 接收端能够自适应地接收弹性光路，即具有参数透明性，便于 EON 控制层实现对物理层光收发机的灵活管理和频谱资源的灵活分配。此外，在光纤信道传输过程中的各种损伤，包括损耗、色度色散 (CD)、偏振效应、非线性效应等，已经成为限制光纤信道传输容量和距离的主要障碍。借助于数字相干检测和功能强大的数字信号处理 (DSP) 技术，EON 接收端可将光载波携带的幅度、相位和偏振信息完美恢复，以支持比特率、调制格式及带宽等参数可调的高频谱效率光信号传输 [4]，并在数字域实现对光纤信道各种线性和非线性损伤的均衡 [5-9]。因此，作为 EON 传输系统的基础，本章将重点阐述 EON 相干光纤通信系统的结构及原理。

本章的具体内容安排如下：2.1 节给出相干光纤通信系统的整体架构；2.2 节详细介绍单载波 PDM-EON 光发射机，包括射频 (Radio Frequency, RF) 信号产生单元和光路单元的结构及原理，重点进行支持任意调制格式的 PDM-EON 光发射机预均衡研究；2.3 节阐述 OFDM 调制的基本原理和 OFDM-EON 光发射机的结构；2.4 节给出光纤信道的传输模型；2.5 节针对光纤信道的典型损伤进行原理分析与建模，包括损耗、CD 及非线性效应等；2.6 节介绍了 PDM-EON 信号的相干接收原理，重点阐述相干光接收前端的结构和接收原理；2.7 节为本章小结。

2.1　相干光传输系统

典型 EON 点对点相干光纤通信系统的整体架构如图 2.1 所示，由光发射机、光纤信道及相干接收机三部分组成，每一部分的功能简要介绍如下。

光发射机应能支持任意调制格式光信号的产生及发射，它由 RF 信号产生单元和光路单元组成。RF 信号产生单元由 mQAM 信号产生、发射端 DSP 预均衡及数模转换器 (DAC) 三部分组成，它的任务是首先由 mQAM 信号产生模块将二进制比特序列映射为高阶调制符号，再经过发射端的 DSP 预均衡处理 (包括数字脉冲成型、频率响应预补偿、skew(倾斜) 校正及非线性调制补偿等)，送入 DAC 进行数模转换，最后输出偏振复用同相正交调制器 (PDM-IQM) 所需的 4 路 RF 驱动电信号 $\{X_{\mathrm{I}}, X_{\mathrm{Q}}, Y_{\mathrm{I}}, Y_{\mathrm{Q}}\}$。光路单元包括窄线宽激光器和由光偏振分束器 (Polarization

Beam Splitter，PBS)、光偏振合束器 (Polarization Beam Combiner，PBC) 及同相正交调制器 (In-Phase and Quadrature-Phase Modulator，IQM) 组成的 PDM-IQM，其主要作用是将承载信息的 RF 电信号调制至光载波的多个维度 (如偏振、相位及幅度) 上，这一单元的工作过程为：光源输出的光载波经 PBS 分解为两个互相正交的偏振态，首先将每一偏振态进行 IQ 调制，再利用 PBC 将这两个正交偏振态合并为一路 PDM 信号，送入光纤信道传输。

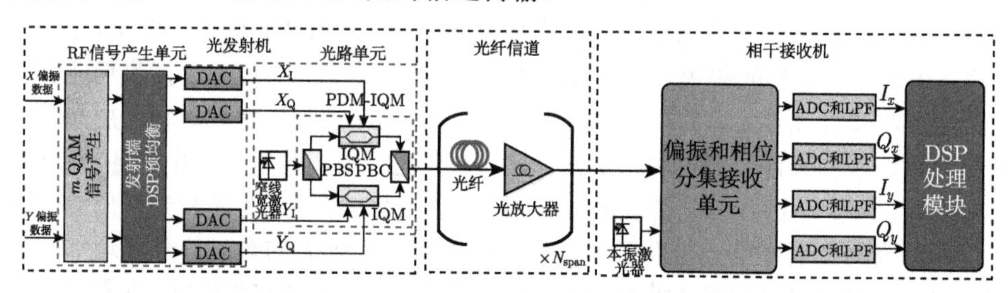

图 2.1　典型 EON 点对点相干光纤通信系统的整体架构图

作为 EON 信号传输的主要媒介，光纤信道在光纤通信系统中具有至关重要的作用，光信号的发射和接收模式均需根据光纤信道特性设计。为最大程度地利用光纤信道的有限频谱资源传递尽可能多的信息，目前正在进行多种新型光纤的研究，包括少模光纤 [10]、多芯光纤 [11]，或轨道角动量光纤 [12] 等，本书主要讨论 EON 系统中最常用的单模光纤。尽管当前单模光纤的损耗系数已经降低至 0.15dB/km，但作为光纤的固有特性之一，无法彻底消除光纤损耗，只能在传输一定距离后利用 EDFA 或拉曼放大器对光信号再生放大，以进行下一跨段的接续传输，其结构如图 2.1 所示。此外，由单模光纤固有特性引起的其他信道损伤，比如 CD、偏振效应、非线性效应等，也会影响 EON 系统的传输容量和距离 [13]。随着相干接收 DSP 处理中 CD 和偏振效应均衡算法的发展和完善，对单模光纤进行性能改进的最重要措施已聚焦至光纤衰减和非线性容忍度研究上，新型的单模光纤设计将朝着超低损耗和增大光纤有效面积两大方向发展 [14]。

相干接收机主要用于检测、解调和恢复出任意调制格式光信号携带的原始信息，其基本结构如图 2.1 所示，由本振激光器、偏振和相位分集接收单元、ADC 和低通滤波器 (Low-Pass Filter，LPF)、DSP 处理模块组成。它的工作过程为：首先本振激光器输出与光发射机同波长的本振光，经偏振和相位分集接收单元分解成两个互相正交的偏振光；其后将本振光与接收光信号的每一偏振态混频；再经过 PD 的平衡检测、电信号放大及低通滤波后，由 4 个 ADC 和 LPF 进行模数转换送入 DSP 处理模块进行后续数字信号处理；DSP 处理模块主要完成正交化、CD 补偿、偏振效应均衡及偏振解复用、载波频偏及相位估计、符号解码及误码率 (Bit Error Rate, BER) 计算等工作。

在第 1 章已提及，目前的 PDM-EON 光发射机主要分为单载波和多载波两种，因此有必要对这两种收发机的基本结构和原理分别进行介绍。在以下内容中，我们将重点对支持任意调制格式的单载波 PDM-EON 光发射机预均衡进行研究，介绍 OFDM-EON 光发射机的结构和功能，并阐述光纤信道的传输模型及典型损伤，以及相干光接收前端的工作原理。

2.2 单载波 PDM-EON 光发射机及 DSP 预均衡

典型的单载波 PDM-EON 光发射机结构如图 2.2 所示，可分为 RF 信号产生单元和光路单元两部分。RF 信号产生单元由 mQAM 信号产生、发射端 DSP 预均衡及 DAC 三个模块组成。光路单元包括窄线宽激光器和 PDM-IQM，负责将信号从电域调制到光域。以下内容将主要针对这两个单元的工作过程进行描述，并重点阐述光发射机的 DSP 预均衡原理及实现过程。

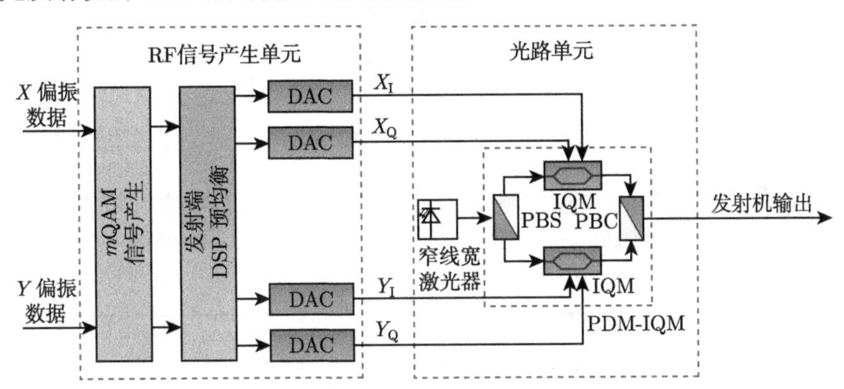

图 2.2 单载波 PDM-EON 光发射机结构框图

2.2.1 RF 信号产生单元

RF 信号产生单元负责输出 PDM-IQM 所需要的 4 路 RF 电驱动信号。理论上 DAC 输出的模拟波形应该是完美的，然而考虑到 RF 信号在实际的产生过程中，将受到各种高频器件的带宽限制 (比如 DAC 及 RF 线缆带宽)、RF 线缆 skew、IQ 调制器的非线性调制等各种不利因素影响，实际输出的模拟波形将出现严重畸变，这将导致发射光信号质量较差，信号有效传输距离变短，相干接收处理难度增大。为尽量将器件自身导致的信号损伤影响降至最低，需要在 RF 信号产生单元中利用 DSP 技术进行器件损伤的预均衡处理，以求获得高质量的光发射信号。因此，这一单元实际由 mQAM 信号产生、发射端 DSP 预均衡及 DAC 三个模块组成。

对于 mQAM 信号产生模块，主要根据 EON 系统使用的 mQAM 调制格式，将二进制比特映射为相应高阶调制符号。工作时，它首先将每一 X/Y 偏振待发射的数据以 $\log_2 m$ 个比特为一单位分块处理，其次根据所选用的 mQAM 调制格式，每一比特块被映射成相应的复调制符号。以 EON 系统最常用的 QPSK 调制格式为例，每两个二进制比特对应 1 个 QPSK 符号，此时将输入信息以两个比特为单位进行符号映射。此外，图 2.3 给出了 EON 系统采用不同调制格式时，比特序列与对应的符号之间的映射关系，包括 BPSK、QPSK、16QAM、32QAM 及 64QAM 等。

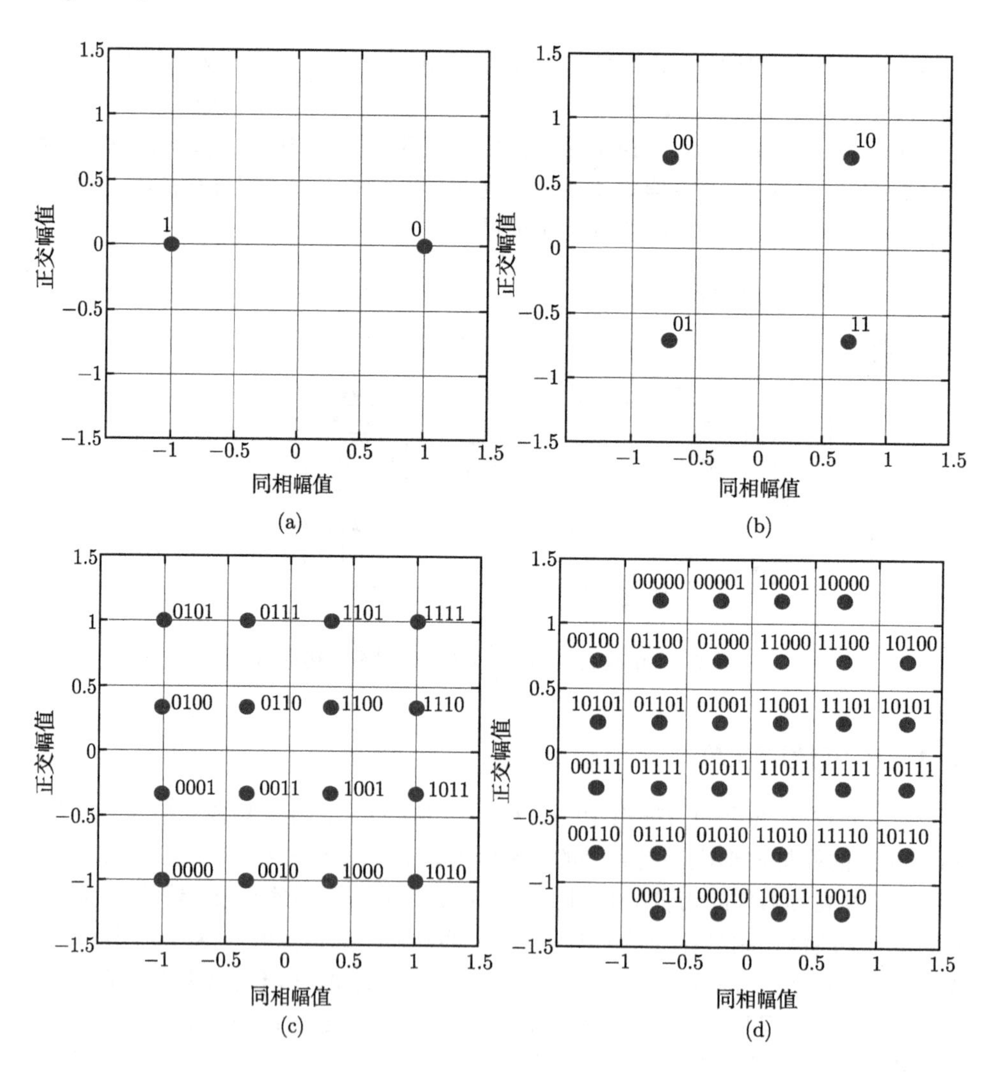

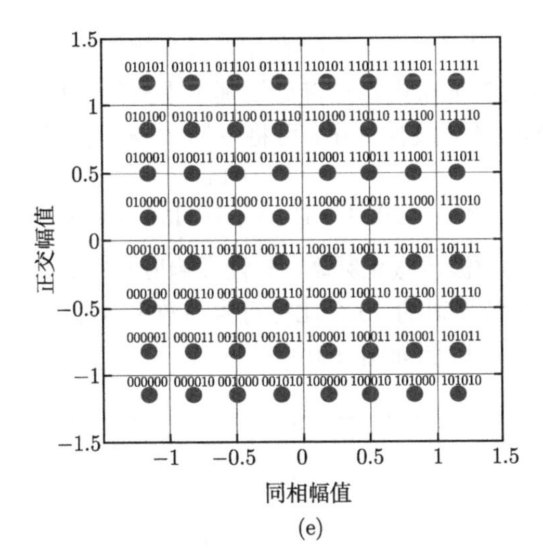

(e)

图 2.3 常用调制格式的比特序列与符号映射之间的关系

(a) BPSK；(b) QPSK；(c) 16QAM；(d) 32QAM；(e) 64QAM

发射端 DSP 预均衡模块主要进行数字脉冲成型，RF 线缆及 DAC 频率响应补偿，I、Q 通道的 skew 校正和 PDM-IQM 的非线性调制补偿等功能，然后 DAC 模块将 4 路数字信号转换为模拟波形并输出至 PDM-IQM 中进行电光调制。我们在此详细阐述发射端 DSP 预均衡理论及实现过程，关于 PDM-IQM 非线性传递函数特性的补偿原理将在 2.2.2 小节中进行介绍。

数字脉冲成型部分的主要任务为：利用数字滤波技术分别对复调制符号序列的实部和虚部进行基带波形映射。我们知道，一个理想矩形脉冲信号在频域上为无限展宽的 sinc 型频谱，然而经过光发射机有限带宽的高频器件和线缆传输后，其作用类似于进行了低通滤波。这种频带受限将导致脉冲波形在时域的展宽，此时将不可避免地出现码间干扰 (Intersymbol Interference，ISI)。为在限定带宽下尽可能减小 ISI 并提高频谱利用率，数字脉冲成型部分基于有限冲激响应 (Finite Impulse Response，FIR) 滤波技术将信号频谱限定在固定范围内，这种技术通过构建数字脉冲成型滤波器，将信号序列与脉冲成型滤波器进行卷积运算，达到消除 ISI 的目的。数字脉冲成型方案包括时域成型 [15,16] 和频域成型 [17] 两类，本书主要使用时域成型方案。

为获得不归零制 (Non-Return-to-Zero，NRZ) 脉冲波形，通常在数字域构造低通高斯 (Gaussian) 型或贝塞尔 (Bessel) 型脉冲成型滤波器。而 Nyquist 脉冲波形则需利用时域升余弦 (Raised Cosine, RC) FIR 滤波器或根升余弦 (Root-Raised Cosine，RRC) FIR 滤波器获得。下面以 28GBaud PDM-16QAM 系统为例，每个待发射符号进行 10 倍过采样，分别采用 5 阶 Bessel 滤波器及 16 阶滚降因子为 0.1

的 RRC 滤波器，说明 NRZ 和 Nyquist 数字脉冲成型过程。

Bessel 滤波器具有在通带内保持群延迟基本不变的性质 [18]，Bessel 滤波器能够最大限度地减小相位的非线性变化。可将 5 阶 Bessel 滤波器的传递函数表示为

$$H(s)=\frac{945}{945-420\omega^2+15\omega^4+\mathrm{j}\left(945\omega-105\omega^3+\omega^5\right)} \tag{2-1}$$

式中，ω 为希望得到的滤波器截止频率，其幅频响应和冲激响应如图 2.4(a) 和 (b) 所示，图 2.4(c) 给出了待发射的 10 个比特符号与数字脉冲成型后的 NRZ 波形，相应的 PDM-16QAM NRZ 眼图如图 2.4(d) 所示。

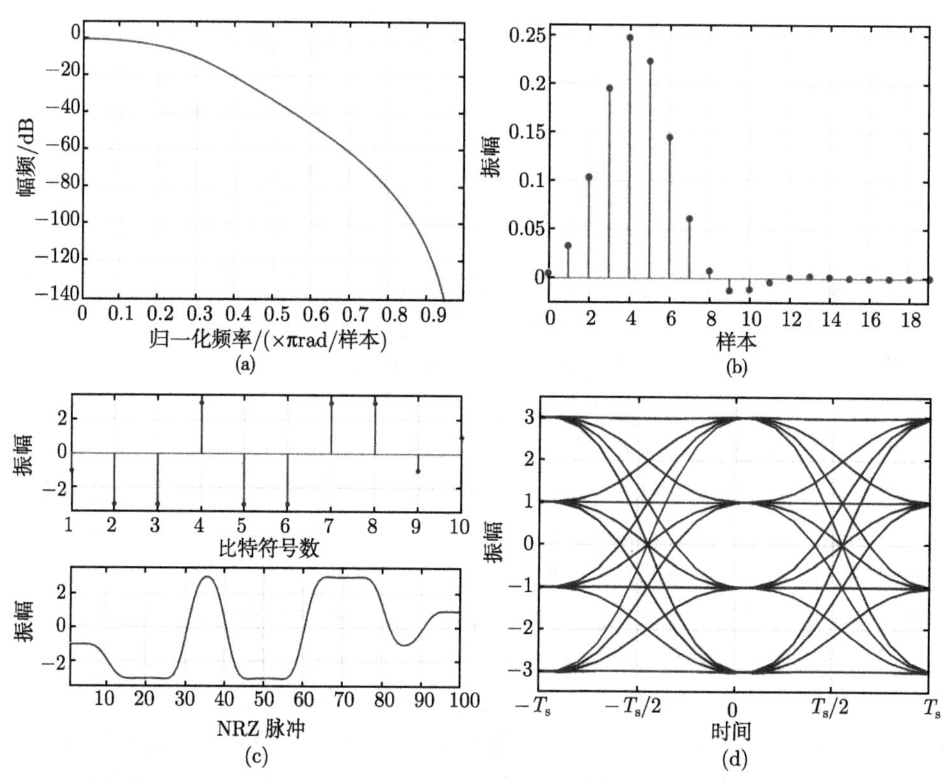

图 2.4　5 阶 Bessel 滤波器以及输出的 PDM-16QAM NRZ 脉冲波形

(a) 幅频响应；(b) 冲激响应；(c) 10 个比特符号与脉冲成型后的 NRZ 波形；(d) PDM-16QAM NRZ 波形的眼图

同样，RRC 滤波器的时域冲激响应可表示为 [19]

$$h(t)=4R\frac{\cos\left[(1+R)\pi t/T\right]+\dfrac{\sin\left[(1-R)\pi t/T\right]}{4Rt/T}}{\pi\sqrt{T}\left[1-\left(4Rt/T\right)^2\right]} \tag{2-2}$$

式中，R 表示滚降因子，T 为符号周期，其幅频响应和冲激响应如图 2.5(a) 和 (b) 所示，图 2.5(c) 给出了待发射的 10 个比特符号与对应的 Nyquist 波形，得到的 Nyquist PDM-16QAM 眼图如图 2.5(d) 所示。

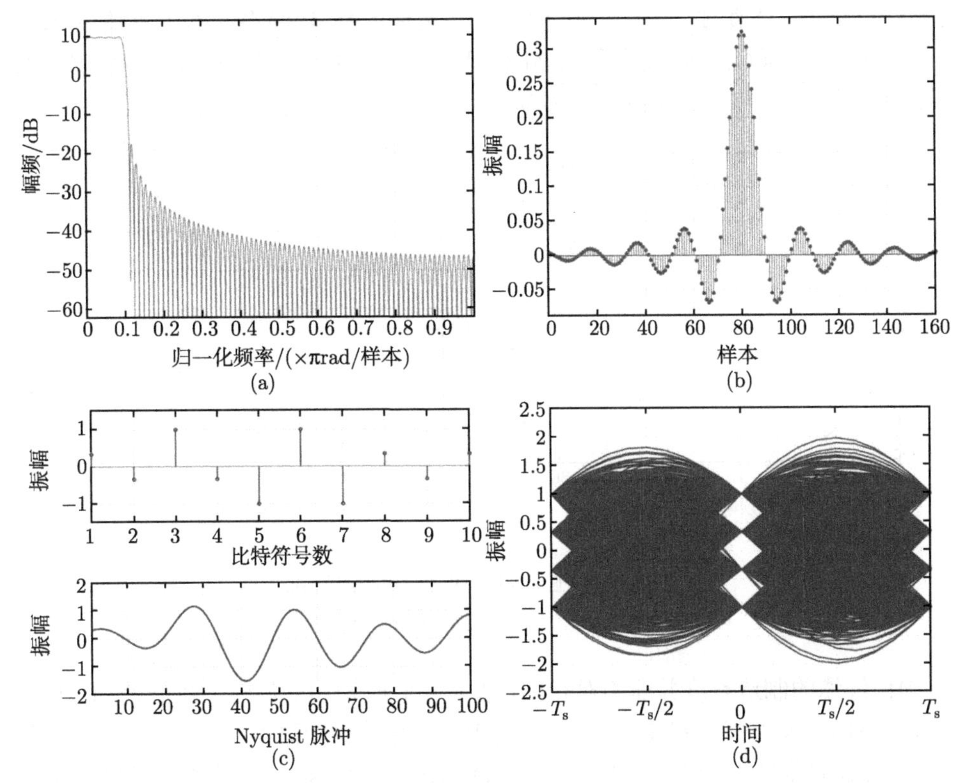

图 2.5 16 阶滚降因子为 0.1 的 RRC 滤波器及输出的 Nyquist PDM-16QAM 波形

(a) 幅频响应；(b) 冲激响应；(c) 10 个比特符号对应的 Nyquist 波形；(d) Nyquist PDM-16QAM 波形的眼图

如果光发射机在可用带宽范围内具有完全平坦的频率响应，我们可以获得最理想的发射信号性能。然而 DAC 和 RF 线缆都是频率相关器件，随着频率升高，幅度衰减越大，引起的输出信号质量退化越严重。因此在数字脉冲成型后，需要由 DSP 预均衡模块进行 DAC 和 RF 线缆的频响特性均衡。该模块首先进行 DAC 和 RF 线缆的频响特性测量，求出频响特性的逆函数后再将其转换至时域，这一过程可表示为

$$s(t) = \mathcal{F}^{-1}\left[P(\omega) \cdot T_{\mathrm{DAC}}^{-1}(\omega) \cdot T_{\mathrm{RF}}^{-1}(\omega)\right] \tag{2-3}$$

式中，$s(t)$ 代表频响特性预均衡后的时域输出 RF 信号；$\mathcal{F}^{-1}$ 为快速傅里叶逆变换 (Inverse Fast Fourier Transform，IFFT) 运算；$P(\omega)$ 为脉冲成型后的信号频

谱；$T_{\rm DAC}^{-1}(\omega)$ 及 $T_{\rm RF}^{-1}(\omega)$ 分别表示 DAC 和 RF 线缆频响特性的逆函数。

利用网络分析仪测量得到的光发射机使用的 DAC 和 4 根 RF 线缆的幅频特性如图 2.6 所示，从图 2.6(a) 可以发现，DAC 带宽为 20GHz 时信号幅度衰减接近 4dB，在 30GHz 处衰减了近 20dB；图 2.6(b) 表明，RF 线缆在 20GHz 时信号衰减接近 1.5dB，在 30GHz 处大约衰减 2dB。因此，进行 DAC 和 RF 线缆的幅频特性预补偿非常必要，将有助于提升信号质量。

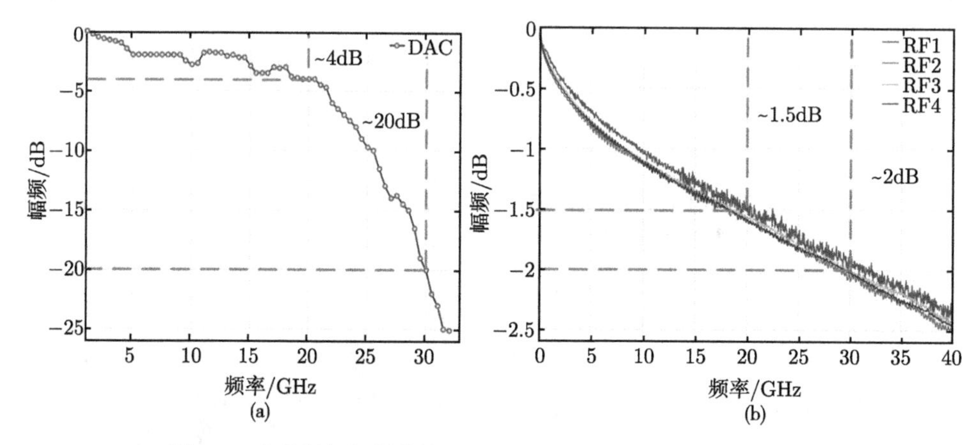

图 2.6　光发射机幅频特性测试结果 (扫描封底二维码查看彩图)

(a) DAC；(b) 使用的 4 根 RF 线缆

RF 线缆的制造长度并非绝对相同，以及安装时使用的旋转力矩的差别，都会造成 PDM-EON 光发射机 I、Q 通道之间 RF 信号传输距离不一致，即产生 RF 信号传输时延的差异 (也称 skew)。这种 I、Q 通道之间的 skew 损伤对低波特率信号的影响可以忽略，但对高波特率信号的产生具有严重影响。图 2.7 给出了 28GBaud PDM-16QAM 系统 7.12ps 的 I、Q 通道 skew 的仿真结果。我们从图 2.7(a) 和 (b) 可以发现 I、Q 通道的 skew 造成 I 路与 Q 路信号眼图的交叉点之间发生了水平偏移，这将导致 I、Q 通道相位响应失衡。此外，从图 2.7(c) 可以观察到 I、Q 通道 skew 已导致发射端星座点的严重发散，容易发生误码。若 skew 值进一步增大，还将导致某些关键星座点的缺失或无用星座点的增加，因此必须采取 DSP 预均衡技术缓解这种 skew 损伤。

在发射端 DSP 预均衡模块中，如图 2.8 所示，I、Q 通道之间的 skew 损伤均衡过程如下：首先由 RF 信号产生单元产生每通道频率为 10GHz、初始相位为 0 的正弦波信号，其后将这 4 路信号 $X_{\rm I}$、$X_{\rm Q}$、$Y_{\rm I}$、$Y_{\rm Q}$ 直接送入每通道 80GS① /s 采样率的实时示波器中，此时由示波器测量得到的 Ch1 和 Ch2 之间的时延差为 X 偏

① S 代表样品。

振 I、Q 通道之间的 skew 值，Ch3 和 Ch4 之间的时延差为 Y 偏振 I、Q 通道之间的 skew 值，Ch1 和 Ch3 之间的时延差为 X、Y 两偏振之间的 skew 值，最后将这些 skew 值符号取反后送入发射端 DSP 预均衡模块，计算出预均衡后的各通道相位，即可补偿各通道之间的 skew 损伤。经 1000 余次测量得到的 PDM-EON 光发射机通道之间的 skew 均值如图 2.9(a) 所示，可以发现各通道间的 skew 差值在 −5.46~5.54ps 波动，经过均衡后结果如图 2.9(b) 所示，通道间的 skew 值已经降至 −77~66fs，对发射信号的影响已经可以忽略。

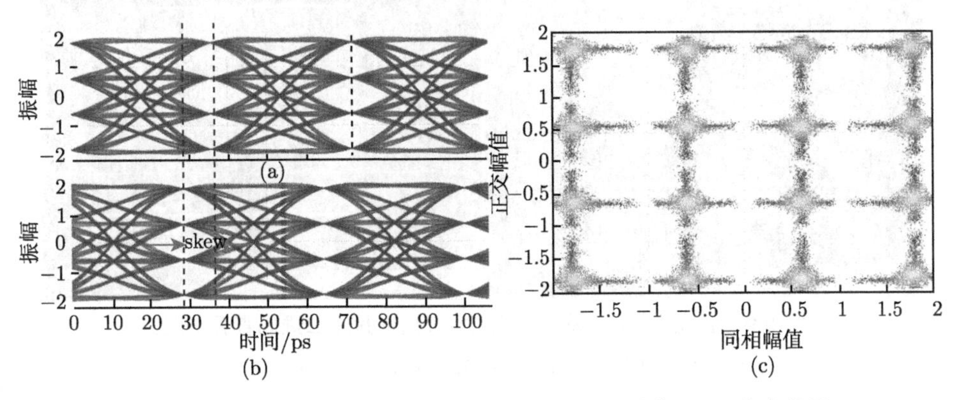

图 2.7 28GBaud PDM-16QAM 系统的 I、Q 通道 skew 仿真结果

(a) I 路 RF 信号的眼图；(b) Q 路 RF 信号的眼图；(c) 7.12ps 的 I、Q 通道 skew 导致的星座图

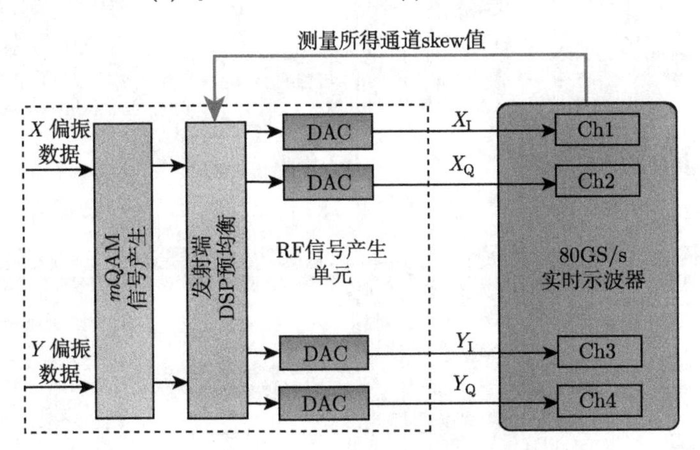

图 2.8 I、Q 通道 skew 测量原理框图

最后，图 2.10 给出了 28GBaud PDM-16QAM EON 信号背靠背传输时，进行光发射机频响特性及通道 skew 校正等 DSP 预均衡前后的眼图、星座图、IQ skew 值、误差矢量幅度 (Error Vector Magnitude，EVM)、Q 及误码率等对比结果。从图 2.10(a) 可以看出，未进行预均衡时，I、Q 通道间存在 2ps 左右的 skew 损伤，EVM

为 9%左右，Q 为 14dB 左右，两偏振星座点较发散并且排列不够均匀，眼图较模糊；而进行发射端 DSP 预均衡后，图 2.10(b) 表明，I、Q 通道间的 skew 值已经降至 330fs 以内，EVM 降至 7%左右，相应的 Q 提高了近 2dB，两偏振星座点更清晰，排列更加均匀，均收敛至理想位置附近。

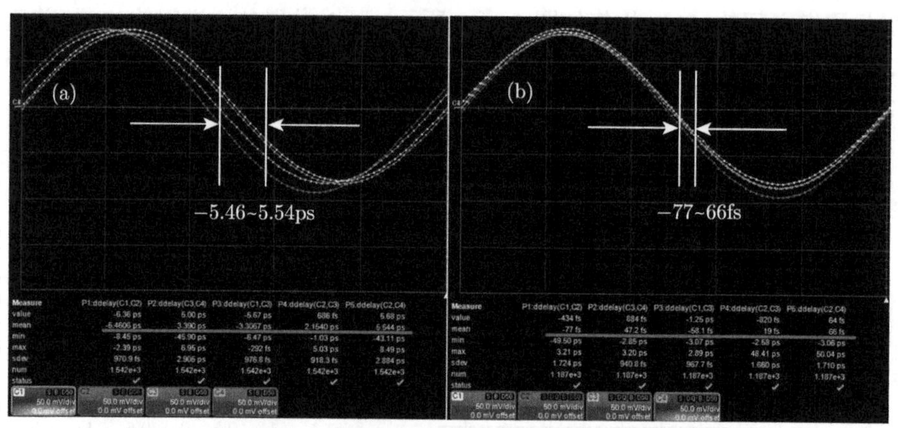

图 2.9　各通道 skew 均衡前后对比 (扫描封底二维码查看彩图)

(a) 均衡前测量得到的 skew 值；(b) skew 均衡后的波形

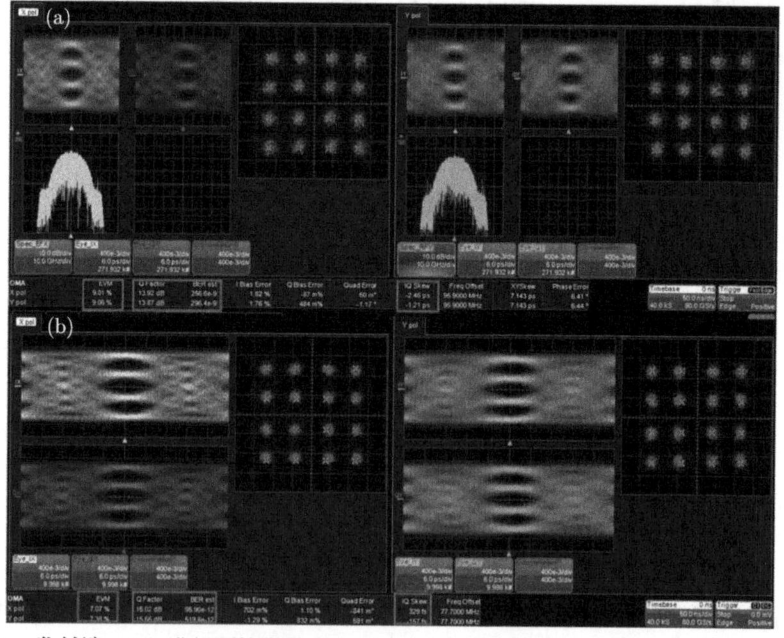

图 2.10　发射端 DSP 进行预均衡前后 28GBaud PDM-16QAM EON 信号的星座图对比 (扫描封底二维码查看彩图)

(a) 未进行发射端 DSP 预均衡；(b) 进行发射端 DSP 预均衡后

2.2.2 光路单元

在图 2.2 所示的 PDM-EON 光发射机结构中，激光器和 PDM-IQM 一起构成了光发射机的光路单元。这一部分内容将主要阐述光路单元的构成及原理，包括激光器、PDM-IQM，以及马赫–曾德尔调制器 (Mach-Zehnder Modulator，MZM) 的非线性调制补偿等。

2.2.2.1 激光器

激光器的作用是作为光源，为 EON 系统提供频率和相位稳定的光载波。目前光纤通信系统最常用的光源为基于受激辐射机制的单纵模半导体激光器。这种激光器又可分为分布式反馈 (Distributed Feedback, DFB) 激光器和外腔激光器 (External Cavity Laser, ECL) 两种，其中 DFB 激光器利用布拉格光栅挑选出所需要的单个纵模，其线宽一般为几兆赫兹 [20]，外腔激光器基于外谐振腔结构实现大功率的单纵模功率输出，它的线宽更窄，一般小于 100kHz[21]。

为避免直接调制产生的激光器啁啾现象，进行高阶 QAM 调制时 EON 光发射机均采用外调制方式，即将激光器作为一个连续波 (Continuous Wave, CW) 光源，将 RF 信号加载到外部调制器上完成电光调制过程。此时，可将 CW 激光器输出的连续光载波表示为 [20]

$$\boldsymbol{E}_{\mathrm{s}}(t)=\boldsymbol{e}_{\mathrm{s}}\cdot\sqrt{P_{\mathrm{s}}+\delta P(t)}\cdot\exp\left[\mathrm{j}2\pi f_{\mathrm{s}}t+\varphi_{\mathrm{s}}+\varphi_{n_{\mathrm{s}}}(t)\right] \tag{2-4}$$

式中，$\boldsymbol{e}_{\mathrm{s}}$ 代表光载波的偏振；P_{s} 为输出光功率；f_{s} 为光载波的中心频率；φ_{s} 为光载波的初始相位；$\delta P(t)$ 和 $\varphi_{n_{\mathrm{s}}}(t)$ 分别表示由自发辐射导致的激光器强度噪声和相位噪声。

作为衡量半导体激光器性能的关键指标之一，线宽的大小对采用高阶调制格式的光通信系统性能具有重要影响。我们将线宽定义为取激光器输出 PSD 最大值的一半所对应的频谱宽度 [21]，计算公式为

$$\delta_{f_{\mathrm{s}}}=\frac{\tilde{W}_{\varphi_{n_{\mathrm{s}}}}}{2\pi}=\frac{1}{\pi t_{\mathrm{c}}} \tag{2-5}$$

式中，$\delta_{f_{\mathrm{s}}}$ 为激光器线宽；$\tilde{W}_{\varphi_{n_{\mathrm{s}}}}$ 表示频率噪声的恒定 PSD；t_{c} 为激光器输出光场能够稳定干涉时的最大时延差，即相干时间。由于光载波相位的随机变化是由大量互相独立的自发辐射噪声导致的，这一过程可使用高斯分布模型描述 [22]，由此可推导出单模激光器相位噪声和频谱变化的计算公式为

$$\begin{cases}\left\langle\delta\varphi_{n_{\mathrm{s}}}^{2}(\tau)\right\rangle=2\pi f_{\mathrm{s}}|\tau|\\ g(f)=\dfrac{\delta_{f_{\mathrm{s}}}}{2\pi\left[(f-f_{\mathrm{s}})^{2}+(\delta_{f_{\mathrm{s}}}/2)^{2}\right]}\end{cases} \tag{2-6}$$

式中，τ 为观察时间间隔；f 为频率。

图 2.11 给出了线宽分别为 100kHz、500kHz 和 5MHz 时，半导体激光器输出的光载波归一化 PSD 和相位噪声。从 PSD 变化可以发现 (图 2.11(a))，线宽越大，由此引入的相位噪声越大，激光器输出光载波的信号质量越差；从相位噪声变化来看 (图 2.11(b))，由线宽增大导致的光载波相位噪声波动越来越剧烈，造成相干接收端的载波相位跟踪及恢复越发困难。因此，进行高阶 QAM 调制时，要尽量选择线宽小的激光器作为光源。

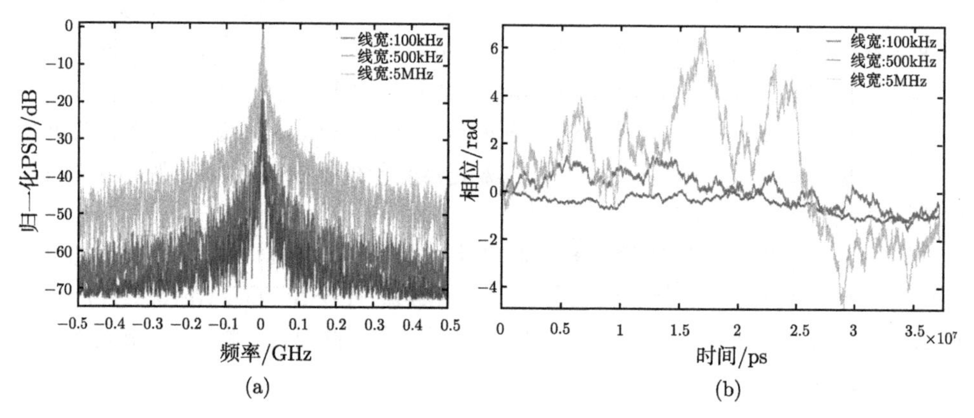

图 2.11 三种线宽下激光器的输出 (扫描封底二维码查看彩图)

(a) 光载波归一化功率谱密度；(b) 光载波相位噪声

2.2.2.2 PDM-IQM 的结构及工作原理

上文提及，当前的 EON 光发射机均基于外调制方式，将携带基带数据的 RF 信号上变频至光域，以达到利用光载波传输数据的目的。要实现双偏振高阶 QAM 调制，最常用的调制器为 PDM-IQM，其结构如图 2.12 所示，由 1 个 PBS、1 个 PBC 和 2 个 IQM 组成。PBS 的作用是将激光器输出的光载波 $E_{\text{in}}(t)$ 分成两束互相正交的偏振光载波，此后对每一偏振均进行 IQ 调制，再使用 PBC 将调制后的两束正交光信号进行偏振合束，即可得到偏振复用后的调制信号 $E_{\text{out}}(t)$。从图 2.12 可以看出，作为 PDM-IQM 的核心部件，每个 IQM 由 1 个相位调制器 (Phase Modulator, PM) 和 2 个 MZM 级联组成，而每个 MZM 又由 2 个 PM 并联而成，所以 PM 是构成 IQM 的基础器件。下文我们将首先介绍 PM 的结构及工作原理，在此基础上再对 MZM 和 IQM 进行深入研究。

PM 是一种将光波导集成在铌酸锂 ($LiNbO_3$) 衬底上的光学器件，经由涂覆电极施加外部 RF 驱动电压 $u(t)$ 改变波导的有效折射率，其本质是基于泡克耳斯 (Pockels) 效应实现光载波的相位调制 [20]。PM 的结构如图 2.13 所示，其输入光场

强 $E_{\text{in}}(t)$ 与输出光场强 $E_{\text{out}}(t)$ 的关系为

$$E_{\text{out}}(t) = E_{\text{in}}(t) \cdot \exp[\mathrm{j}u(t)\pi/V_\pi] \tag{2-7}$$

式中，V_π 为 PM 发生 π 相移时对应的驱动电压，又称半波电压，其典型值范围为 3~6V。

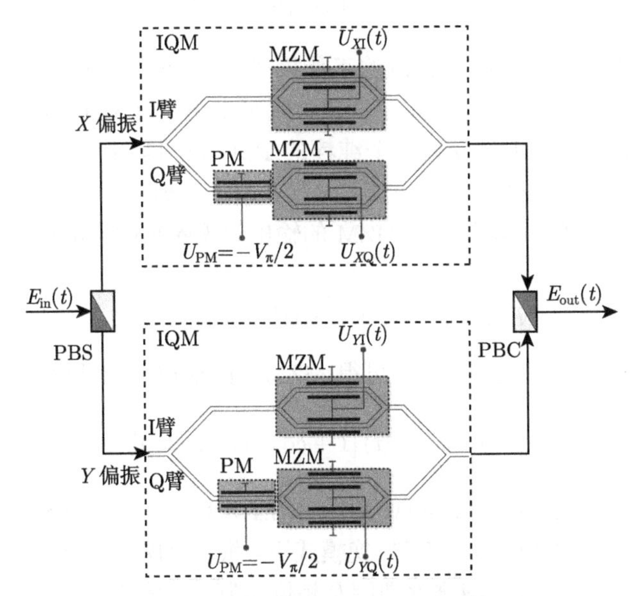

图 2.12 PDM-IQM 的结构框图

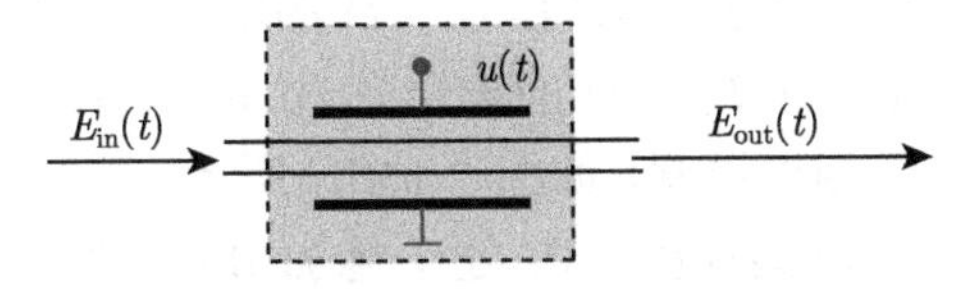

图 2.13 PM 的结构框图

如果将 2 个 PM 并联后分别进行相位调制再合束，在一定条件下如果两束光信号的相位相等但符号相反，将这两束光波干涉后即可实现光载波的强度调制。相应结构的调制器被称为双驱 MZM，其原理框图如图 2.14 所示。假设上下臂 PM 的驱动电压分别为 $u_1(t)$ 和 $u_2(t)$，半波电压分别为 $V_{\pi 1}$ 和 $V_{\pi 2}$，在不考虑插入损耗的情况下，输出光场强 $E_{\text{out}}(t)$ 和输入光场强 $E_{\text{in}}(t)$ 之间的关系为

$$E_{\text{out}}(t) = \frac{1}{2}E_{\text{in}}(t) \cdot \{\exp[\mathrm{j}u_1(t)\pi/V_{\pi 1}] + \exp[\mathrm{j}u_2(t)\pi/V_{\pi 2}]\} \tag{2-8}$$

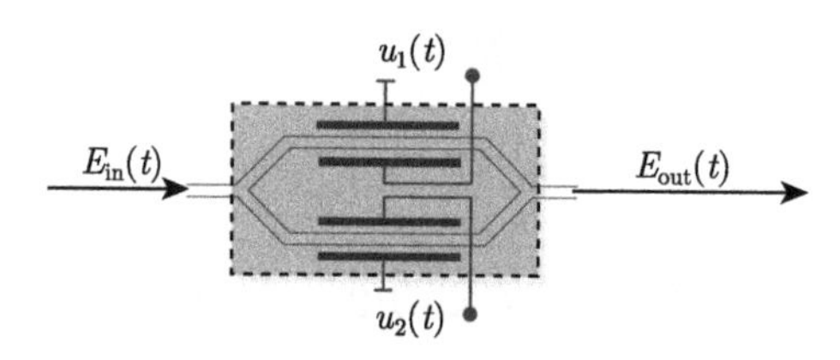

图 2.14 MZM 的结构框图

对 MZM 而言，存在两种特殊的工作模式：① 推–推 (Push-Push) 模式，若 $u_1(t) = u_2(t) = u(t)$ 且 $V_{\pi 1} = V_{\pi 2} = V_\pi$，此时上下臂 PM 的输出光载波完全相同，这种情况下的 MZM 将变为一个纯粹的 PM；② 推–挽 (Push-Pull) 模式，若 $u_1(t) = -u_2(t) = u(t)/2$ 且 $V_{\pi 1} = V_{\pi 2} = V_\pi$，即上下臂 PM 输出的光载波相位大小相等但符号相反，经干涉合束后 MZM 的输出为无啁啾的强度调制，此时式 (2-8) 变为

$$E_{out}(t) = E_{in}(t) \cdot \cos\left[u(t)\pi/(2V_\pi)\right] \tag{2-9}$$

此时，将式 (2-9) 左右两边平方后，可得 MZM 的光功率输入与输出之间的关系为

$$P_{out}(t) = P_{in}(t)\left[1 + \cos\left(u(t)\pi/V_\pi\right)\right]/2 \tag{2-10}$$

这种推–挽模式是 MZM 及 IQM 最常用的工作模式，下文如无特殊说明，MZM 及 IQM 均工作在这种模式下。在推–挽模式下，根据 MZM 直流偏置点和施加 RF 信号的幅度不同，可分别实现强度调制及相位调制，具体的工作原理为：①强度调制，如图 2.15(a) 所示，将 MZM 直流偏置在正交点 (即偏置在 $-V_\pi/2$ 处)，施加 RF 信号峰峰值为 V_π，即理想方波驱动信号 $u(t)$ 的电平取值集合为 $\{-V_\pi, 0\}$，代入式 (2-9) 可得此时输出光场强 $E_{out}(t)$ 的集合为 $\{0, E_{in}(t)\}$，分别对应无光和有光，实现了光的强度调制；②相位调制，如图 2.15(b) 所示，此时 MZM 偏置在最小功率点 (也称 Null 点，即直流偏置在 $-V_\pi$ 处)，施加 RF 信号峰峰值为 $2V_\pi$，即理想方波驱动信号 $u(t)$ 的电平取值集合为 $\{-2V_\pi, 0\}$，代入式 (2-9) 可得此时输出光场强 $E_{out}(t)$ 的集合为 $\{-E_{in}(t), E_{in}(t)\}$，表明光载波的相位在跨越 Null 点时发生了π相位的跳变，即实现了 BPSK 相位调制。

光 IQM 建立在 PM 和 MZM 的原理基础上，已被广泛应用于高阶 QAM 和 O-OFDM 信号的产生及调制中，其结构如图 2.12 所示。1 个 IQM 由 1 个 PM 和 2 个 MZM 级联组成，它的详细工作过程为：首先，每偏振的输入光载波被均分为 2 束后送入 I 臂和 Q 臂，其后将 2 个 MZM 均设置在推–挽模式下，工作点设为 Null 点，再对每个 MZM 进行相位调制，PM 负责将其中一个 MZM 输出的光载波相位平移 π/2，最后将这 2 个 MZM 输出的光信号合束，这样在 IQ 复平面上即可实现任意高阶 QAM 调制。IQM 的输出光场强 $E_{out}(t)$ 和输入光场强 $E_{in}(t)$ 之间的关

系为

$$E_{\mathrm{out}}(t)=\frac{1}{2}\cdot E_{\mathrm{in}}(t)\cdot\{\cos[u_{\mathrm{I}}(t)\pi/(2V_\pi)]+\mathrm{j}\cos[u_{\mathrm{Q}}(t)\pi/(2V_\pi)]\} \tag{2-11}$$

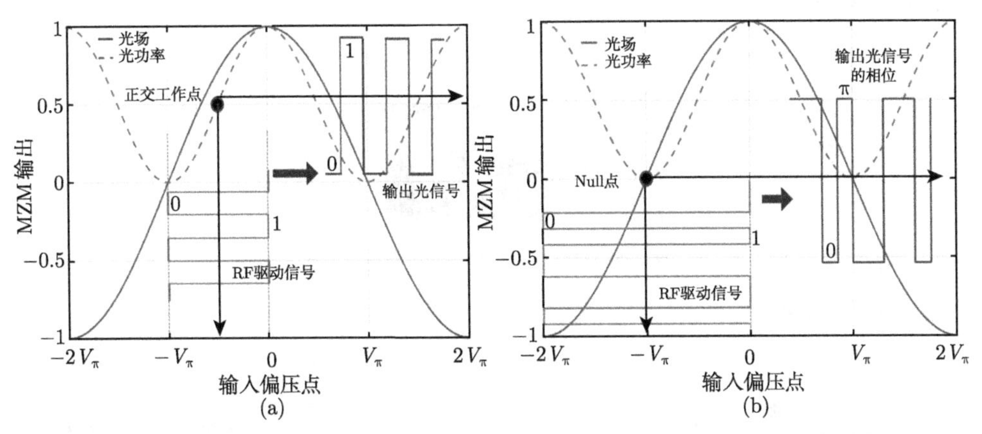

图 2.15 MZM 实现强度调制和相位调制的工作原理 (扫描封底二维码查看彩图)

(a) 强度调制；(b) 相位调制

下面以利用 IQM 进行 QPSK 调制为例，在图 2.16 中给出详细的工作过程。首先将 2 电平的 RF 驱动信号送入 I 臂和 Q 臂的 MZM 中，在推–挽模式下将两个 MZM 的工作点设置为 Null 点，相位调制后得到每一臂的 BPSK 光眼分别如图 2.16(a) 和 (b) 所示，I 臂和相移 π/2 后的 Q 臂星座图分别如图 2.16(c) 和 (d) 所示，最后得到的 QPSK 星座图和光眼图分别如图 2.16(e) 和 (f) 所示。其余高阶 QAM 调制过程与此基本相同，不同点在于 I 臂和 Q 臂的输入 RF 信号电平阶数有所区别，不再赘述。

2.2.2.3 MZM 的非线性调制预补偿

从图 2.15(b) 和图 2.16 的调制器传递函数特性可以看出，MZM 调制曲线并不是直线型的递增曲线，而是表现出余弦型的变化趋势。当 RF 信号幅度较小时，可认为 MZM 工作在线性区间；而当 RF 信号幅度绝对值增加至 $2V_\pi$ 时，对 RF 信号最大值和最小值两端 (比如幅度在 $-2V_\pi$ 和 0 附近) 区域的光调制有较大影响，会使得输出光载波幅度与 RF 信号呈现余弦变化关系，造成光信号的星座图排列不均匀，与理想位置偏差较大，调制后的发射信号质量变差。

图 2.17 给出了 PDM-EON 光发射机中，测量得到的 PDM-IQM 使用的 4 个 MZM 的驱动电压与输出光功率曲线，如图 2.17 中虚线所示，可以明显看出这 4 条 MZM 调制曲线均呈现出余弦型变化趋势。为补偿这种由非线性调制传递函数导致的器件损伤，DSP 预均衡模块首先遍历测量 PDM-IQM 的 4 个 MZM 驱动电压与

输出光功率的变化曲线，其后根据这 4 条曲线计算出 MZM 调制时传递函数的逆函数曲线 (图 2.17 中实线所示)，即可得到 MZM 的非线性调制预失真查找表，其后按照这些表格对 MZM 的输出光信号进行实时修正，实现对 MZM 的非线性调制传递函数预补偿。

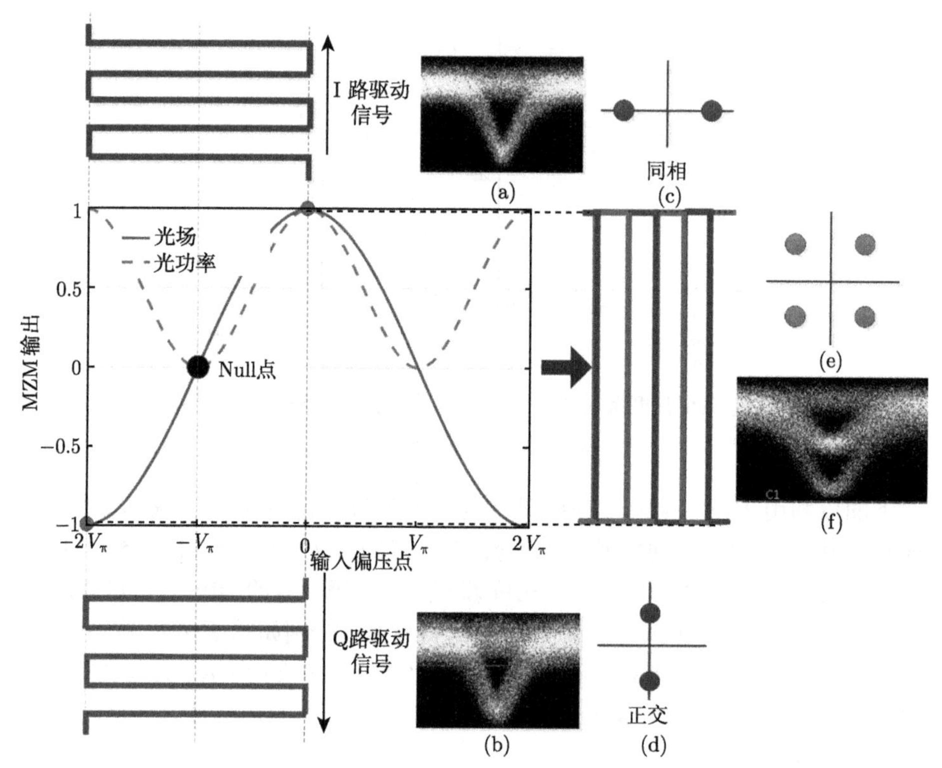

图 2.16　IQM 实现 QPSK 调制的工作过程 (扫描封底二维码查看彩图)

(a) I 臂调制后的 BPSK 光眼图；(b) Q 臂调制后的 BPSK 光眼图；(c) I 臂调制后的 BPSK 星座图；(d) Q 臂调制后的 BPSK 星座图；(e) IQM 输出的 QPSK 星座图；(f) QPSK 光眼图

图 2.18 给出了进行 MZM 非线性调制预均衡前后，28Gbaud PDM-16QAM 的 EON 光发射机背靠背输出结果对比。从图 2.18(a) 可以看出，未进行 MZM 非线性调制预均衡时，发射端 X、Y 两偏振的星座点之间间隔不等，排列不够均匀，此时 EVM 在 8%左右，而进行 MZM 非线性传递函数预均衡后，发射信号的星座点排列更加均匀 (图 2.18(b))，光眼图更加清晰，EVM 降低为 7%左右，Q 提高了大约 1dB。

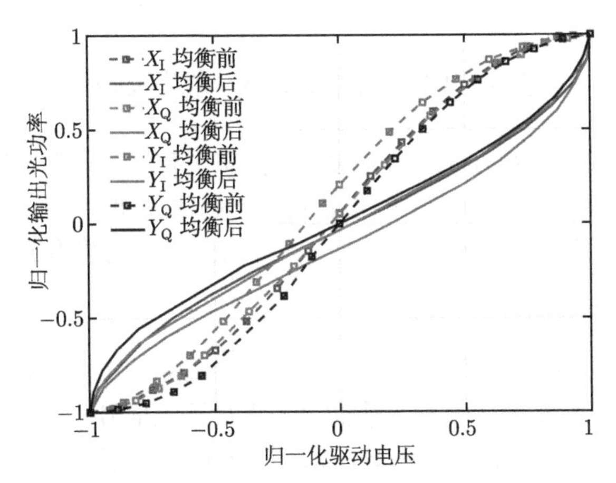

图 2.17 测量得到的 PDM-IQM 中 4 个 MZM 传递函数曲线 (虚线所示) 及相应的逆函数 (实线所示)(扫描封底二维码查看彩图)

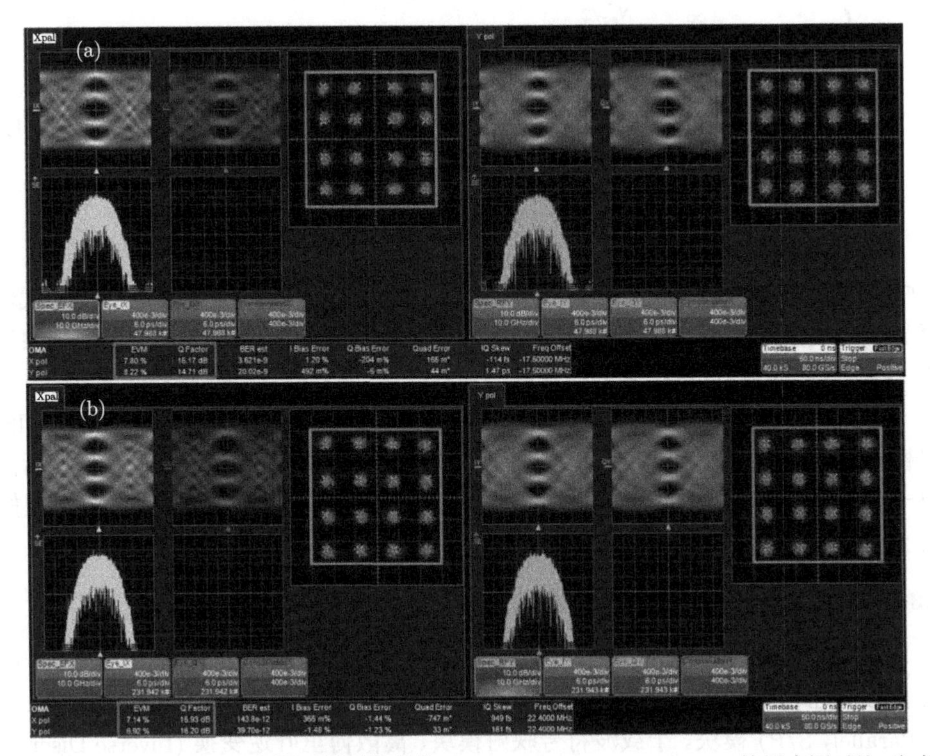

图 2.18 进行 MZM 非线性调制预均衡前后，28Gbaud PDM-16QAM 的星座图对比 (扫描封底二维码查看彩图)

(a) 未进行 MZM 预均衡；(b) 进行 MZM 预均衡后

2.3 OFDM-EON 光发射机

在第 1 章中提及，OFDM-EON 被认为是下一代 EON 最有可能选用的方案，在第 4 章中将针对 OFDM-EON 的参数辨识问题展开研究。作为理论铺垫，本章有必要对 OFDM 的基本原理和 OFDM-EON 的光发射机结构进行简要介绍。

2.3.1 OFDM 调制的基本原理

OFDM 属于多载波调制 (Multicarrier Modulation, MCM) 方式的一种，其基本思想是利用多个低速正交子载波承载高速的串行码流信号。OFDM 具有频谱利用率高、在时变环境中可抵抗信道色散，以及相位和信道估计的便捷性等优点，现已被广泛应用于数字音频/视频广播、无线局域网、第四代移动通信，以及长距离光纤通信系统中 [23−26]。可将 OFDM 基带信号的时域表达形式写为

$$\begin{cases} S_{\mathrm{B}}(t)=\displaystyle\sum_{i=-\infty}^{+\infty}\sum_{k=-N_{\mathrm{sc}}/2+1}^{N_{\mathrm{sc}}/2}c_{ki}\prod(t-\mathrm{i}T_{\mathrm{s}})\exp\left[\mathrm{j}2\pi f_k(t-\mathrm{i}T_{\mathrm{s}})\right] \\ f_k=(k-1)/t_{\mathrm{s}} \\ \prod(t)=\begin{cases}1, & -\Delta G<t\leqslant t_{\mathrm{s}} \\ 0, & t\leqslant-\Delta G, t>t_{\mathrm{s}}\end{cases}\end{cases} \tag{2-12}$$

式中，N_{sc} 为 OFDM 子载波数量；c_{ki} 为第 k 个子载波的第 i 个信息符号；f_k 代表第 k 个子载波的频率；T_{s} 为 OFDM 符号周期；ΔG 为保护间隔长度；t_{s} 为观察周期；$\prod(t)$ 表示 OFDM 符号的矩形脉冲波形。

保护间隔 (也被称为循环前缀) 是 OFDM 独有的抵御由信道色散导致的 ISI 和载波间串扰 (Intercarrier Interference，ICI) 的技术。一般将 OFDM 符号最后面的一部分完全复制至该符号的最前面，这部分符号被称为保护间隔，其插入原理如图 2.19 所示。

2.3.2 OFDM-EON 的光发射机结构

与单载波 EON 光发射机结构类似，OFDM-EON 光发射机也是由 RF 信号产生单元和光路单元组成的，如图 2.20 所示。RF 信号产生单元由串并转换 (Serial to Parallel，S/P) 模块、子载波符号映射模块、离散傅里叶逆变换 (Inverse Discrete Fourier Transformation，IDFT) 模块、插入保护间隔模块及 DAC 模块等组成，而光路单元的结构和工作原理与单载波 EON 光发射机完全相同，不再赘述。下文中我们将重点介绍 OFDM-EON 光发射机的 RF 信号产生单元。

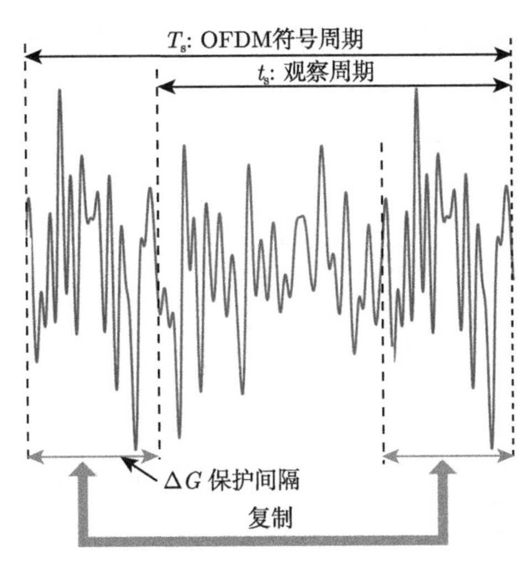

图 2.19 插入保护间隔原理图 (扫描封底二维码查看彩图)

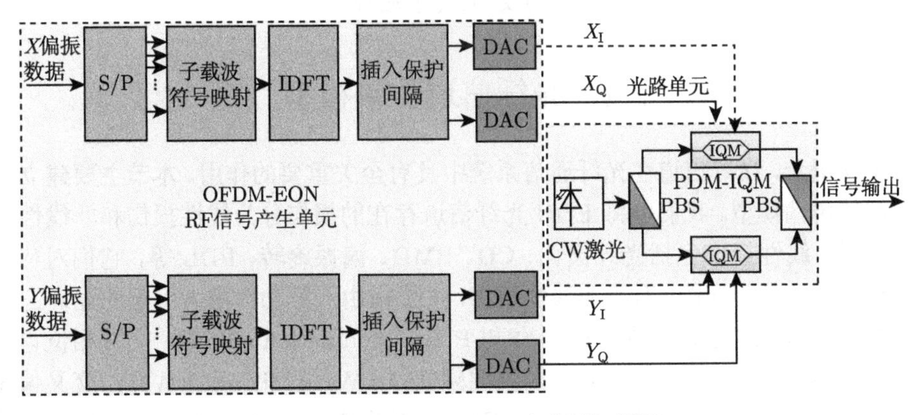

图 2.20 OFDM-EON 光发射机框图

对 OFDM-EON 的 RF 信号产生单元来说，其主要功能为进行基带信号的 OFDM 调制，最终产生 PDM-IQM 需要的 4 路 RF 信号。以 X 偏振 OFDM-EON RF 信号的产生为例，它的具体工作流程为：首先由 S/P 模块将高速串行数据转换为 N_{sc} 个低速并行数据流，送入子载波映射模块后，根据每个子载波使用调制格式的不同，将每一数据流进行 “比特–符号” 映射，假定调制后得到复数符号 c_{ki}，其后，为避免光路单元使用多个发射激光器，借鉴 IDFT 的数学表达形式，对每一子载波调制后的符号 c_{ki} 进行 IDFT 变换，可获得 OFDM 的时域信号，然后在每一 OFDM 符号周期内插入保护间隔，最后经数字脉冲成型和 DAC 转换，即可得到 OFDM-EON 的 RF 驱动信号。我们在 28GHz 带宽下进行了 OFDM-EON 发射信号的仿真，采用 128 个子载波，每载波均为 QPSK 调制，保护间隔长度为

1/8 的符号周期，图 2.21(a) 和 (b) 分别给出了光发射机输出 OFDM-EON 信号的时域形式及相应的光频谱。

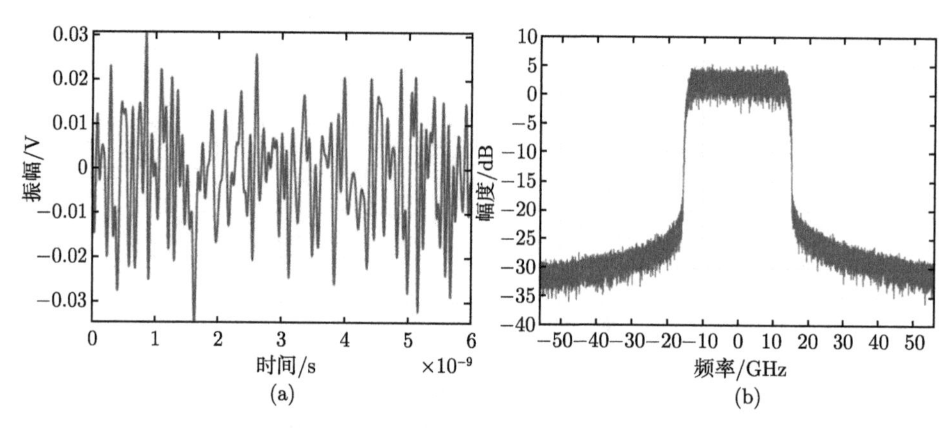

图 2.21　56Gbit/s OFDM-EON 信号

(a) 时域形式；(b) 光频谱

2.4　光纤信道传输模型

上文提及，光纤信道在光纤通信系统中具有至关重要的作用，本节主要建立光纤信道的传输模型。我们可将 EON 光纤信道存在的损伤分为线性损伤和非线性损伤两大类。线性损伤包括光纤损耗、CD、PMD、偏振旋转、PDL 等，它们对应的信道传递函数是可逆的；对于非线性损伤，主要指由入纤功率增大引起的光纤三阶非线性光学效应，包括自相位调制 (Self-Phase Modulation，SPM)、交叉相位调制 (Cross-Phase Modulation，XPM)、四波混频 (Four Wave Mixing，FWM)、交叉偏振调制 (Cross-Polarization Modulation，XPolM) 等损伤，无法对它们的信道传递函数的逆函数求出精确解。

单模光纤可被看作是由 SiO_2 玻璃制成的介质圆柱波导，利用内部全反射定理实现光脉冲的传播，因此光脉冲这种电磁波在单模光纤中的传输也将满足麦克斯韦方程组的规律 [27]。基于以上原理，考虑光纤中损耗、CD、PMD 等各种线性和非线性效应的影响，我们利用非线性薛定谔方程 (Nonlinear Schrödinger Equation，NLSE) 的标量形式将光载波信号在单模光纤中的传输模型表示为 [28]

$$\begin{cases} \dfrac{\partial E_X(z,t)}{\partial z}+\dfrac{\alpha}{2}E_X(z,t)+\dfrac{\mathrm{j}\beta_2}{2}\dfrac{\partial^2 E_X(z,t)}{\partial t^2}=\mathrm{j}\gamma\left[\left|E_X(z,t)\right|^2+\dfrac{2}{3}\left|E_Y(z,t)\right|^2\right]E_X(z,t) \\ \dfrac{\partial E_Y(z,t)}{\partial z}+\dfrac{\alpha}{2}E_Y(z,t)+\dfrac{\mathrm{j}\beta_2}{2}\dfrac{\partial^2 E_Y(z,t)}{\partial t^2}=\mathrm{j}\gamma\left[\left|E_Y(z,t)\right|^2+\dfrac{2}{3}\left|E_X(z,t)\right|^2\right]E_Y(z,t) \end{cases} \tag{2-13}$$

式中，$E_X(z,t)$ 及 $E_Y(z,t)$ 代表两个正交偏振态的归一化光信号场强，z 为传播方向，t 为时间；等号左边第二项为光纤损耗项，α 为光纤损耗系数；第三项为色散项，β_2 为二阶色散系数；等号右边表示由折射率的强度相关性 (克尔 (Kerr) 效应) 导致的光纤非线性，γ 为光纤的非线性系数。

在 NLSE 的基础上，当我们再考虑模式双折射 (即 PMD) 的平均效应时，可被改写为马那可夫方程 [29,30]：

$$\begin{cases}\dfrac{\partial E_X(z,t)}{\partial z}+\dfrac{\alpha}{2}E_X(z,t)+\dfrac{\mathrm{j}\beta_2}{2}-\dfrac{\partial^2 E_X(z,t)}{\partial t^2}=\mathrm{j}\dfrac{8\gamma}{9}\left[|E_X(z,t)|^2+|E_Y(z,t)|^2\right]E_X(z,t)\\ \dfrac{\partial E_Y(z,t)}{\partial z}+\dfrac{\alpha}{2}E_Y(z,t)+\dfrac{\mathrm{j}\beta_2}{2}-\dfrac{\partial^2 E_Y(z,t)}{\partial t^2}=\mathrm{j}\dfrac{8\gamma}{9}\left[|E_Y(z,t)|^2+|E_X(z,t)|^2\right]E_Y(z,t)\end{cases} \tag{2-14}$$

利用式 (2-13) 和式 (2-14) 描述的光纤信道传输模型，以下将针对光纤信道的各种线性和非线性损伤进行相应介绍。

2.5 光纤信道损伤

本节将主要针对光纤损耗、CD 及非线性效应原理进行详细介绍。由于偏振效应在本书研究中的重要性，这一部分的基本原理将在 3.1 节进行单独阐述。

2.5.1 损耗及光信噪比

损耗作为光纤固有的特性之一，很大程度上决定了数字相干光纤通信系统无中继放大的最大传输距离。研究表明，材料吸收和瑞利散射是造成光纤损耗的两大因素 [27]，由玻璃中无序分子结构引起的瑞利散射以及引起的折射率随机波动主要造成了低波长范围内的损耗，而分子红外吸收将可利用的波长窗口限制在小于 1600nm 的范围内。

假定均以 dBm 作为光功率单位，光纤输入功率 P_{in} 与输出功率 P_{out} 之间的关系可表示为

$$P_{\text{out}}=P_{\text{in}}-L\alpha \tag{2-15}$$

式中，L 为光纤传输长度，单位为 km；α 为光纤损耗系数，单位为 dB/km，α 的取值与波长有关，标准单模光纤在 $\lambda=1550\text{nm}$ 处的损耗一般为 0.2dB/km。

通常使用放置在每个光纤跨段末端的光放大器来补偿光纤链路中的损耗，跨段长度取决于应用场景，一般为 80～100km。在 EON 系统中经常使用的 C 波段光放大器包括 EDFA[31] 以及基于受激拉曼散射的拉曼放大器 [32]。以最常使用的 EDFA 为例，它是一种宽带光放大器，即可使用一个 EDFA 同时将波分复用或 EON 系统多个信道的光信号功率放大，其结构框图如图 2.22 所示。利用 C 波段 EDFA 实现

功率放大的工作原理为：首先使用波长选择耦合器将较高功率的泵浦激光 (中心波长一般为 980nm 或 1480nm) 与弱输入信号光耦合，其后使用光隔离器防止输出信号的返回反射，此时高功率的混合光束激发掺铒光纤中的铒离子跃迁到亚稳定的高激发态，最后当铒离子返回至低能态时将辐射部分能量到信号光，即实现了对信号光的放大。

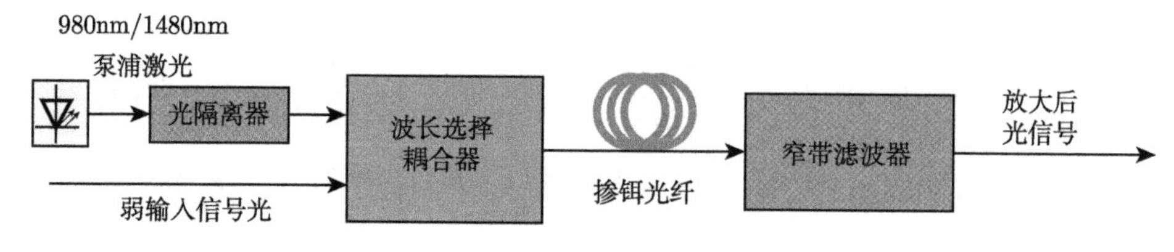

图 2.22　EDFA 结构框图

在光信号放大过程中，由自发辐射引入的加性噪声被称为放大自发辐射 (Amplified Spontaneous Emission，ASE) 噪声，可利用加性高斯白噪声模型表示。在此基础上，将光信噪比 (Optical Signal to Noise Ratio，OSNR) 定义为在光接收机 PD 处测量得到的特定光谱带宽上平均光信号功率与光噪声功率的对数比值 [33]，其计算公式为

$$\mathrm{OSNR} = 10\log\left(P_{\mathrm{sig}}/P_{\mathrm{noise}}\right) + 10\log\left(B_{\mathrm{m}}/B_{\mathrm{r}}\right) \tag{2-16}$$

式中，OSNR 的单位为 dB；B_{m} 为噪声等价带宽 (单位为 nm)，B_{r} 为测量分辨率带宽 (单位为 nm)；P_{sig} 为在特定带宽 B_{r} 下测量得到的光信号功率；P_{noise} 为在带宽 B_{m} 下的光噪声功率。B_{r} 的取值与光信号波特率相关，为尽量降低 OSNR 的测量误差，要求波特率在 2.5~10GBaud 时，B_{r} 取 0.1nm；在 10~40GBaud 时，B_{r} 取 0.2nm；高于 40GBaud 时，B_{r} 取 1nm。

衡量光放大器 ASE 噪声大小的指标为噪声指数 (Noise Figure，NF)，以 dB 为单位的 NF 计算公式为

$$\mathrm{NF} = \mathrm{OSNR}_{\mathrm{in}} - \mathrm{OSNR}_{\mathrm{out}} \tag{2-17}$$

式中，$\mathrm{OSNR}_{\mathrm{in}}$ 及 $\mathrm{OSNR}_{\mathrm{out}}$ 分别代表光放大器输入和输出光信号的 OSNR，这种 OSNR 的退化主要是由光放大器引入的 ASE 噪声造成的。EDFA 的 NF 一般为 4~6dB，而分布式后向反馈拉曼放大器的 NF 值可降至 0dB[34]。

2.5.2　色度色散

光信号脉冲在光纤中传输时，由于不同频率分量成分具有不同的群传播速度，将造成信号脉冲展宽及 ISI，这种现象被称为色度色散 (CD)。CD 可被分为材料色散和波导色散两类 [35]。材料色散指由光源的非单色性及单模光纤中折射率随输入光信号波长改变导致的光脉冲展宽，它取决于材料折射率的波长及激光器的线宽，

波导色散为由光纤纤芯和包层中的频率相关波导引起的脉冲展宽。在单模光纤中波导色散相对较小，材料色散占据主导地位。

信号沿光纤传播时，CD 造成的影响可等价为一个全通线性滤波器，在传输距离 z 处的光信号 $E(z,\mathrm{j}\omega)$ 可表示为

$$E(z,\mathrm{j}\omega) = E_{\mathrm{s}}(0,\mathrm{j}\omega)\cdot H_{\mathrm{CD}}(\omega,z) = E_{\mathrm{s}}(0,\mathrm{j}\omega)\cdot\exp\left(\mathrm{j}\beta_2\omega^2 z/2\right) \tag{2-18}$$

式中，$E_{\mathrm{s}}(0,\mathrm{j}\omega)$ 为发射端光信号；$H_{\mathrm{CD}}(\omega,z)$ 为由 CD 导致的频率响应；β_2 为与色散相关的群速度色散 (Group-Velocity Dispersion，GVD) 常数，它的计算公式为 [20]

$$\beta_2 = \left.\frac{\mathrm{d}\tau_{\mathrm{gr}}(\omega)}{\mathrm{d}\omega}\right|_{\omega=\omega_{\mathrm{s}}} \tag{2-19}$$

式中，$\tau_{\mathrm{gr}}(\omega)$ 为每单位光纤长度的群时延；ω_{s} 为信号光的中心角频率，它与中心波长 λ_{s} 的关系为 $\omega_{\mathrm{s}} = 2\pi c/\lambda_{\mathrm{s}}$。

我们一般使用色散常数 D_λ 衡量单模光纤中 CD 的大小，其定义为群时延 $\tau_{\mathrm{gr}}(\omega)$ 对波长 λ 的一阶导数，单位为 ps/(km·nm)，其计算公式为

$$D_\lambda = \left.\frac{\mathrm{d}\tau_{\mathrm{gr}}(\lambda)}{\mathrm{d}\lambda}\right|_{\lambda=\lambda_{\mathrm{s}}} = -\frac{2\pi c\beta_2}{\lambda_{\mathrm{s}}^2} \tag{2-20}$$

常用的 G.652 单模光纤中 D_λ 为 17ps/(km·nm) 左右，而色散补偿光纤 (Dispersion Compensation Fiber，DCF) 的 D_λ 取值范围为 $-200 \sim -70$ps/(km·nm)，利用色散补偿光纤可在光域进行单信道或波分复用系统多信道的 CD 补偿。

2.5.3 非线性效应

随着多载波复用及高阶调制格式在下一代 400Gbit/s 及 1Tbit/s 系统的广泛应用，在相同的 FEC 阈值下，系统传输要求的 OSNR 越来越高，在光纤传输链路中 ASE 噪声一定的情况下，这意味着越来越高的信号入纤功率，将不可避免地对信号在光纤中的传播产生非线性损伤的影响 [36]。根据这些损伤是否与其他信道有关，可将非线性效应分为信道内非线性损伤和信道间非线性损伤两类。典型的光纤非线性效应包括自相位调制、交叉相位调制、四波混频、交叉偏振调制等 [28]。

如果将光纤链路看作非线性介质，由光纤折射率与入射光信号强度之间的相关性引起的 Kerr 效应是造成光纤非线性效应的主要原因 [13]。可将入射光信号强度与光纤折射率 n 的相互关系表示为

$$n(E_{\mathrm{s}}) = n_0 + n_2\cdot|E_{\mathrm{s}}(z,t)| \tag{2-21}$$

其中，$E_{\mathrm{s}}(z,t)$ 为归一化后的光场强；$n_0 = \sqrt{1+\chi_1}$ 表示线性折射率；n_2 为非线性折射率，单位为 m^2/W。

在式 (2-21) 的基础上，我们可推导出非线性传播系数 γ 与非线性折射率 n_2 之间的关系为

$$\gamma=\frac{n_2\cdot\omega_{\mathrm{s}}}{c\cdot A_{\mathrm{eff}}}\tag{2-22}$$

式中，ω_{s} 代表信号光的中心角频率；c 为光速；A_{eff} 为光纤有效面积。

假设光纤中不考虑损耗及色散影响，只考虑 Kerr 非线性影响，求解公式 (2-14) 的马那可夫方程可得

$$E(L,t)=E_{\mathrm{s}}(0,t)\cdot\exp\left[\mathrm{j}\frac{8\gamma}{9}\int_0^L P(z,t)\,\mathrm{d}z\right]\tag{2-23}$$

式中，$E(L,t)=[E_x,E_y]^{\mathrm{T}}$ 代表两个正交偏振态的信号；L 为光纤传输距离；$P(z,t)$ 表示在传输距离 z 时的瞬时功率。

从式 (2-23) 可以看出，Kerr 非线性将引起光场强与所在信道功率相关的非线性相位调制，这种现象被称为自相位调制 (SPM)。对于波分复用系统多信道传输或超级信道多载波复用技术，光纤折射率不仅取决于当前信道的光信号强度，也与其他信道的光信号强度有关，由此引起的非线性相位偏移被称为交叉相位调制 (XPM)。这种由 SPM 和 XPM 非线性效应引起的光频率啁啾和脉冲交叠降低了光纤的传输性能。

此外，在波分复用或多载波系统中，当考虑三个光波 (频率分别为 f_i,f_j,f_k) 在非线性介质 (如单模光纤) 中的相互作用时，它们将产生由入射光子散射形成的多个频率分量，表示为 $\pm f_i,\pm f_j,\pm f_k$，其中对系统性能影响最大的频率分量为 $f_{ijk}=f_i+f_j-f_k$，$(i,j\neq k)$。这种起因于三阶光学非线性的互调现象被称为四波混频 (FWM)[37]。FWM 将造成信道之间的串扰以及系统性能的严重退化。另外，由 PMD 造成其他信道偏振态在光纤内部的随机传播，同时也影响了所在传输信道的偏振态，这种非线性效应称为交叉偏振调制 (XPolM)，XPolM 将导致 PDM 系统的信道串扰。

2.6　PDM-EON 信号的相干接收

EON 光接收机的主要作用是进行光载波信号的检测，并将载波携带的信息从光域下变频转换至电域。光接收的方式可分为直接检测和相干检测两种。直接检测方式通常只对强度调制进行检测，而相干检测支持多种高阶调制格式的接收，可以完美恢复出光载波携带的幅度、相位、正交、偏振等多个维度信息，具有更高的频谱利用率和接收机灵敏度。根据发射激光器和接收机本振激光器中心波长设置的异同，可将相干检测方式分为零差检测和外差检测两种 [38]。零差检测主要应用于光核心传输网络，而外差检测主要应用于光载无线场景中微波和光毫米波信号的

传输与检测。本书主要讨论发射激光器与本振波长完全相同的数字零差相干接收方式。

无论是单载波 EON 信号的相干接收还是 OFDM-EON 信号的相干接收，它们使用的数字零差相干接收机均由相干光接收前端和 DSP 处理单元组成，其结构如图 2.23 所示。相干光接收前端主要进行信号光与本振光的混频、平衡检测及模数转换工作，DSP 处理单元主要完成信道的静态损伤和动态损伤均衡、光载波频偏估计和相位噪声恢复等任务。以下将主要介绍相干光接收前端的结构和基本原理，关于 DSP 处理单元的工作原理将在第 3 章予以详细阐述。

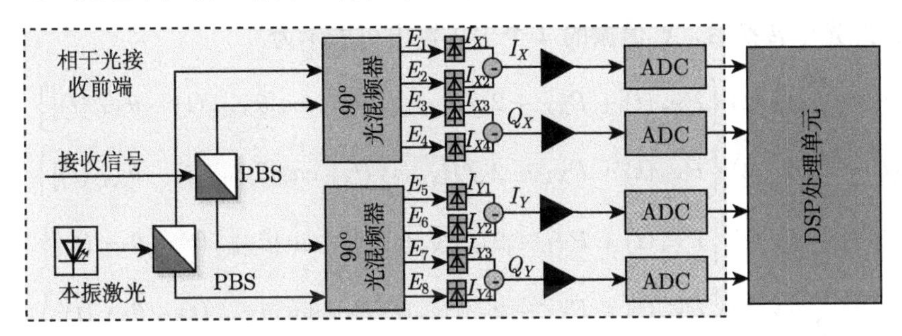

图 2.23 数字零差相干接收机的结构框图

2.6.1 相干光接收前端

基于相位和偏振分集的数字零差相干光接收前端结构如图 2.23 所示，由 1 个本振光源、2 个 PBS、2 个 2×4 的 90° 光混频器、8 个 PD、4 个功率放大器及 4 个 ADC 组成。相干光接收前端负责将接收信号从光域线性映射至电域，即完成信号的下变频转换。它的具体工作过程为：首先，本振光源输出与接收光信号同频的本振光，其后接收光信号和本振光被 2 个 PBS 各自均分成一对相互正交偏振态的信号，将每偏振的信号光均与同偏振的本振光进行 90° 光混频，即可得到 8 组混频输出；然后，基于平衡检测具有抑制 90° 光混频后的直流成分，并将信号光与本振光的拍频输出最大化的特点 [39]，相干光接收前端利用 4 对平衡检测器进行光电转换；将这 4 路 RF 信号放大后，最终由高速 ADC 经采样量化和模数转换得到 4 路数字信号，再送入 DSP 处理单元进行后续处理。下面我们重点以 X 偏振的相干接收为例，详细说明这一过程。

假定进入 X 偏振 90° 光混频器的接收光信号 $E_{X\mathrm{s}}(t)$ 为

$$E_{X\mathrm{s}}(t) = A_{X\mathrm{s}}(t)\exp\left[\mathrm{j}\omega_{\mathrm{s}}t + \varphi_{\mathrm{sO}} + \varphi_{\mathrm{s}}(t)\right] \tag{2-24}$$

式中，$A_{X\mathrm{s}}(t)$ 表示幅度调制信息；ω_{s} 为光载波角频率；φ_{sO} 为光载波的初始相位；$\varphi_{\mathrm{s}}(t)$ 为相位调制信息。

同样地，X 偏振的输出本振光 $E_{X\mathrm{L}}(t)$ 为

$$E_{XL}(t) = A_{XL}\exp(\mathrm{j}\omega_s t + \varphi_{LO}) \tag{2-25}$$

式中，A_{XL} 表示本振光源的恒定幅度；φ_{LO} 为本振光源的初始相位。

经 90° 光混频后，X 偏振输出的 4 路光信号可表示为

$$\begin{cases} E_{X1} = (E_{Xs} + E_{XL})/\sqrt{2} \\ E_{X2} = (E_{Xs} - E_{XL})/\sqrt{2} \\ E_{X3} = (E_{Xs} + \mathrm{j}E_{XL})/\sqrt{2} \\ E_{X4} = (E_{Xs} - \mathrm{j}E_{XL})/\sqrt{2} \end{cases} \tag{2-26}$$

再经光电转换后，X 偏振的 4 个 PD 输出可表示为

$$\begin{aligned} I_{X1}(t) &= \frac{R}{2}A_X(t)\left\{P_{Xs}(t) + P_{XL} + 2\sqrt{P_{Xs}(t)P_{XL}}\cos\left[\theta_{X\mathrm{sig}}(t) - \theta_{XL}(t)\right]\right\} + i_{\mathrm{sh1}} \\ I_{X2}(t) &= \frac{R}{2}A_X(t)\left\{P_{Xs}(t) + P_{XL} - 2\sqrt{P_{Xs}(t)P_{XL}}\cos\left[\theta_{X\mathrm{sig}}(t) - \theta_{XL}(t)\right]\right\} + i_{\mathrm{sh2}} \\ I_{X3}(t) &= \frac{R}{2}A_X(t)\left\{P_{Xs}(t) + P_{XL} + 2\sqrt{P_{Xs}(t)P_{XL}}\sin\left[\theta_{X\mathrm{sig}}(t) - \theta_{XL}(t)\right]\right\} + i_{\mathrm{sh3}} \\ I_{X4}(t) &= \frac{R}{2}A_X(t)\left\{P_{Xs}(t) + P_{XL} - 2\sqrt{P_{Xs}(t)P_{XL}}\sin\left[\theta_{X\mathrm{sig}}(t) - \theta_{XL}(t)\right]\right\} + i_{\mathrm{sh4}} \end{aligned} \tag{2-27}$$

式中，R 为 PD 的响应度；$A_X(t)$ 代表 X 偏振的幅度调制信息；$P_{Xs}(t)$ 和 P_{XL} 分别代表 X 偏振信号光和本振光的功率；$\theta_{X\mathrm{sig}}(t)$ 与 $\theta_{XL}(t)$ 分别表示 X 偏振信号光和本振光的相位；$i_{\mathrm{sh1}} \sim i_{\mathrm{sh4}}$ 分别表示 4 个 PD 的暗电流。

经平衡检测，X 偏振的两正交支路的电流信号 $I_X(t)$、$Q_X(t)$ 可表示为

$$\begin{aligned} I_X(t) &= I_{X1}(t) - I_{X2}(t) \\ &= 2RA_X(t)\sqrt{P_{Xs}(t)P_{XL}}\cos\left[\theta_{X\mathrm{sig}}(t) - \theta_{XL}(t) + \theta_{Xn}(t)\right] + i_{\mathrm{shI}} \\ Q_X(t) &= I_{X3}(t) - I_{X4}(t) \\ &= 2RA_X(t)\sqrt{P_{Xs}(t)P_{XL}}\sin\left[\theta_{X\mathrm{sig}}(t) - \theta_{XL}(t) + \theta_{Xn}(t)\right] + i_{\mathrm{shQ}} \end{aligned} \tag{2-28}$$

式中，θ_{Xn} 表示 X 偏振上由发射激光器和本振激光器引入的累积相位噪声；i_{shI} 与 i_{shQ} 分别表示 I 路和 Q 路总的暗电流。

在忽略暗电流影响的条件下，最终得到 X 偏振恢复出的基带信号 $X_c(t)$ 为

$$X_c(t) = I_X(t) + \mathrm{j}Q_X(t) = 2RA_X(t)\sqrt{P_{Xs}(t)P_{XL}}\exp\left[\theta_{X\mathrm{sig}}(t) - \theta_{XL}(t) + \theta_{Xn}(t)\right] \tag{2-29}$$

从式 (2-29) 中，我们可以发现基带信号 $X_c(t)$ 的幅度与接收光信号功率和本振光功率成正比。由于本振光功率远高于信号光功率 (其典型差值为 10～15dB)，因此，为达到尽可能高的相干接收机灵敏度，可以在允许范围内尽量提高本振功率 P_{XL}。

同理，Y 偏振恢复出的基带信号 $Y_{\mathrm{c}}(t)$ 为

$$Y_{\mathrm{c}}(t)=I_Y(t)+\mathrm{j}Q_Y(t)=2RA_Y(t)\sqrt{P_{Y\mathrm{s}}(t)P_{Y\mathrm{L}}}\exp\left[\theta_{Y\mathrm{sig}}(t)-\theta_{Y\mathrm{L}}(t)+\theta_{Y\mathrm{n}}(t)\right] \tag{2-30}$$

式中，$A_Y(t)$ 代表 Y 偏振的幅度调制信息；$P_{Y\mathrm{s}}(t)$ 和 $P_{Y\mathrm{L}}$ 分别代表 Y 偏振信号光和本振光的功率；$\theta_{Y\mathrm{sig}}(t)$、$\theta_{Y\mathrm{L}}(t)$、$\theta_{Y\mathrm{n}}(t)$ 分别表示 Y 偏振的信号光相位、本振光相位及累计的相位噪声。

2.6.2 DSP 处理单元

EON 的发射信号在光纤信道传输过程中，不可避免地受到光纤损耗、色散、偏振损耗、PMD、偏振旋转、载波频率偏移及相位噪声等多种效应共同作用导致的信号损伤。对于单载波 EON 相干接收机的 DSP 处理单元，其主要作用是以相干光接收前端送入的数字信号为基础，采用一系列 DSP 技术针对以上损伤分别进行估计和均衡。而 OFDM-EON 相干接收机的 DSP 处理单元，需要分三个阶段完成：DFT 窗口同步、频率同步 (或频偏估计) 及子载波恢复。我们在本章只对 DSP 处理单元的功能进行简要介绍，关于 DSP 处理单元各部分的详细原理将留待第 3 章详细讨论。

2.7 本 章 小 结

本章首先简要介绍了典型 EON 点对点相干光纤通信系统的架构，2.2 节详细介绍了单载波 PDM-EON 光发射机的组成及工作原理，重点进行了数字脉冲成型、RF 线缆及 DAC 频率响应预补偿、IQ 通道的 skew 校正、MZM 非线性调制补偿等发射端 DSP 预均衡研究，其后 2.3 节简要阐述了 OFDM-EON 光发射机的结构，在 2.4 节光纤信道传输模型的基础上，2.5 节针对典型的光纤信道损伤 (包括光纤损耗、CD 及非线性效应等) 给出了详细的理论分析与数学模型，最后 2.6 节结合数字零差相干接收的结构详细阐述了相干光接收前端的工作过程。

参 考 文 献

[1] Jinno M. Demonstration of novel spectrum-efficient elastic optical path network with per-channel variable capacity of 40Gb/s to over 400Gb/s [C]//Proceeding of ECOC'08, Brussels, 2008: Th.3.F.6.

[2] Gao G, Chen X, Shieh W. Analytical expressions for nonlinear transmission performance of coherent optical OFDM systems with frequency guard band [J]. Journal of Lightwave Technology, 2012, 30(15): 2447-2454.

[3] Rival O, Morea A. Elastic optical networks with 25–100G format-versatile WDM transmission systems [C]//OECC 2010 Technical Digest, Sopporo, Japan, 2010: 100-101.

[4] Sambo N, Castoldi P, Errico A D, et al. Next generation sliceable bandwidth variable transponders [J]. IEEE Communications Magazine, 2015, 53(2): 163-171.

[5] Li G. Recent advances in coherent optical communication [J]. Advances in Optics and Photonics, 2009, 1(2): 279-307.

[6] Zhou X. Digital signal processing for coherent multi-level modulation formats [Invited] [J]. Chinese Optics Letters, 2010, 8(9): 863-870.

[7] Bayvel P, Behrens C, Millar D S. Optical Fiber Telecommunications[M].VI.Boston: Elsevier Inc., 2013.

[8] Kuschnerov M, Hauske F N, Piyawanno K, et al. DSP for coherent single-carrier receivers [J]. Journal of Lightwave Technology, 2009, 27(16): 3614-3622.

[9] Savory S J. Digital filters for coherent optical receivers [J]. Optics Express, 2008, 16(2): 804-817.

[10] Li G, Bai N, Zhao N, et al. Space-division multiplexing: the next frontier in optical communication [J]. Advances in Optics and Photonics, 2014, 6(4): 413-487.

[11] Yoshida M, Beppu S, Kasai K, et al. 1024 QAM, 7-core (60Gbit/s×7) fiber transmission over 55km with an aggregate potential spectral efficiency of 109bit/s/Hz [J]. Optics Express, 2015, 23(16): 20760-20766.

[12] Willner A E, Huang H, Yan Y, et al. Optical communications using orbital angular momentum beams [J]. Advances in Optics and Photonics, 2015, 7(1): 66-106.

[13] Temprana E, Myslivets E, Kuo B P, et al. Overcoming Kerr-induced capacity limit in optical fiber transmission [J]. Science, 2015, 348(6242): 1445-1448.

[14] Downie J D, Li M J, Makovejs S. Optical fibers for flexible networks and systems [Invited] [J]. Journal of Optical Communications and Networking, 2016, 8(7): A1-A11.

[15] Schmogrow R, Bouziane R, Meyer M, et al. Real-time OFDM or Nyquist pulse generation – which performs better with limited resources [J]. Optics Express, 2012, 20(26): B543-B551.

[16] Schmogrow R, Ben-Ezra S, Schindler P C, et al. Pulse-shaping with digital, electrical, and optical filters—a comparison [J]. Journal of Lightwave Technology, 2013, 31(15): 2570-2577.

[17] Wang J, Xie C, Pan Z. Generation of spectrally efficient Nyquist-WDM QPSK signals using digital FIR or FDE filters at transmitters [J]. Journal of Lightwave Technology, 2012, 30(23): 3679-3686.

[18] 胡广书. 数字信号处理: 理论, 算法与实现 [M]. 北京: 清华大学出版社, 2003.

[19] 陈怀琛. 数字信号处理教程: MATLAB 释义与实现 [M]. 北京: 电子工业出版社, 2013.

[20] Seimetz M. High-Order Modulation for Optical Fiber Transmission [M]. Berlin Heidelberg: Springer-Verlag, 2009: 252.

[21] Chen X, Al-Amin A, Shieh W. Characterization and monitoring of laser linewidths in coherent systems [J]. Journal of Lightwave Technology, 2011, 29(17): 2533-2537.

[22] Olmedo M I, Pang X, Udalcovs A, et al. Impact of carrier induced frequency noise from the transmitter laser on 28 and 56 GBaud DP-QPSK metro links [C]//Asia Communications and Photonics Conference 2014, Shanghai: Optical Society of America, 2014: ATh1E.1.

[23] Rohde, Schwarz. The Crest Factor in DVB-T (OFDM) Transmitter Systems and Its Influence on the Dimensioning of Power Components [R]. R&S, 2007.

[24] ITU-T. ITU World Radiocommunication seminar highlights future communication technologies [EB/OL]. 2017. https://www.itu.int/net/pressoffice/press_releases/2010/48.aspx.

[25] Wikipedia [EB/OL]. 2017. https://en.wikipedia.org/wiki/Wi-Fi#References.

[26] Li F, Yu J, Cao Z, et al. Demostration of 520Gb/s/λ pre-equalized DFT-spread PDM-16QAM-OFDM signal transmission [J]. Optics Express, 2016, 24(3): 2648-2654.

[27] Agrawal G P. Nonlinear Fiber Optics [M]. London: Academic Press, 2007.

[28] Du L B, Rafique D, Napoli A, et al. Digital fiber nonlinearity compensation: toward 1-Tb/s transport [J]. IEEE Signal Processing Magazine, 2014, 31(2): 46-56.

[29] Marcuse D, Manyuk C R, Wai P K A. Application of the Manakov-PMD equation to studies of signal propagation in optical fibers with randomly varying birefringence [J]. Journal of Lightwave Technology, 1997, 15(9): 1735-1746.

[30] Wai P K A, Menyuk C R, Chen H H. Stability of solitons in randomly varying birefringent fibers [J]. Optics Letters, 1991, 16(16): 1231-1233.

[31] Desurvire E, Simpson J R, Becker P C. High-gain erbium-doped traveling-wave fiber amplifier [J]. Optics Letters, 1987, 12(11): 888-890.

[32] Islam M N. Raman amplifiers for telecommunications [J]. IEEE Journal of Selected Topics in Quantum Electronics, 2002, 8(3): 548-559.

[33] Chomycz B. Planning Fiber Optics Networks [M]. New York: McGraw Hill Professional, 2009.

[34] 杭州华泰光纤技术有限公司. RFA5000-C-Band 分布式拉曼光纤放大器 [EB/OL]. http://www.catvworld.net.cn/products/raman/rfa5000/index.htm.

[35] 原荣. 光纤通信 [M]. 北京: 电子工业出版社, 2012.

[36] Mecozzi A. Optical communications: embracing nonlinearity [J]. Nature Photonics, 2017, 11(9): 537-539.

[37] Amari A, Dobre O A, Venkatesan R, et al. A survey on fiber nonlinearity compensation for 400Gb/s and beyond optical communication systems [J]. IEEE Communications

Surveys & Tutorials, 2017, 19(4): 3097-3113.

[38] 余建军, 迟楠, 陈林. 基于数字信号处理的相干光通信技术 [M]. 北京: 人民邮电出版社, 2013.

[39] Kikuchi K. Fundamentals of coherent optical fiber communications [J]. Journal of Lightwave Technology, 2016, 34(1): 157-179.

第 3 章　偏振效应及弹性光网络信号的相干接收

作为数字相干光纤通信系统的传输介质，单模光纤以其独有的低损耗、大容量、长距离等特点被广泛应用于城域网及接入网通信系统中。为进一步增加信道传输容量，并促进当前的密集波分复用系统向数字化、软件化、全动态的弹性光网络 (EON) 架构演进，采用 PDM 的调制格式或具有弹性频谱栅格的超级信道将是必不可少的技术措施。在这种趋势下，由光纤信道传输过程造成的各种偏振效应，包括偏振态旋转 (RSOP)、偏振相关损耗 (PDL) 及偏振模色散 (PMD) 等动态信道损伤对 EON 信号的偏振解复用过程造成了巨大困难。尽管采用光域补偿的方法可以抵消部分 PMD 的影响，但这额外引入了巨大的硬件成本，难以适应下一代 400Gbit/s 甚至 1Tbit/s 系统传输的要求。相对而言，充分借助强大的相干接收 DSP 技术，不仅可在色散管理、偏振效应、非线性补偿及控制方面取得优异的性能表现，而且有效降低了 EON 系统的运营成本，极大地提高了系统频谱效率和传输容量，目前已经成为 EON 系统进行信道均衡及信号恢复的主要工具。

本章将重点阐述偏振效应的机理及 EON 系统的相干接收 DSP 均衡算法。本章内容安排如下：3.1 节首先重点阐述了偏振效应的原理，包括 RSOP、PDL 及 PMD 等的原理及数学模型，3.2 节详细研究了单载波 EON 系统的相干接收 DSP 均衡问题，3.3 节给出了 OFDM-EON 系统的相干接收 DSP 流程及相关算法，3.4 节为本章小结。

3.1　偏 振 效 应

偏振是指波能够以多于一个方向振荡并传输的特性，光波及电磁波都具有这种偏振 (极化) 特性。我们知道单模光纤可以同时支持两个正交偏振模式传输信息，这两个模式具有几乎完全相同的传播常数和传输速度，然而当光脉冲传播时由于光纤纤芯的圆对称性被破坏或受到外界随机扰动，光的能量很容易从一个偏振态转移至另一个偏振态。对足够长的光纤而言，这种扰动或不对称将导致线性偏振损伤，包括随机的 RSOP、PDL 及 PMD 等。本节将详细阐述这些偏振效应的基本原理。

3.1.1　偏振光的数学表示

假设单色光脉冲沿 z 轴传播，其振动方向与传播方向相互垂直，相应的电矢

量 $\boldsymbol{E}(z,t)$ 可表示为 [1]

$$\boldsymbol{E}(z,t)=\left(\hat{\boldsymbol{E}}_x A_x+\hat{\boldsymbol{E}}_y A_y \mathrm{e}^{\mathrm{j}\delta}\right)\mathrm{e}^{-\mathrm{j}(\omega t-\beta z+\theta)} \tag{3-1}$$

式中，$\hat{\boldsymbol{E}}_x$ 和 $\hat{\boldsymbol{E}}_y$ 为 x 和 y 轴的单位矢量；A_x 和 A_y 为电矢量 $\boldsymbol{E}(z,t)$ 在 x、y 轴的振幅分量；δ 为 E_x 和 E_y 两偏振分量的相位差；ω 为光载波的角频率；β 为波数；θ 为光载波的初相位。

在 (x,y) 实验室坐标系中，通过对式 (3-1) 取实数运算并消去变量 t，可得到偏振光矢量端点的椭圆轨迹方程为

$$\frac{E_x^2}{A_x^2}+\frac{E_y^2}{A_y^2}-\frac{2E_xE_y}{A_xA_y}\cos\delta=\sin^2\delta \tag{3-2}$$

式 (3-2) 描述的椭圆轨迹方程如图 3.1 所示，将对角线与 x 轴之间的夹角 α 定义为 $\alpha=\arctan(A_y/A_x)$，A_x 及 A_y 分别为椭圆主轴及副轴长度的一半。

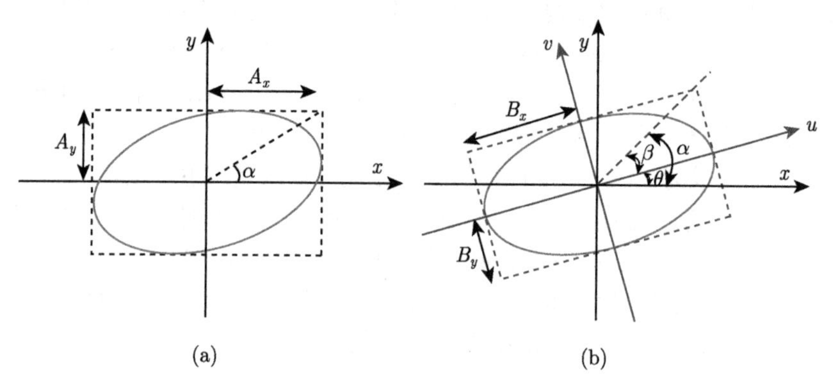

图 3.1　偏振光在实验室坐标系和本征坐标系中的表示

(a) 实验室坐标系；(b) 本征坐标系

此外，由于任何椭圆都具有主轴和副轴，还可使用本征坐标系 (u,v) 分别与之对齐后进行偏振光的表示，如图 3.1(b) 所示。假设本征坐标系 (u,v) 相对于原坐标系 (x,y) 旋转了 θ 角度，椭圆主轴及副轴长度的一半分别为 B_x 和 B_y，此时对角线与 u 轴夹角为 β，计算公式为 $\beta=\arctan(B_y/B_x)$，推导可得这两个坐标系之间的数学关系为

$$\begin{cases}\sin 2\beta=\sin 2\alpha\sin\delta\\ \tan 2\theta=\tan 2\alpha\cos\delta\\ B_x^2+B_y^2=A_x^2+A_y^2\end{cases} \tag{3-3}$$

式中，各变量的取值范围为 $-\pi/4\leqslant\beta\leqslant\pi/4, 0\leqslant\alpha\leqslant\pi/2, 0\leqslant\delta<2\pi, 0\leqslant\theta<\pi$。

在给出了偏振光椭圆轨迹方程的基础上，我们给出偏振光的常用表示方法，包括琼斯 (Jones) 矢量和斯托克斯矢量表示方法。

1) 琼斯矢量表示方法

根据式 (3-2)，略去公共因子部分，我们可以推导出将偏振光振幅归一化后琼斯矢量的表达形式

$$|\boldsymbol{E}\rangle=\begin{bmatrix}E_x\\E_y\end{bmatrix}=\begin{bmatrix}\cos\alpha\\\sin\alpha\mathrm{e}^{\mathrm{j}\delta}\end{bmatrix}\tag{3-4}$$

式中，$|\boldsymbol{E}\rangle$ 为狄拉克右矢表示，$\cos\alpha$ 及 $\sin\alpha$ 为 E_x 和 E_y 两正交分量在 x、y 轴的归一化投影，计算公式为 $\cos\alpha=A_x/\sqrt{A_x^2+A_y^2},\sin\alpha=A_y/\sqrt{A_x^2+A_y^2}$。图 3.2 给出了 α 和 δ 取不同值时对应的线偏振态、圆偏振态及椭圆偏振态。

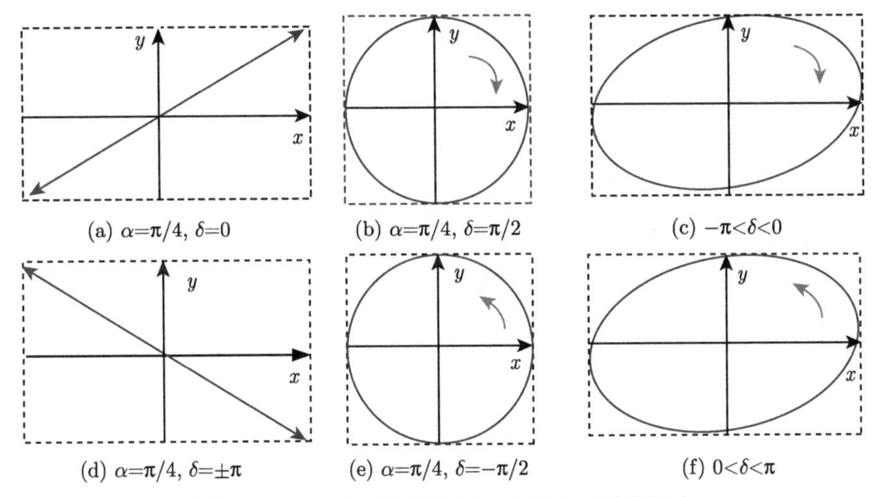

图 3.2 在 α 和 δ 取不同值时对应的各种偏振态

(a) 45° 线偏振；(b) 左旋圆偏振；(c) 左旋椭圆偏振；(d) −45° 线偏振；(e) 右旋圆偏振；(f) 右旋椭圆偏振

通常采用一个 2×2 的琼斯矩阵表示无损偏振器件的偏振转换过程。假设偏振光束经过无损偏振器件时，这一偏振转换过程利用琼斯矩阵 $\boldsymbol{U}$ 表示为 [2]

$$|\boldsymbol{E}_{\text{out}}\rangle=\boldsymbol{U}|\boldsymbol{E}_{\text{in}}\rangle=\begin{bmatrix}u_1&u_2\\-u_2^*&u_1^*\end{bmatrix}|\boldsymbol{E}_{\text{in}}\rangle\tag{3-5}$$

式中，$|\boldsymbol{E}_{\text{out}}\rangle$ 为输出偏振态；$|\boldsymbol{E}_{\text{in}}\rangle$ 为输入偏振态；$\boldsymbol{U}$ 为幺正矩阵，需满足 $|u_1|^2+|u_2|^2=1$；$*$ 表示取复数共轭运算。另外，也有文献将琼斯转换矩阵 $\boldsymbol{U}$ 表示为 (a,b,c,d) 的形式 [3]，此时写为

$$\boldsymbol{U}=\begin{bmatrix}a+\mathrm{j}b&c+\mathrm{j}d\\-c+\mathrm{j}d&a-\mathrm{j}b\end{bmatrix}\tag{3-6}$$

式中，a、b、c、d均为实数，满足 $a^2+b^2+c^2+d^2=1$。

以下给出了几种典型偏振器件的琼斯转换矩阵形式。

(1) 旋转 θ 角度的偏振旋转器：

$$\boldsymbol{T}(\theta)=\begin{bmatrix}\cos\theta & -\sin\theta\\ \sin\theta & \cos\theta\end{bmatrix} \tag{3-7}$$

(2) 方位角为零、延迟 δ 相位的相位延迟器：

$$\boldsymbol{U}_{0,\delta}=\begin{bmatrix}\exp(-\mathrm{j}\delta/2) & 0\\ 0 & \exp(\mathrm{j}\delta/2)\end{bmatrix} \tag{3-8}$$

(3) 方位角为 θ、延迟 δ 相位的相位延迟器：

$$\begin{aligned}\boldsymbol{U}_{\alpha,\delta}&=\boldsymbol{T}(\theta)\boldsymbol{U}_{0,\delta}\boldsymbol{T}(-\theta)\\ &=\begin{bmatrix}\cos\theta & -\sin\theta\\ \sin\theta & \cos\theta\end{bmatrix}\begin{bmatrix}\exp(-\mathrm{j}\delta/2) & 0\\ 0 & \exp(\mathrm{j}\delta/2)\end{bmatrix}\begin{bmatrix}\cos\theta & \sin\theta\\ -\sin\theta & \cos\theta\end{bmatrix}\end{aligned} \tag{3-9}$$

2) 斯托克斯矢量表示方法

除琼斯矢量表示之外，我们还可使用斯托克斯矢量表示偏振光。这种方法使用四维实矢量表示光的不同偏振态，其定义为 [4]

$$\boldsymbol{S}=\begin{bmatrix}S_0\\ S_1\\ S_2\\ S_3\end{bmatrix}=\begin{bmatrix}I_x+I_y\\ I_x-I_y\\ I_{\pi/4}-I_{-\pi/4}\\ I_{\mathrm{RHC}}-I_{\mathrm{LHC}}\end{bmatrix} \tag{3-10}$$

式中，光强 S_0 及参量 S_1、S_2 和 S_3 被称为斯托克斯参量，$I_x=E_x^2/2$ 及 $I_y=E_y^2/2$ 分别表示光通过水平和垂直偏振片时接收到的光强；$I_{\pi/4}$ 和 $I_{-\pi/4}$ 分别表示光经过 $\pm45^\circ$ 偏振片后接收的光强，其计算公式为

$$\begin{cases}I_{\pi/4}=\left(E_x^2+E_y^2\right)/4+\left(E_xE_y\cos\delta\right)/2\\ I_{-\pi/4}=\left(E_x^2+E_y^2\right)/4-\left(E_xE_y\cos\delta\right)/2\end{cases} \tag{3-11}$$

这里，δ 为两偏振分量 E_x 和 E_y 的相位差。I_{RHC} 及 I_{LHC} 分别表示通过 1/4 波片和 $\pm45^\circ$ 偏振片后测量得到的光强，相应的计算公式为

$$\begin{cases}I_{\mathrm{RHC}}=\left(E_x^2+E_y^2\right)/4+\left(E_xE_y\sin\delta\right)/2\\ I_{\mathrm{LHC}}=\left(E_x^2+E_y^2\right)/4-\left(E_xE_y\sin\delta\right)/2\end{cases} \tag{3-12}$$

对这四个斯托克斯参量而言，若为完全偏振光, 应满足 $S_1^2+S_2^2+S_3^2=S_0^2$，若为部分偏振光, 应满足 $S_1^2+S_2^2+S_3^2<S_0^2$。通常采用偏振度 (Degree of Polarization，DOP) 衡量完全偏振光强度在接收信号光强中所占的比例，其计算公

式为

$$\text{DOP} = \sqrt{S_1^2 + S_2^2 + S_3^2}/S_0 \tag{3-13}$$

在多数情况下，我们使用归一化的三维标准斯托克斯矢量，其定义为

$$\hat{\boldsymbol{s}} = \frac{1}{S_0}\begin{bmatrix} S_1 \\ S_2 \\ S_3 \end{bmatrix} = \begin{bmatrix} s_1 \\ s_2 \\ s_3 \end{bmatrix} \tag{3-14}$$

对于完全偏振光，式 (3-14) 中的 $s_1 \sim s_3$ 可按以下公式计算：

$$\begin{cases} s_1 = E_x E_x^* - E_y E_y^* \\ s_2 = E_x E_y^* + E_y E_x^* \\ s_3 = \mathrm{j}\left(E_x E_y^* - E_y E_x^*\right) \end{cases} \tag{3-15}$$

为直观表示偏振光，通常在斯托克斯空间中将三维斯托克斯矢量 $[s_1, s_2, s_3]$ 对应的偏振态映射在半径为 1 的庞加莱 (Poincaré) 球表面或内部 [5]，如图 3.3 所示。在庞加莱球中对应偏振光的含义为：完全偏振光分布在庞加莱球的表面上，对应 $\text{DOP} = 1$，而部分偏振光分布在庞加莱球的内部，对应 $\text{DOP} < 1$；在赤道上的各点表示各种线偏振光，如图 3.3 中所示，s_1 轴的正方向表示斯托克斯矢量为 $(1, 0, 0)$ 的水平线偏振，负方向表示 $(-1, 0, 0)$ 的垂直线偏振，s_2 轴的正方向表示 $(0, 1, 0)$ 的 $45°$ 线偏振，负方向表示 $(0, -1, 0)$ 的 $-45°$ 线偏振；上半球各点表示右旋椭圆偏振光，北极点处表示 $(0, 0, 1)$ 的右旋圆偏振，下半球各点表示左旋椭圆偏振光，南极点处表示 $(0, 0, -1)$ 的左旋圆偏振；在庞加莱球的表面上任意关于球心对称的两点 (如图 3.3 中所示 A、B 两点) 均可代表一组正交偏振光。

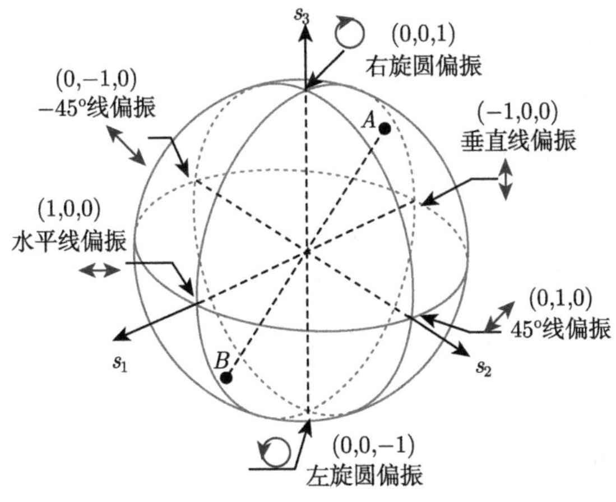

图 3.3 偏振光在庞加莱球上的具体含义示意图

类似琼斯转换矩阵 $\boldsymbol{U}$，在斯托克斯空间中经过偏振器件作用后，输入偏振态 $\boldsymbol{S}_{\text{in}}$ 与输出偏振态 $\boldsymbol{S}_{\text{out}}$ 之间的转换关系可使用缪勒 (Mueller) 矩阵 $\boldsymbol{R}$ 表示 [6]：

$$\boldsymbol{S}_{\text{out}} = \boldsymbol{R}\boldsymbol{S}_{\text{in}} \tag{3-16}$$

式中，$\boldsymbol{R}$ 为 3 行 3 列的转换矩阵。这种作用相当于在庞加莱球上将输入矢量 $\boldsymbol{S}_{\text{in}}$ 绕经过球心的单位矢量进行了右旋操作。

综上可知，光的偏振态既可用琼斯矢量表示，也可用斯托克斯矢量表示，这两种表示方法之间可以互相转换。将式 (3-11) 及式 (3-12) 代入式 (3-10) 后，可得到根据琼斯矢量推导出斯托克斯矢量的一种方法，相应计算公式为

$$\boldsymbol{S} = \begin{bmatrix} S_0 \\ S_1 \\ S_2 \\ S_3 \end{bmatrix} = \begin{bmatrix} E_0^2/2 \\ \left(E_0^2 \cos 2\alpha\right)/2 \\ \left(E_0^2 \sin 2\alpha \cos \delta\right)/2 \\ \left(E_0^2 \sin 2\alpha \sin \delta\right)/2 \end{bmatrix} \tag{3-17}$$

式中，$E_0 = \sqrt{E_x^2 + E_y^2}$ 代表光的场强幅度，它揭示了琼斯矢量与斯托克斯矢量表示之间的内在联系。

另一种由琼斯矢量推导出斯托克斯矢量的方法是利用泡利 (Pauli) 自旋矩阵，其计算公式为

$$\begin{bmatrix} s_1 \\ s_2 \\ s_3 \end{bmatrix} = \begin{bmatrix} \langle \boldsymbol{E}| \boldsymbol{\sigma}_1 |\boldsymbol{E}\rangle \\ \langle \boldsymbol{E}| \boldsymbol{\sigma}_2 |\boldsymbol{E}\rangle \\ \langle \boldsymbol{E}| \boldsymbol{\sigma}_3 |\boldsymbol{E}\rangle \end{bmatrix} \tag{3-18}$$

式中，$\langle \boldsymbol{E}| = \begin{bmatrix} E_x^* & E_y^* \end{bmatrix}$ 为狄拉克的左矢表示；泡利自旋矩阵 $\boldsymbol{\sigma}_1$、$\boldsymbol{\sigma}_2$、$\boldsymbol{\sigma}_3$ 分别为

$$\boldsymbol{\sigma}_1 = \begin{bmatrix} 1 & 0 \\ 0 & -1 \end{bmatrix}, \quad \boldsymbol{\sigma}_2 = \begin{bmatrix} 0 & 1 \\ 1 & 0 \end{bmatrix}, \quad \boldsymbol{\sigma}_3 = \begin{bmatrix} 0 & -\mathrm{j} \\ \mathrm{j} & 0 \end{bmatrix} \tag{3-19}$$

此外，由斯托克斯矢量推导出琼斯矢量的计算公式为 [7]

$$|\boldsymbol{E}\rangle = C \begin{bmatrix} \sqrt{\dfrac{1}{2}\left(1 + S_1/S_0\right)} \\ \sqrt{\dfrac{1}{2}\left(1 - S_1/S_0\right)} \exp\left(\mathrm{j} \arctan\left(S_3/S_2\right)\right) \end{bmatrix} \tag{3-20}$$

式中，C 为复常数。

3.1.2　RSOP 的数学模型

光纤弯曲、外界振动及极端天气等因素均可能造成 PDM 信号在光纤传输时偏振态的快速变化，以及在线偏振、椭圆偏振、圆偏振之间急速的随机转换。我

们将这种偏振态的随机变化称作 RSOP。据报道，由机械扰动造成的最快 RSOP 速度为每秒 45000 次旋转 [8]，而闪电可导致光缆中几百 krad/s 至 5.1Mrad/s 的 RSOP[9, 10]。这种快速 RSOP 将导致接收端无法正确分离两个正交偏振态，并产生大量误码。在对偏振光进行数学描述的基础上，为进行 RSOP 跟踪及偏振解复用，以下我们利用琼斯矩阵方法建立 RSOP 数学模型，在此介绍常用的两参量 RSOP 数学模型。

这种两参量 RSOP 模型利用两个角度变量表示 RSOP 状态的转换过程，其原理如图 3.4 所示。首先将水平偏振态 $[1\ \ 0]^{\mathrm{T}}$ 变为与 x 方向成 α 角的线偏振态，对应的琼斯转换矩阵为 $\begin{bmatrix}\cos\alpha & -\sin\alpha\\ \sin\alpha & \cos\alpha\end{bmatrix}$，其后将 y 方向与 x 方向的相位差变为 δ，此时线偏振态将转换为任意椭圆偏振态，相应的琼斯转换矩阵为 $\begin{bmatrix}\exp(-\mathrm{j}\delta/2) & 0\\ 0 & \exp(\mathrm{j}\delta/2)\end{bmatrix}$。

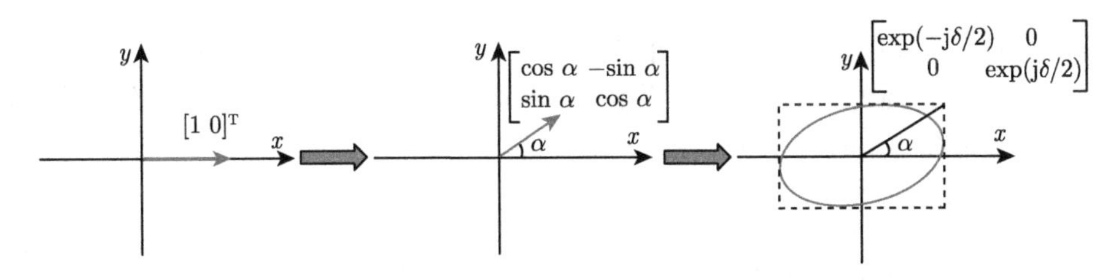

图 3.4 两参量 RSOP 模型

由上述转换过程，可得到这种两参量 RSOP 模型的转换矩阵为 [11]

$$
\begin{aligned}
\boldsymbol{J}_{\alpha,\varphi} &= \begin{bmatrix}\exp(-\mathrm{j}\delta/2) & 0\\ 0 & \exp(\mathrm{j}\delta/2)\end{bmatrix}\begin{bmatrix}\cos\alpha & -\sin\alpha\\ \sin\alpha & \cos\alpha\end{bmatrix}\\
&= \begin{bmatrix}\exp(-\mathrm{j}\delta/2)\cdot\cos\alpha & -\exp(-\mathrm{j}\delta/2)\cdot\sin\alpha\\ \exp(\mathrm{j}\delta/2)\cdot\sin\alpha & \exp(\mathrm{j}\delta/2)\cdot\cos\alpha\end{bmatrix}
\end{aligned}
\tag{3-21}
$$

3.1.3 偏振控制器模型

偏振控制器 (Polarization Controller，PC) 可将输入偏振态转换为另一任意输出偏振态，在光纤通信系统中被广泛应用于偏振控制、偏振态转换等领域。目前商用 PC 根据相位差和方位角是否可调，可分为相位差固定、方位角可调 PC，以及方位角固定、相位差可调 PC 这两类 [12]。由于两类 PC 的原理基本类似，这里我们重点以相位差固定、方位角可调的 PC 为例进行阐述。

相位差固定、方位角可调的 PC 模型如图 3.5 所示，它由 1 个 1/4 波片、1 个 1/2 波片和 1 个 1/4 波片串联而成，每波片的方位角 θ_1、θ_2 和 θ_3 均独立可调。可以证明 [13]，通过调节这 3 个方位角，可将任意输入偏振态 $|\boldsymbol{E}_{\mathrm{in}}\rangle$ 映射至任意输出

偏振态 $|\boldsymbol{E}_{\text{out}}\rangle$。

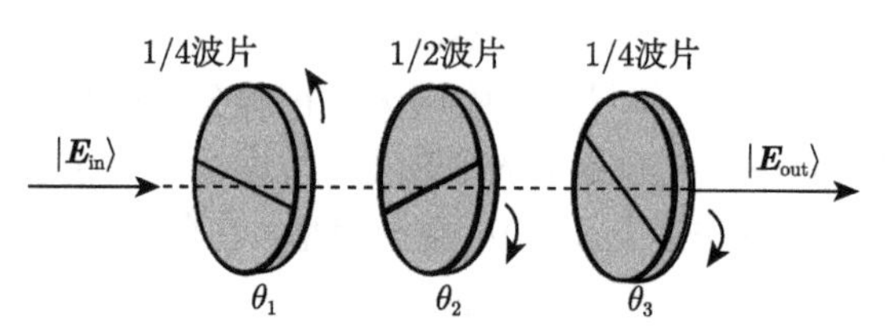

图 3.5　相位差固定、方位角可调的 PC 模型

从图 3.5 中我们还可以发现，波片 (Waveplate) 是构成 PC 的最基本单元，通常波片由固体晶体、聚酰亚胺薄膜或液晶等双折射材料组成。以常用的固体晶体波片为例，可将 1/2 波片和 1/4 波片引起的双折射相位差 $\theta_{1/2}$ 及 $\theta_{1/4}$ 分别表示为

$$\begin{cases} \theta_{1/2} = (2n+1)\,\pi \\ \theta_{1/4} = (2n+1/2)\,\pi \end{cases} \tag{3-22}$$

式中，n 为包含零的正整数。为减小晶体的双折射拍长，一般取 $n=0$。

在垂直于传播方向的平面上，半波片相位延迟为 π，且与水平方向旋转 θ_{h} 角度 (即方位角取 θ_{h}) 时，对应的琼斯转换矩阵为

$$\begin{aligned} \boldsymbol{U}_{1/2}(\theta_{\text{h}}) &= \begin{bmatrix} \cos\theta_{\text{h}} & -\sin\theta_{\text{h}} \\ \sin\theta_{\text{h}} & \cos\theta_{\text{h}} \end{bmatrix} \begin{bmatrix} \exp(-\mathrm{j}\pi/2) & 0 \\ 0 & \exp(\mathrm{j}\pi/2) \end{bmatrix} \begin{bmatrix} \cos\theta_{\text{h}} & \sin\theta_{\text{h}} \\ -\sin\theta_{\text{h}} & \cos\theta_{\text{h}} \end{bmatrix} \\ &= -\mathrm{j} \begin{bmatrix} \cos 2\theta_{\text{h}} & \sin 2\theta_{\text{h}} \\ \sin 2\theta_{\text{h}} & -\cos 2\theta_{\text{h}} \end{bmatrix} \end{aligned} \tag{3-23}$$

同理，1/4 波片相位延迟为 π/2，且与水平方向旋转 θ_{q} 角度 (即方位角取 θ_{q}) 时，相应的琼斯转换矩阵为

$$\begin{aligned} \boldsymbol{U}_{1/4}(\theta_{\text{q}}) &= \begin{bmatrix} \cos\theta_{\text{q}} & -\sin\theta_{\text{q}} \\ \sin\theta_{\text{q}} & \cos\theta_{\text{q}} \end{bmatrix} \begin{bmatrix} \exp(-\mathrm{j}\pi/4) & 0 \\ 0 & \exp(\mathrm{j}\pi/4) \end{bmatrix} \begin{bmatrix} \cos\theta_{\text{q}} & \sin\theta_{\text{q}} \\ -\sin\theta_{\text{q}} & \cos\theta_{\text{q}} \end{bmatrix} \\ &= -\frac{1}{\sqrt{2}} \begin{bmatrix} 1-\mathrm{j}\cos 2\theta_{\text{q}} & -\mathrm{j}\sin 2\theta_{\text{q}} \\ -\mathrm{j}\sin 2\theta_{\text{q}} & 1+\mathrm{j}\cos 2\theta_{\text{q}} \end{bmatrix} \end{aligned} \tag{3-24}$$

由式 (3-23) 和式 (3-24)，对于图 3.5 所述相位差固定、方位角可调的 PC，我们可推导出其总的琼斯转换矩阵为

$$\begin{aligned} \boldsymbol{U}_{\text{PC}}(\theta_1,\theta_2,\theta_3) &= \boldsymbol{U}_{1/4}(\theta_1)\cdot\boldsymbol{U}_{1/2}(\theta_2)\cdot\boldsymbol{U}_{1/4}(\theta_3) \\ &= \begin{bmatrix} -\cos\mu\cos\nu-\mathrm{j}\sin\nu\sin\kappa & \sin\mu\cos\nu-\mathrm{j}\sin\nu\cos\kappa \\ -\sin\mu\cos\nu-\mathrm{j}\sin\nu\cos\kappa & -\cos\mu\cos\nu+\mathrm{j}\sin\nu\sin\kappa \end{bmatrix} \end{aligned} \tag{3-25}$$

式中，变量 (μ,ν,κ) 与 $(\theta_1,\theta_2,\theta_3)$ 的关系为 $\mu=\theta_1-\theta_3,\nu=2\theta_2-(\theta_1+\theta_3)$，$\kappa=\theta_1+\theta_3$。

3.1.4 偏振相关损耗

偏振相关损耗 (PDL) 指偏振复用系统中相互正交的某偏振态相对于另一偏振态的功率损耗。偏振片、光隔离器和耦合器等光学器件的插入损耗随输入信号偏振态的随机扰动而变化，是 PDL 损伤的主要来源。在斯托克斯空间中，我们将 PDL 光学器件中功率增益的偏振相关分量表示为 $1+\boldsymbol{\rho}\cdot\hat{\boldsymbol{s}}$，此处 $\boldsymbol{\rho}$ 为 PDL 矢量，$\hat{\boldsymbol{s}}$ 代表入射光信号偏振态对应的斯托克斯空间单位矢量。若 PDL 矢量 $\boldsymbol{\rho}$ 同方向平行于 $\hat{\boldsymbol{s}}$，功率增益最大，当 $\boldsymbol{\rho}$ 反方向平行于 $\hat{\boldsymbol{s}}$ 时，功率增益最小。我们取 PDL 器件最高和最低功率增益的比值表示 PDL，得到以单位 dB 表示的 PDL 计算公式为 [14]

$$\Gamma\,(\mathrm{dB})=10\log_{10}\left(\frac{1+\rho}{1-\rho}\right) \tag{3-26}$$

式中，ρ 表示 PDL 器件中两个偏振主态主轴间归一化后损耗差的一半。

在偏振复用系统中，PDL 损伤对光纤信道传递函数的影响可用下列琼斯矢量矩阵 $\boldsymbol{U}_{\mathrm{PDL}}(\rho)$ 表示 [2]：

$$\boldsymbol{U}_{\mathrm{PDL}}(\rho)=\begin{bmatrix}\sqrt{1-\rho} & 0\\ 0 & \sqrt{1+\rho}\end{bmatrix} \tag{3-27}$$

我们以 PDM-QPSK EON 信号为例，说明 PDL 损伤对传输信号偏振态的影响。可将输入 PDM-QPSK 信号的琼斯矢量 $|\boldsymbol{E}_{\mathrm{in}}\rangle$ 写为

$$|\boldsymbol{E}_{\mathrm{in}}\rangle=\begin{bmatrix}a_x\mathrm{e}^{\mathrm{j}\varphi_x}\\ a_y\mathrm{e}^{\mathrm{j}\varphi_y}\end{bmatrix} \tag{3-28}$$

式中，a_x 和 a_y 分别为两偏振分量的幅度；φ_x 及 φ_y 为 QPSK 调制后两偏振的相位，取值集合均为 $\{-3\pi/4,-\pi/4,\pi/4,3\pi/4\}$。

当仅考虑受到 PDL 损伤作用时，输出信号的琼斯矢量 $|\boldsymbol{E}_{\mathrm{out}}\rangle$ 为

$$|\boldsymbol{E}_{\mathrm{out}}\rangle=\boldsymbol{U}_{\mathrm{PDL}}(\rho)\,|\boldsymbol{E}_{\mathrm{in}}\rangle=\begin{bmatrix}a_x\sqrt{1-\rho}\,\mathrm{e}^{\mathrm{j}\varphi_x}\\ a_y\sqrt{1+\rho}\,\mathrm{e}^{\mathrm{j}\varphi_y}\end{bmatrix} \tag{3-29}$$

将式 (3-29) 代入式 (3-10)～ 式 (3-12) 后，可求得所有星座点斯托克斯分量的平均值为

$$\begin{cases}\langle S_1\rangle=-2\rho a_x a_y\\ \langle S_2\rangle=0\\ \langle S_3\rangle=0\end{cases} \tag{3-30}$$

从上式发现，由于 PDL 的作用，所有星座点的重心不再位于球心，而是移动至 $(-2\rho a_x a_y, 0, 0)$ 处，且拟合平面平行于 s_2-s_3 平面。如果能够获知两平面之间的距离 D，可利用以下公式估计出 PDL：

$$\rho = -\frac{D}{2a_x a_y} \tag{3-31}$$

我们通过搭建的 28GBaud Nyquist PDM-QPSK 仿真平台测试了 PDL 损伤对偏振态的影响，发射端输出 32768 个符号，滚降因子为 0.1，中心波长为 1550nm，OSNR 为 20dB，光纤链路中只受到 3dB PDL 损伤时的仿真结果如图 3.6 所示。图 3.6(a) 和 (b) 分别给出了加入 3dB PDL 后的 X、Y 偏振星座图，可看出 PDL 的影响使得两偏振幅度差别明显，同时在斯托克斯空间中接收信号所有星座点的拟合平面沿 s_1 轴正方向发生了整体偏移，如图 3.6(c) 所示。

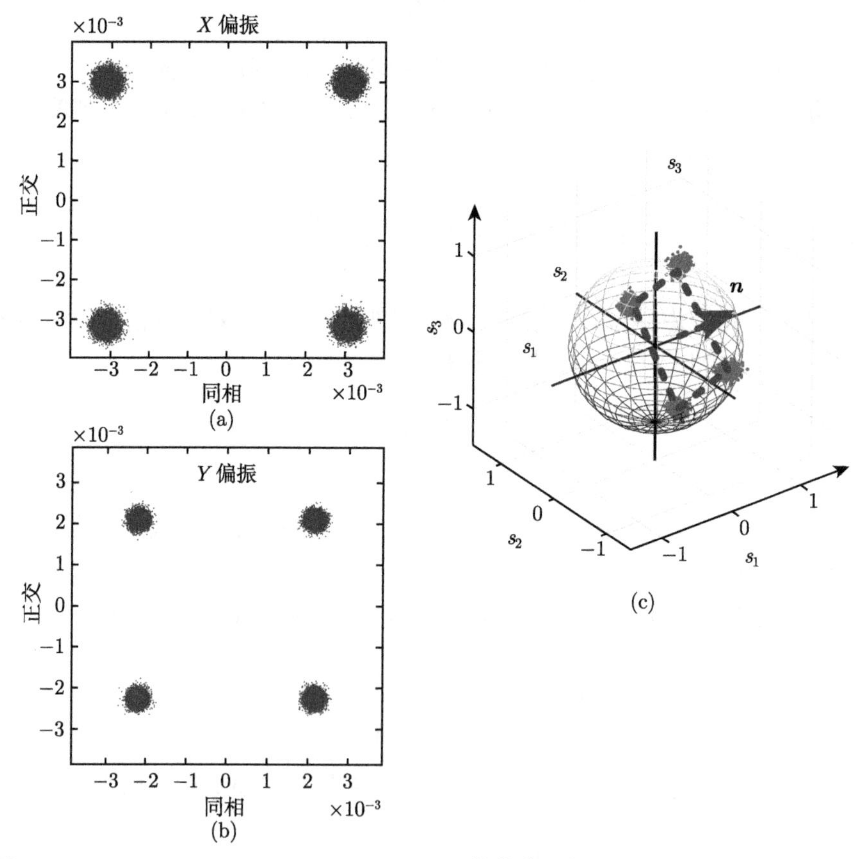

图 3.6 28GBaud Nyquist PDM-QPSK EON 接收信号加入 3dB PDL 后的仿真结果

(a)、(b) 为 X、Y 偏振的星座图；(c) 为接收信号的斯托克斯空间星座图从上述仿真结果可以看出，PDL 损伤不仅导致光纤链路中 OSNR 的波动，还将造成输入信号两偏振功率分配的不均衡，并在斯托克斯空间中引起接收信号星座点的对称平面沿 s_1 方向的整体平移。因此，这种 PDL 损伤严重引起了光纤通信系统的性能退化，对接收信号的正确恢复造成严重障碍，必须采用 DSP 技术加以消除。

3.1.5 偏振模色散

偏振模色散 (PMD) 是一种存在于串联无损双折射器件中的光学效应。由于光纤制造工艺的不完美，单模光纤横截面并不是理想的圆形，以及光纤铺设过程中受到外部应力、振动、电磁场或环境温度等因素的影响，实际铺设的单模光纤中都会存在局部、随机的剩余双折射。光在这种存在双折射的单模光纤中传输时，快慢轴经历折射率的不同将导致两偏振分量的传输速度不同，最终造成光脉冲在时域上的展宽或分裂，这种现象被称为 PMD，对相干接收端的偏振对准及偏振解复用造成恶劣影响。图 3.7 给出了 45° 入射的线偏振光由 PMD 引起的脉冲展宽示意图，图中 $\Delta\tau$ 为差分群时延 (Differential Group Delay，DGD)，即两个偏振态之间的时延差。

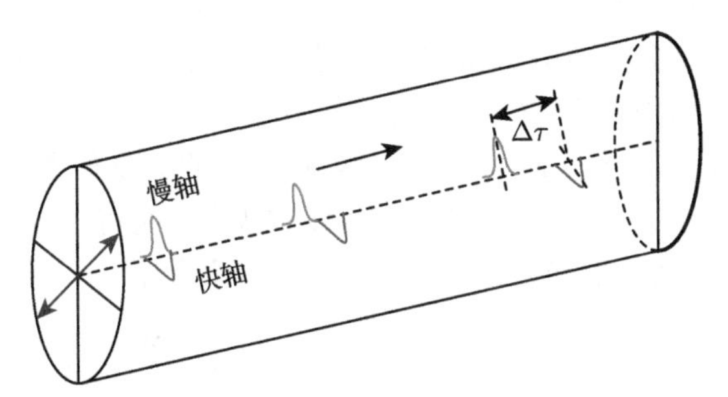

图 3.7 45° 入射的线偏振光由 PMD 引起的脉冲展宽示意图

1) 一阶 PMD 和二阶 PMD

Poole 的偏振主态理论指出 [15]：假定输出偏振态与频率无关，在光纤中一直存在着一对正交偏振态，这组偏振态被称为偏振主态。根据这一理论，在斯托克斯空间中，PMD 是具有大小和方向的三维矢量，可表示为

$$\boldsymbol{\tau} = \Delta\tau\boldsymbol{p} \tag{3-32}$$

式中，$\boldsymbol{\tau}$ 为 PMD 矢量；$\Delta\tau$ 表示 DGD；单位矢量 $\boldsymbol{p}$ 为慢主态的输出偏振主态。

与 CD 损伤类似，PMD 损伤也可看作光纤信道的线性损伤。然而 PMD 的特殊性在于受随机模式耦合的影响，PMD 随时间的变化具有随机性和动态时变性，将造成接收信号眼图闭合及星座点的严重发散。我们通常使用快慢轴之间的 DGD(即

$\Delta\tau$) 描述一阶 PMD。DGD 指标与光纤长度、光纤自相关长度及双折射方差有关，其概率密度分布满足麦克斯韦 (Maxwell) 分布规律。

需要注意的是，式 (3-32) 的推导建立在输出偏振态与频率无关的基础上，而实际上当输入光谱较宽时，PMD 矢量与频率 ω 之间将存在紧密联系。因此 PMD 矢量和频率之间更普遍的关系表达形式应写为 $\boldsymbol{\tau}(\omega)$，即利用信号带宽上 PMD 的变化程度衡量脉冲变形的复杂性。若 PMD 变化不大，可认为只存在一阶 PMD 影响，当 PMD 变化剧烈时，高阶 PMD 效应将非常明显。目前针对高阶 PMD 的研究主要集中在二阶 PMD 效应上。我们将二阶 PMD 定义为当 $|\Delta\omega| \to 0$ 时，两个 PMD 矢量 $\boldsymbol{\tau}(\omega_0)$ 与 $\boldsymbol{\tau}(\omega_0+\Delta\omega)$ 之间的矢量差，记为 $\boldsymbol{\tau}_\omega$。根据这一定义，可将二阶 PMD 矢量 $\boldsymbol{\tau}_\omega$ 分解为偏振相关色度色散 (Polarization-Dependent Chromatic Dispersion，PCD) 分量和去偏振 (Depolarization) 分量两部分，对应的计算公式为 [7]

$$\boldsymbol{\tau}_\omega = \frac{\mathrm{d}\boldsymbol{\tau}}{\mathrm{d}\omega} = \boldsymbol{\tau}_{\omega_{//}} + \boldsymbol{\tau}_{\omega_\perp} = \underbrace{\Delta\tau_\omega \boldsymbol{p}}_{\text{PCD}} + \underbrace{\Delta\tau \boldsymbol{p}_\omega}_{\text{去偏振}} \tag{3-33}$$

式中，PCD 分量 $\boldsymbol{\tau}_{\omega_{//}}$ 平行于原主态方向 $\boldsymbol{p}$；$\Delta\tau_\omega$ 表示 PCD 分量的大小，这一分量将造成与偏振有关的脉冲压缩或展宽；去偏振分量 $\boldsymbol{\tau}_{\omega\perp}$ 垂直于主态方向 $\boldsymbol{p}$，其单位矢量为 $\boldsymbol{p}_\omega$，这一分量具有去偏振的作用，将改变主态方向 $\boldsymbol{p}$。

在仅考虑一阶 PMD 和二阶 PMD 矢量情况下，总 PMD 矢量 $\boldsymbol{\tau}(\omega_0+\Delta\omega)$ 与一阶 PMD 矢量 $\boldsymbol{\tau}(\omega_0)$ 和二阶 PMD 矢量 $\boldsymbol{\tau}_\omega\Delta\omega$ 的关系如图 3.8 所示。可以发现，$\boldsymbol{\tau}(\omega_0+\Delta\omega)$ 等于 $\boldsymbol{\tau}(\omega_0)$ 和 $\boldsymbol{\tau}_\omega\Delta\omega$ 的矢量叠加和，而将二阶 PMD 矢量 $\boldsymbol{\tau}_\omega\Delta\omega$ 正交分解后，$\boldsymbol{\tau}_\omega\Delta\omega$ 又等于平行分量 $\boldsymbol{\tau}_{\omega_{//}}\Delta\omega$ 和垂直分量 $\boldsymbol{\tau}_{\omega_\perp}\Delta\omega$ 的矢量叠加。

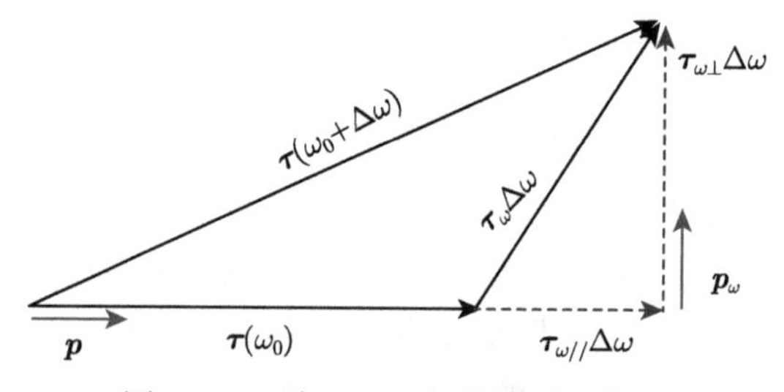

图 3.8　二阶 PMD 矢量模型示意图

当只考虑二阶 PMD 矢量 $\boldsymbol{\tau}_\omega$ 的大小时，我们通过对它的模 $|\boldsymbol{\tau}_\omega|$ 进行分析，即可推导出 $|\boldsymbol{\tau}_\omega|$ 的概率分布密度函数 [7]

$$\mathrm{PDF}_{\text{二阶PMD}}(|\boldsymbol{\tau}_\omega|) = \frac{32|\boldsymbol{\tau}_\omega|}{\pi\langle\Delta\tau\rangle^4}\tanh\left(\frac{4|\boldsymbol{\tau}_\omega|}{\langle\Delta\tau\rangle^2}\right)\mathrm{sech}\left(\frac{4|\boldsymbol{\tau}_\omega|}{\langle\Delta\tau\rangle^2}\right) \tag{3-34}$$

式中，$\langle\Delta\tau\rangle$ 表示对 DGD 求统计平均值。

此外，可分别将 PCD 分量均方值 $\left\langle \boldsymbol{\tau}_{\omega//}^2 \right\rangle$ 和去偏振分量均方值 $\left\langle \boldsymbol{\tau}_{\omega\perp}^2 \right\rangle$ 与二阶 PMD 矢量均方值 $\left\langle \boldsymbol{\tau}_{\omega}^2 \right\rangle$ 之间的关系表示为

$$\left\langle \boldsymbol{\tau}_{\omega//}^2 \right\rangle = \frac{1}{9}\left\langle \boldsymbol{\tau}_{\omega}^2 \right\rangle, \quad \left\langle \boldsymbol{\tau}_{\omega\perp}^2 \right\rangle = \frac{8}{9}\left\langle \boldsymbol{\tau}_{\omega}^2 \right\rangle \tag{3-35}$$

上式表明，去偏振分量 $\boldsymbol{\tau}_{\omega\perp}$ 是二阶 PMD 矢量的主要组成部分，因此在二阶 PMD 中应主要考虑这一分量对光信号造成的损伤。

2)PMD 的级联模型

为精确仿真单模光纤中的 PMD 效应，通常将多个具有随机角度的双折射分段级联起来进行建模 [16]，该模型原理框图如图 3.9 所示。

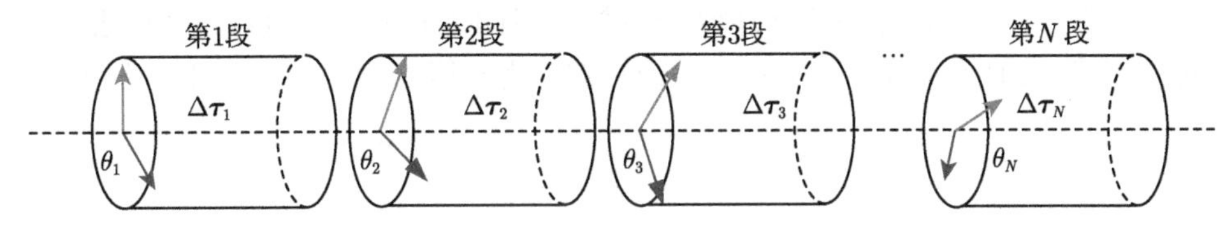

图 3.9　多段级联的 PMD 模型

图 3.9 中，假设共使用了 N 个分段级联形式。对于这 N 个分段，每一分段均经历了 $\omega\Delta\tau_i$ 的相位延迟及角度为 θ_i 的偏振旋转，则 N 段级联后描述 PMD 损伤的总琼斯矩阵 $\boldsymbol{U}(\theta, \Delta\tau)$ 可表示为

$$\boldsymbol{U}(\theta, \Delta\tau) = \prod_{i=1}^{N} \boldsymbol{U}_i(\theta_i, \Delta\tau_i) \tag{3-36}$$

式中，$\boldsymbol{U}_i(\theta_i, \Delta\tau_i)$ 为每一分段的琼斯转换矩阵。

下面给出 $\boldsymbol{U}_i(\theta_i, \Delta\tau_i)$ 的计算过程。由于每一分段的慢轴取向角及 DGD 均不同，假设第 i 分段的取向角为 θ_i，DGD 为 $\Delta\tau_i$，则第 i 个分段的琼斯矩阵形式为

$$\boldsymbol{U}_i(\theta_i, \Delta\tau_i) = \boldsymbol{M}(-\theta_i)\begin{bmatrix} \exp(\mathrm{j}\omega\Delta\tau_i/2) & 0 \\ 0 & \exp(-\mathrm{j}\omega\Delta\tau_i/2) \end{bmatrix}\boldsymbol{M}(\theta_i) \tag{3-37}$$

式中，$\boldsymbol{M}(\theta_i)$ 为偏振旋转矩阵，其计算公式为

$$\boldsymbol{M}(\theta_i) = \begin{bmatrix} \cos\theta_i & \sin\theta_i \\ -\sin\theta_i & \cos\theta_i \end{bmatrix} \tag{3-38}$$

综上，由式 (3-36)~ 式 (3-38) 确定的 PMD 仿真模型被称为全阶 PMD 模型。也有文献提出了只包含一阶和二阶 PMD 的 PMD 仿真模型 [1]，相应的琼斯矩阵表示为

$$\boldsymbol{U}(\varphi, \Delta\omega, \boldsymbol{p}_\omega) = \begin{bmatrix} \exp(-\mathrm{j}\varphi/2) & -\boldsymbol{p}_\omega\Delta\omega\sin(\varphi/2)/2 \\ -\boldsymbol{p}_\omega\Delta\omega\sin(\varphi/2)/2 & \exp(\mathrm{j}\varphi/2) \end{bmatrix} \tag{3-39}$$

式中，$\varphi = \Delta\tau\Delta\omega + \Delta\tau_\omega\Delta\omega^2/2$ 表示包含一阶 PMD 及二阶 PMD 中的 PCD 分量；$\boldsymbol{p}_\omega$ 为二阶 PMD 中的去偏振分量。

为验证 PMD 的分段级联建模理论，我们使用 4 段双折射光纤级联建立 PMD 仿真器模型，其琼斯转换矩阵由式 (3-36) 计算。激光器中心波长 $\lambda = 1550\text{nm}$，发射光信号为 28GBaud PDM-QPSK 的信号，送入这一 PMD 仿真模型后，利用检偏仪对接收信号中的一阶 PMD、二阶 PMD、去偏振分量及 PCD 分量进行测试。测试所得实验结果如图 3.10 所示。从图中可以发现，当一阶 PMD 从 3.39ps 增大至 42.86ps 时，去偏振分量从 100.564ps^2 增加至 973.20ps^2，几乎与二阶 PMD 的增长趋势重合，而此时 PCD 分量只从 1.66ps^2 增加至 11.82ps^2。这一实验表明，显然去偏振分量在二阶 PMD 中占主导地位，在进行二阶 PMD 补偿时可以只考虑去偏振分量而忽略 PCD 分量的影响，这一结论将被应用于第 5 章的二阶 PMD 补偿中。

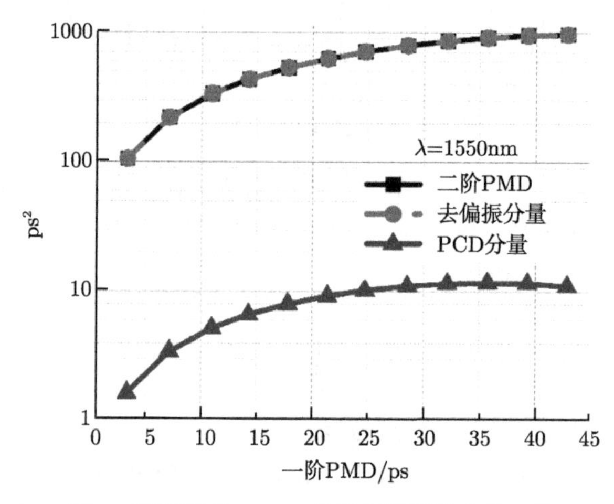

图 3.10 $\lambda = 1550\text{nm}$ 时，4 段级联的 PMD 仿真器模型输出的二阶 PMD、去偏振分量及 PCD 分量随一阶 PMD 的变化曲线

3.2 单载波弹性光网络信号的相干接收

如前所述，基于数字相干接收的 PDM-EON 系统不仅可以完美地恢复出光载波的幅度、相位、正交、偏振等各维度信息，实现高频谱效率的信息传递，而且最重要的优势在于，可借助功能强大的 DSP 处理技术，实现对光纤信道各种线性及非线性损伤的电域均衡和数字补偿。

3.1 节对光纤信道传输模型、信道的各种损伤及偏振效应进行了详细阐述。在此基础上，为实现对 EON 信号在信道传输中经历的各种损伤进行有效估计和均衡，本节我们将继续第 2.6.2 小节的内容，针对单载波 EON 系统相干接收阶段的关键技术——DSP 均衡技术进行详细研究，相应的 DSP 处理流程如图 3.11 所示。这种 DSP 均衡过程按照处理顺序包括正交化与归一化、色散及非线性补偿、基于 MIMO 的偏振解复用、频偏估计、载波相位估计、符号解码判决及 BER 计算等模块。以下将针对每一模块进行详细介绍。

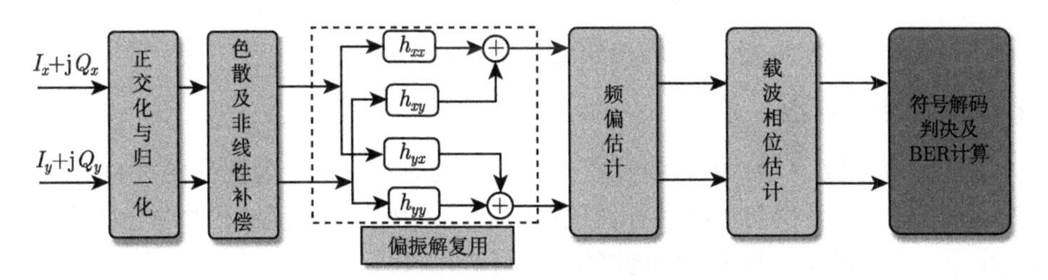

图 3.11　单载波 EON 系统的相干接收 DSP 流程图

3.2.1　正交化与归一化

在对单载波 EON 信号进行电光调制过程中，一般采用直流电压进行 PDM-IQM 的偏压点控制，此时直流电源的波动将造成电光调制后每一偏振的 I、Q 支路不再满足严格的 90° 正交关系。此外，相干接收机内部 3dB 耦合器的分光比不对称或 PD 响应失衡等因素，都会造成 I、Q 支路之间的幅度及相位失配问题。当这种幅度失配和相位失配达到一定程度时，系统 BER 将明显恶化 [17]。因此，首先需要对 ADC 采样后的数据进行正交化处理，同时还需进行数据归一化处理以弥补 PD 响应的不均衡影响。

通常采用 Gram-Schmidt 正交化 (GSOP) 或 Löwdin 正交化算法对正交失衡问题进行补偿。以 X 偏振为例，假设 I 路和 Q 路输入的非正交信号分别为 $I_{\text{in}}(t)$ 和 $Q_{\text{in}}(t)$，经 GSOP 算法处理后，每支路输出信号 $I_{\text{out}}(t)$ 及 $Q_{\text{out}}(t)$ 的计算公式为 [18]

$$\begin{cases} I_{\text{out}}(t) = \dfrac{I_{\text{in}}(t)}{\sqrt{P_{I_{\text{in}}}}} \\ Q_{\text{out}}(t) = \dfrac{Q_{\text{in}}(t) - \rho I_{\text{in}}(t)/P_{I_{\text{in}}}}{\sqrt{P_{Q_{\text{in}}}}} \end{cases} \tag{3-40}$$

式中，功率系数 $P_{I_{\text{in}}} = E\left\{I_{\text{in}}^2(t)\right\}$，$P_{Q_{\text{in}}} = E\left\{\left[Q_{\text{in}}(t) - \rho I_{\text{in}}(t)/P_{I_{\text{in}}}\right]^2\right\}$；相关系数 $\rho = E\left\{I_{\text{in}}(t)\cdot Q_{\text{in}}(t)\right\}$；$E\{\cdot\}$ 代表求数学期望的计算。

除 GSOP 方法外，还可使用对称的正交化方法——Löwdin 正交化算法进行正交化处理。它同时将 I 支路和 Q 支路旋转某一角度以达到两支路相互正交的目的，

其计算公式可表示为 [19, 20]

$$\begin{bmatrix} I_{\text{out}}(t) \\ Q_{\text{out}}(t) \end{bmatrix} = \frac{1}{2} \begin{bmatrix} \dfrac{1}{\sqrt{1+\alpha}} + \dfrac{1}{\sqrt{1-\alpha}} & \dfrac{1}{\sqrt{1+\alpha}} - \dfrac{1}{\sqrt{1-\alpha}} \\ \dfrac{1}{\sqrt{1+\alpha}} - \dfrac{1}{\sqrt{1-\alpha}} & \dfrac{1}{\sqrt{1+\alpha}} + \dfrac{1}{\sqrt{1-\alpha}} \end{bmatrix} \begin{bmatrix} I_{\text{in}}(t) \\ Q_{\text{in}}(t) \end{bmatrix} \tag{3-41}$$

式中，α 代表 $I_{\text{in}}(t)$ 与 $Q_{\text{in}}(t)$ 的内积运算结果。

3.2.2 色度色散补偿

由于色度色散 (CD) 和非线性在光纤中是同时存在的，因此在图 3.11 所示流程中，我们将 CD 补偿与非线性补偿放在了同一模块中。这里在不考虑光纤非线性的情况下，主要讨论 CD 补偿的研究。

由于 CD 将引起传输信号的脉冲展宽以及 ISI，所以限制了光纤的传输容量和距离。尽管可在光域中使用具有负色散系数的色散补偿光纤进行 CD 补偿，但这种方法的缺陷在于色散补偿光纤对光纤非线性容忍度较低及色散补偿光纤铺设成本较高，目前越来越多的研究注意力已经转移至基于 DSP 技术的数字域 CD 补偿中。

CD 补偿模块位于数据正交化及归一化模块后，我们根据 CD 引起的信道频率响应传递函数 $H_{\text{CD}}(\omega,z)=\exp\left(\text{j}\beta_2\omega^2 z/2\right)$，可以发现在 β_2 与 ω 固定的情况下，$H_{\text{CD}}(\omega,z)$ 只与传输距离 z 有关，因此 CD 损伤可被看作一种线性损伤。只需在频域将受到 CD 损伤的光信号乘以光纤信道传递函数的逆函数 $H_{\text{CD}}^{-1}(\omega,z)$，即可实现数字域的 CD 补偿。由此，用于 CD 补偿的频域传递函数 $G_{\text{CD}}(\omega,z)$ 可表示为

$$G_{\text{CD}}(\omega,z)=H_{\text{CD}}^{-1}(\omega,z)=\exp\left(-\text{j}\beta_2\omega^2 z/2\right) \tag{3-42}$$

在 CD 补偿模块中，我们通过构造时域或基于块重叠的频域 FIR 滤波器达到这一目的。在进行时域 CD 补偿时，为计算各个 FIR 滤波器系数，通过将式 (3-42) 左右两边同时进行 IFFT 变换，得到 CD 补偿滤波器的时域脉冲响应函数为

$$h_{\text{CD}}(z,t)=\frac{\exp\left(-\text{j}t^2/2\beta_2 z\right)}{\sqrt{-2\pi\text{j}\beta_2 z}} \tag{3-43}$$

由于式 (3-43) 给出的系统响应是无限且非因果的，所以容易引起有限采样频率的混叠。为解决这一问题，需将其截断为以采样时间 T_{s} 表示的有限长度脉冲响应，相应的计算公式为 [21]

$$h_{\text{CD}}(z,n)=\frac{1}{\sqrt{\rho}}\exp\left[-\text{j}\frac{\pi}{\rho}\left(n-\frac{N_{\text{c}}-1}{2}\right)^2\right] \tag{3-44}$$

式中，$\rho=2\pi\beta_2 z/T_{\text{s}}^2$，$N_{\text{c}}=\lfloor\rho\rfloor$，$n\in[0,1,2,\cdots,N_T-1]$。一般来说，对 100Gbit/s 光纤通信系统进行完全 CD 补偿时需取 $N_{\text{c}}\geqslant 250$。可以发现，这种时域 CD 补偿方法的缺陷在于由 N_{c} 取值较大导致的计算复杂度过高的问题。

为解决这一问题并减少运算量，提出的基于块重叠的频域 CD 补偿原理如图 3.12 所示 [22]。首先将输入样值以单位长度 N_c 进行截断，其后对每一子块进行长度为 $L_{FFT} = N_0 + N_c$ 的 FFT，N_0 代表本子块与上一子块的重叠样值，满足 $N_0 < N_c$，此时将所得每一子块的频域信号乘以 CD 补偿函数 $G_{CD}(\omega, z)$ 后，再利用 IFFT 将信号转换至时域；最后，对于 CD 补偿后的每一子块时域信号，需要抛弃最开始和最后的各 N_e 个样值以避免子块间干扰。

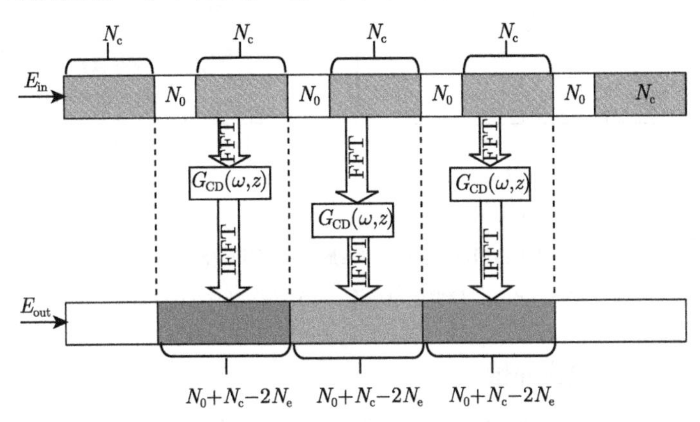

图 3.12 基于块重叠的频域 CD 补偿原理框图

为验证上述基于块重叠的频域 CD 补偿效果，我们利用 Matlab 和 VPI Transmission Marker 9.0 软件搭建了 28GBaud PDM-16QAM 仿真传输系统，激光器的中心波长设为 1550.1nm，线宽 100kHz，频偏 100MHz，假设单模光纤信道仅受到 CD 影响，传输长度设为 800km，色散系数 $D_\lambda = 16.75\text{ps/(nm·km)}$，共接收 16384 个符号，OSNR 设定为 23dB。图 3.13(a) 和 (c) 分别给出了由光纤传输引入 CD 后的 X、Y 偏振的星座图，可以看出，两偏振星座图汇聚成杂乱的一团，而进行频域 CD 补偿后，两偏振的所有星座点均收敛至 16QAM 的 3 个不同半径的圆环上 (图 3.13(b) 和 (d))。

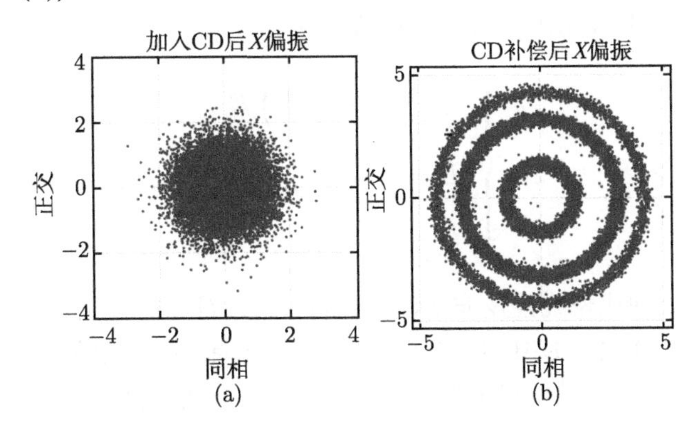

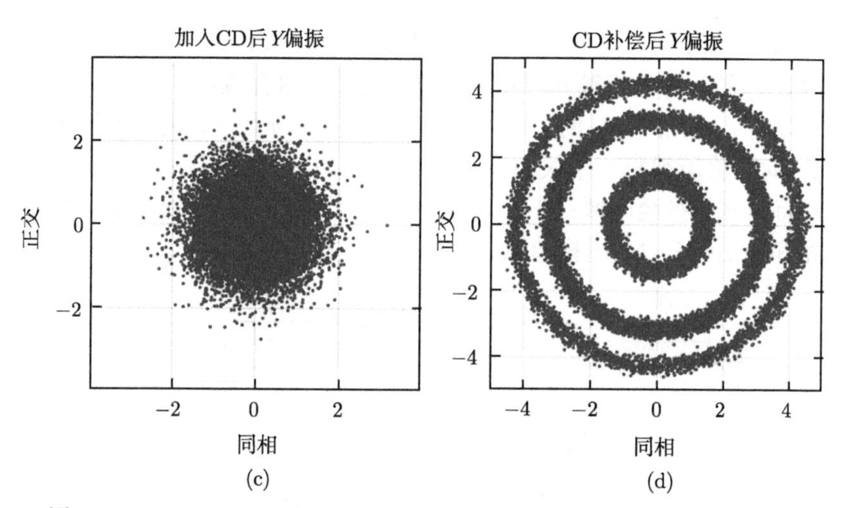

图 3.13　28GBaud PDM-16QAM 系统加入 CD 及 CD 补偿后的星座图

(a)、(c) 为加入 CD 后 X、Y 偏振的星座图；(b)、(d) 为 CD 补偿后两偏振的星座图

3.2.3　Kerr 非线性效应补偿

在高频谱效率 PDM-EON 系统中，随着 QAM 调制阶数的增加，对 OSNR 的要求越来越高，光纤链路对非线性损伤愈加敏感。由于光纤非线性效应的存在，单纯增大入纤功率并不能相应增加光纤的传输距离，两者之间并非简单的正比关系。为了既提高频谱效率又能增加光纤传输距离，进行光纤非线性效应缓解一直是光纤通信领域亟待解决的重要技术问题。已提出的光纤非线性补偿方案包括数字后向传播 (Digital Back Propagation，DBP) 方法、基于 Volterra 方法的非线性均衡器 (Volterra-Based Nonlinear Equalizer，VNE)、相位共轭技术、基于扰动的非线性补偿方法等 [23]。以下将重点介绍最常用的基于 DBP 的 Kerr 非线性效应补偿方案 [24]。

基于 DBP 的非线性效应补偿方案使用分步傅里叶方法进行 NLSE 的数值求解。首先，我们将式 (2-13) 中的 NLSE 改写为

$$\begin{cases} \dfrac{\partial \boldsymbol{E}}{\partial z} = \left(\hat{D} + \hat{N}\right) \boldsymbol{E} \\ \hat{D} = -\dfrac{\mathrm{j}\beta_2}{2}\dfrac{\partial^2}{\partial t^2} - \dfrac{\alpha}{2} \\ \hat{N} = \mathrm{j}\gamma \left|\boldsymbol{E}\right|^2 \end{cases} \tag{3-45}$$

式中，$\hat{D}$ 及 $\hat{N}$ 分别代表线性及非线性操作符；其余符号的含义参见 2.5.3 小节。

为求解方程 (3-45)，DBP 算法认为，在空间坐标 Δz 极小的离散光纤分段上，光载波的复包络具有足够缓慢的演化，使得线性和非线性操作符的作用相互独立。

应用 DBP 时，首先需建立一个具有反向传播参数 $\left[-\hat{D},-\hat{N}\right]$ 的"虚拟"光纤模型，其后将这种虚拟链路均分成 N 段，每段均具有极短长度 h，且被看作线性部分和非线性部分的串联，假设在每段上线性段和非线性段单独起作用。基于 DBP 的非线性补偿原理框图如图 3.14 所示。

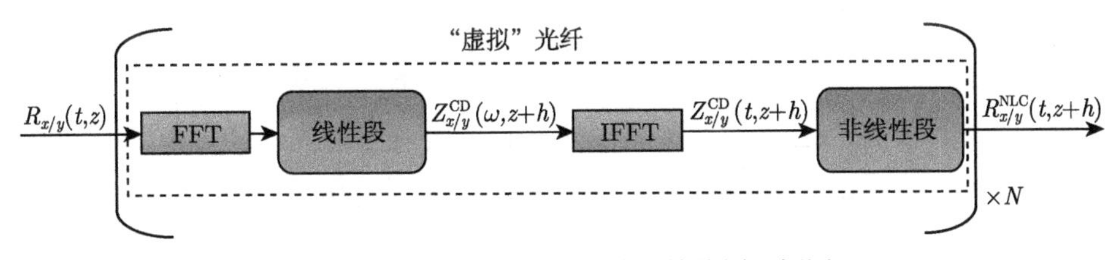

图 3.14 基于 DBP 的非线性补偿原理框图

由于在每一分段上线性段和非线性段均单独起作用，DBP 方法能够同时补偿色散及 Kerr 非线性效应。DBP 方法首先在频域进行线性段的 CD 补偿，计算公式为

$$Z_{x/y}^{\mathrm{CD}}(\omega,z+h)=\mathcal{F}\left[R_{x/y}(t,z)\right]\exp\left[-\mathrm{j}h\left(\beta_2\omega^2+\alpha\right)/2\right] \tag{3-46}$$

式中，$R_{x/y}(t,z)$ 为待非线性补偿的光接收信号；$\mathcal{F}[\cdot]$ 表示进行 FFT 运算。对 $Z_{x/y}^{\mathrm{CD}}(\omega,z+h)$ 进行 IFFT 后，得到时域信号 $Z_{x/y}^{\mathrm{CD}}(t,z+h)$，再在非线性段对 $Z_{x/y}^{\mathrm{CD}}(t,z+h)$ 进行时域非线性补偿以消除 Kerr 非线性效应，此时输出信号为

$$R_{x/y}^{\mathrm{NLC}}(t,z+h)=Z_{x/y}^{\mathrm{CD}}(t,z+h)\exp\left[-\mathrm{j}\mu\gamma' h\left(\left|Z_x^{\mathrm{CD}}\right|^2+\left|Z_y^{\mathrm{CD}}\right|^2\right)\right] \tag{3-47}$$

式中，$0<\mu<1$ 为一个实值优化参数，等号右边的指数项代表由 Kerr 效应造成的非线性相位变化，这一项不仅包括信号所在 X 或 Y 偏振的自相位调制，还包括该偏振引起的另一正交偏振的非线性相位变化。经过这种 N 段频域和时域的相互转换，最终实现 Kerr 非线性效应补偿。

为验证 DBP 算法的补偿效果，假定光纤传输只受自相位调制效应影响，光发射机产生 28GBaud PDM-16QAM 信号，中心波长为 1550nm，光纤非线性系数 $\gamma=2.7\times10^{-20}\mathrm{m}^2/\mathrm{W}$，经 80km 的单模光纤传输后进行非线性效应补偿，DBP 分段数设为 10。图 3.15 给出了入纤功率为 3dBm 时引起的 Kerr 非线性效应，以及应用 DBP 补偿后的星座图对比结果。从图 3.15(a)、(c) 可以看出，由于非线性相位调制作用，X、Y 偏振的星座图整体发生了旋转，而使用 DBP 算法进行 Kerr 非线性补偿后，从图 3.15(b)、(d) 可发现，X、Y 两偏振已经对非线性相位进行了补偿，并清晰地恢复出了原始的 16 个星座点。

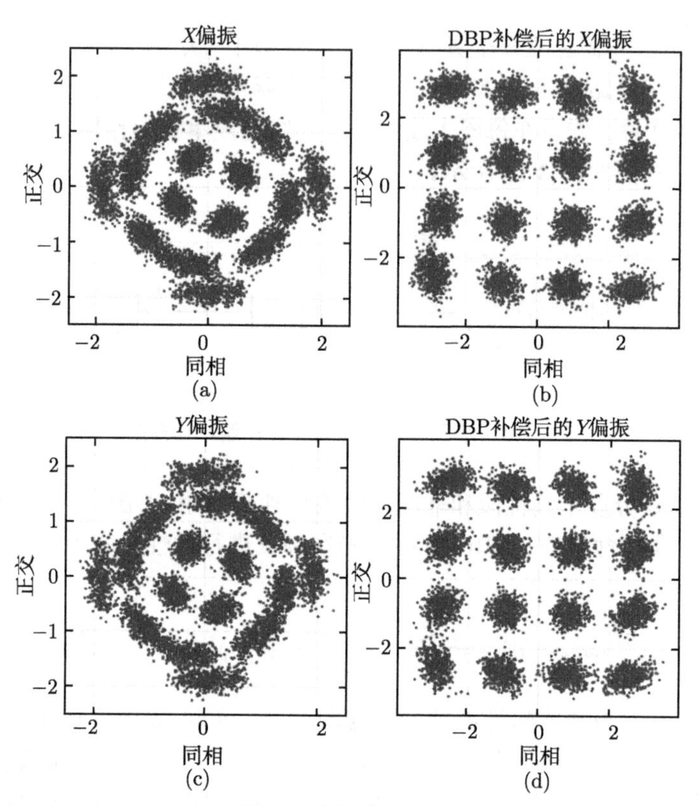

图 3.15　28GBaud PDM-16QAM 系统，入纤功率 3dBm 时进行 DBP 补偿前后星座图对比结果

(a)、(c) 为 Kerr 非线性效应引起的 X、Y 偏振星座图；(b)、(d) 为 DBP 补偿后的两偏振星座图

3.2.4　偏振解复用

随着 CD 补偿和非线性补偿技术的日益成熟，偏振相关效应损伤已经成为限制下一代超高速光纤通信系统传输距离和容量的主要因素。在偏振解复用模块中，我们主要针对 RSOP、PMD 及 PDL 等损伤造成的偏振混叠效应进行自适应均衡。可以看出，偏振解复用模块在 PDM-EON 系统的相干接收 DSP 处理中具有关键地位，也一直是相干接收 DSP 领域的研究热点。研究学者已提出多种偏振解复用方案，典型算法包括恒模算法 (CMA)[25]、多模算法 (MMA)[26] 及基于斯托克斯空间的偏振解复用方案 [14] 等。下面我们将针对这几种方案进行详细阐述。

1) 基于多输入多输出 (MIMO) 结构的偏振解复用方案

在只考虑光纤信道线性损伤的前提下，可将信道传递函数的琼斯矩阵 $\boldsymbol{H}_0(\omega)$ 表示为 CD 矩阵 $\boldsymbol{D}(\omega)$、2×2 PMD 矩阵 $\boldsymbol{U}(\omega)$、2×2 PDL 矩阵 $\boldsymbol{T}$ 及时变 RSOP 矩阵 $\boldsymbol{K}$ 的串联形式 [27]，即

$$\boldsymbol{H}_0(\omega)=\boldsymbol{D}(\omega)\cdot\boldsymbol{U}(\omega)\cdot\boldsymbol{T}\cdot\boldsymbol{K} \tag{3-48}$$

此时偏振解复用模块的任务为：利用各种数学优化算法对光纤信道的传递函数矩阵 $\boldsymbol{H}_0(\omega)$ 进行精确估计，以求解出它的逆矩阵 $\boldsymbol{H}_0^{-1}(\omega)$，从而达到一次性补偿所有偏振损伤的目的。不同于 3.2.2 小节所述的 CD 静态补偿，各种偏振效应的叠加使得琼斯传输矩阵一直在快速随机改变，因此要求这种偏振解复用过程必须能够自适应、快速完成。

我们借鉴无线通信系统中 MIMO 的思想，将偏振解复用过程看作是一种两入两出 (2×2) 的运算，这一过程可被视为 MIMO 均衡的特例。基于 MIMO 结构的偏振解复用方案具有以下优点：这种方案不仅可以实现对各种偏振效应的联合均衡，抵抗激光器频偏及相位噪声的影响，而且还能够补偿残余 CD，实现接收端的匹配滤波，缓解光发射机和接收机器件引入的低通滤波损伤等。

这里主要介绍基于 MIMO 思想的 CMA 和 MMA 偏振解复用方法。该方法的核心为基于 MIMO 结构的反馈式蝶形 FIR 滤波器，它使用 4 个 N 阶 FIR 滤波器 $\{\boldsymbol{h}_{xx},\boldsymbol{h}_{xy},\boldsymbol{h}_{yx},\boldsymbol{h}_{yy}\}$，自适应地实现对逆矩阵 $\boldsymbol{H}_0^{-1}(\omega)$ 中未知参数的迭代运算，其原理框图如图 3.16 所示，ε_X 及 ε_Y 分别代表 X、Y 两偏振的误差函数。

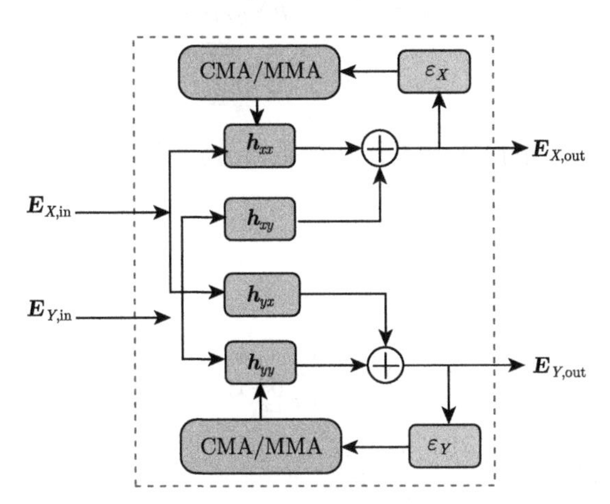

图 3.16 基于 MIMO 结构的偏振解复用原理框图

根据图 3.16，我们可得到这种偏振解复用方案的输入与输出信号之间的关系

$$\begin{bmatrix}\boldsymbol{E}_{X,\text{out}}\\ \boldsymbol{E}_{Y,\text{out}}\end{bmatrix}=\begin{bmatrix}\boldsymbol{h}_{xx}^{\text{H}} & \boldsymbol{h}_{xy}^{\text{H}}\\ \boldsymbol{h}_{yx}^{\text{H}} & \boldsymbol{h}_{yy}^{\text{H}}\end{bmatrix}\begin{bmatrix}\boldsymbol{E}_{X,\text{in}}\\ \boldsymbol{E}_{Y,\text{in}}\end{bmatrix} \tag{3-49}$$

式中，$\boldsymbol{E}_{X,\text{out}}$ 及 $\boldsymbol{E}_{Y,\text{out}}$ 表示偏振解复用的输出信号；$\boldsymbol{E}_{X,\text{in}}$ 及 $\boldsymbol{E}_{Y,\text{in}}$ 表示输入信号；上标 H 表示对复数矩阵的共轭转置运算。可以看出，基于 MIMO 结构的自适应偏振解复用问题的核心在于如何自适应地搜寻 FIR 滤波器的最优参数

$\{\boldsymbol{h}_{xx}, \boldsymbol{h}_{xy}, \boldsymbol{h}_{yx}, \boldsymbol{h}_{yy}\}$。为求解这一最优化问题，需设计特定形式的代价函数，并采用最速下降法使代价函数最小，以实现对滤波器抽头系数的快速迭代和智能更新。

对 PDM-mPSK 信号来说，进行接收信号的数据归一化后理想星座图的半径恒定为 1，这种基于恒定信号模值进行偏振解复用的算法被称为恒模算法 (CMA)。在 CMA 中，定义第 n 个待均衡符号的代价函数为

$$\begin{cases} \varepsilon_X^2(n) = \left[R_{\mathrm{C}}^2 - |\boldsymbol{E}_{X,\mathrm{out}}(n)|^2\right]^2 \\ \varepsilon_Y^2(n) = \left[R_{\mathrm{C}}^2 - |\boldsymbol{E}_{Y,\mathrm{out}}(n)|^2\right]^2 \end{cases} \tag{3-50}$$

式中，$\varepsilon_X(n)$ 及 $\varepsilon_Y(n)$ 分别代表 X、Y 两偏振的误差函数；R_{C} 为 PDM-mPSK 信号的理论模值 (取值为 1)；$|\boldsymbol{E}_{X,\mathrm{out}}(n)|$ 及 $|\boldsymbol{E}_{Y,\mathrm{out}}(n)|$ 分别代表 X、Y 两偏振第 n 个符号的模值。

基于最速下降法，我们以第 k 时刻系数 h_{xx}^k 的更新为例，说明 CMA 中 FIR 滤波器抽头系数的迭代计算过程，其计算公式可写为

$$\begin{aligned} h_{xx}^k &= h_{xx}^{k-1} - \mu \nabla_{h_{xx}} \varepsilon_X^2 \\ &= h_{xx}^{k-1} - \frac{\mu}{2} \frac{\partial \varepsilon_X^2}{\partial h_{xx}^{(k-1)*}} \end{aligned} \tag{3-51}$$

式中，μ 为更新步长。根据式 (3-50) 和复数微分定义，并由条件 $R_{\mathrm{C}} = 1$，代入式 (3-51) 可得

$$\begin{aligned} h_{xx}^k &= h_{xx}^{k-1} - \frac{\mu}{2} \frac{\partial \varepsilon_X^2}{\partial h_{xx}^{(k-1)*}} \\ &= h_{xx}^{k-1} + \mu \varepsilon_X(k-1) \frac{\partial |\boldsymbol{E}_{X,\mathrm{out}}(k-1)|^2}{\partial h_{xx}^{(k-1)*}} \\ &= h_{xx}^{k-1} + \mu \varepsilon_X(k-1) \frac{\partial}{\partial h_{xx}^{(k-1)*}} \boldsymbol{E}_{X,\mathrm{out}}(k-1) \boldsymbol{E}_{X,\mathrm{out}}^*(k-1) \\ &= h_{xx}^{k-1} + \mu \varepsilon_X(k-1) \boldsymbol{E}_{X,\mathrm{out}}(k-1) \boldsymbol{E}_{X,\mathrm{in}}^*(k-1) \end{aligned} \tag{3-52}$$

同理，可以得到其余 3 个抽头系数的迭代计算公式，将蝶形滤波器这 4 个未知抽头系数的更新公式统一写为

$$\begin{cases} h_{xx}^k = h_{xx}^{k-1} + \mu \varepsilon_X(k-1) \boldsymbol{E}_{X,\mathrm{out}}(k-1) \boldsymbol{E}_{X,\mathrm{in}}^*(k-1) \\ h_{xy}^k = h_{xy}^{k-1} + \mu \varepsilon_X(k-1) \boldsymbol{E}_{X,\mathrm{out}}(k-1) \boldsymbol{E}_{Y,\mathrm{in}}^*(k-1) \\ h_{yx}^k = h_{yx}^{k-1} + \mu \varepsilon_Y(k-1) \boldsymbol{E}_{Y,\mathrm{out}}(k-1) \boldsymbol{E}_{X,\mathrm{in}}^*(k-1) \\ h_{yy}^k = h_{yy}^{k-1} + \mu \varepsilon_Y(k-1) \boldsymbol{E}_{Y,\mathrm{out}}(k-1) \boldsymbol{E}_{Y,\mathrm{in}}^*(k-1) \end{cases} \tag{3-53}$$

针对高阶 PDM-mQAM 信号，若再使用 CMA 进行偏振解复用，由于式 (3-50) 中的误差函数不能收敛至 0，表现为收敛速度慢、均衡效果差的缺陷，此时需要对 CMA 加以改进。基于 PDM-mQAM 信号具有多个模值的特性，对应理想星座点分布在具有多个固定半径的圆环上，将 CMA 加以改进后的偏振解复用方法称为半径指向均衡 (Radius-Directed Equalizer，RDE) 算法 [28] 或多模算法 (MMA)，相应的代价函数改写为

$$\left\{\begin{array}{l} \varepsilon_X^2(n)=\left[R_{\mathrm{M}}^2-\left|\boldsymbol{E}_{X,\mathrm{out}}(n)\right|^2\right]^2 \\ \varepsilon_Y^2(n)=\left[R_{\mathrm{M}}^2-\left|\boldsymbol{E}_{Y,\mathrm{out}}(n)\right|^2\right]^2 \end{array}\right. \tag{3-54}$$

式中，R_{M} 为在 PDM-mQAM 星座图上离第 n 个接收符号最近的圆环半径。比如，对于 PDM-16QAM 信号，R_{M} 所有可能的取值集合为 $\{\sqrt{2},\sqrt{10},\sqrt{18}\}$，分别对应最内层、中间层及最外层圆环半径；对 PDM-64QAM 信号，R_{M} 所有可能的取值集合为 $\{\sqrt{2},\sqrt{10},\sqrt{18},\sqrt{26},\sqrt{34},\sqrt{50},\sqrt{58},\sqrt{74},\sqrt{98}\}$。使用 MMA 进行偏振效应均衡时，首先对输入信号进行幅值归一化，其后在 R_{M} 的取值集合中计算出离当前输入符号最接近的圆环半径，最后按照式 (3-53) 进行蝶形滤波器抽头系数的迭代计算。

需要注意的是，采用 CMA 或 MMA 进行如式 (3-53) 所示的抽头系数更新时，由于进入基于 MIMO 结构的偏振解复用模块中的输入信号均为过采样信号，为减小计算复杂度，通常每隔 2 个或 4 个样值才进行一次 FIR 滤波器的系数更新计算。

此外，如果光纤链路存在多种偏振损伤或大量 ASE 噪声，PDM-mQAM 星座图的不同圆环之间将出现严重的交叉混叠的情况，此时 MMA 无法正确判断圆环半径，将造成大量误码。为解决这一问题，通常使用 CMA 和 MMA 进行联合偏振解复用 [29]，首先在开始阶段由 CMA 进行预收敛，其后再利用 MMA 进行偏振均衡。基于 CMA/MMA 进行偏振解复用的实验结果将在 3.2.7 小节予以呈现。

2) 基于斯托克斯空间的偏振解复用方案

在 3.1.1 小节中，我们使用斯托克斯矢量 $[s_1,s_2,s_3]$ 定义的三维空间对光偏振态进行了数学描述。为便于观察和理解，我们以 PDM-QPSK 信号为例说明基于斯托克斯空间的偏振解复用过程。需要说明的是，这种偏振解复用方法可适用于任何调制格式。

我们知道，在不经历任何偏振损伤时所有 PDM-QPSK 接收信号的星座点在斯托克斯空间拟合后应位于“s_2-s_3”平面，该平面的法向量 $\boldsymbol{n}$ 为 $[1,0,0]^{\mathrm{T}}$。而在实际光纤传输中，受 RSOP 及 PDL 等偏振损伤联合作用时，将分别造成法向量 $\boldsymbol{n}$ 的随机旋转以及拟合平面沿 s_1 轴的偏移，在庞加莱球上的变化如图 3.17 所示。

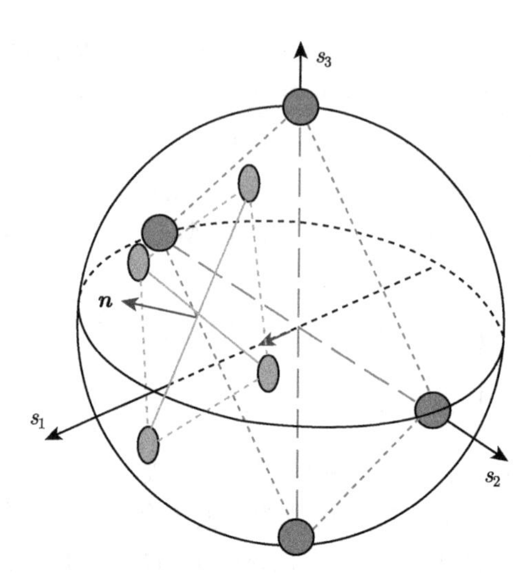

图 3.17　在庞加莱球上，RSOP 和 PDL 对 PDM-QPSK 信号造成的偏振损伤示意图

为恢复原始信号，基于斯托克斯空间的偏振解复用方案首先计算所有采样信号的斯托克斯矢量 $[s_1\ \ s_2\ \ s_3]$，其次在斯托克斯空间中对所有矢量进行最小二乘拟合以寻找最优拟合平面，这一过程表示为 [14]

$$As_1 + Bs_2 + Cs_3 + D = 0 \tag{3-55}$$

式中，A、B、C、D 为未知参数，其中拟合平面的法向量 $\boldsymbol{n} = [A\ \ B\ \ C]^{\mathrm{T}}$，$D$ 为由 PDL 形成的拟合平面相对于理想 s_2-s_3 平面的平移量。

当 $D = 0$，即不存在 PDL 只有 RSOP 影响时，利用以下琼斯转换矩阵 $\boldsymbol{M}(\alpha, \beta)$ 进行 RSOP 跟踪：

$$\boldsymbol{M}(\alpha,\beta) = \begin{bmatrix} \cos\alpha\exp(\mathrm{j}\beta/2) & \sin\alpha\exp(-\mathrm{j}\beta/2) \\ -\sin\alpha\exp(\mathrm{j}\beta/2) & \cos\alpha\exp(-\mathrm{j}\beta/2) \end{bmatrix} \tag{3-56}$$

式中，$\alpha = \dfrac{1}{2}\arctan\left(A, \sqrt{B^2 + C^2}\right)$，$\beta = \arctan(s_2, s_3)$。

当 $D \neq 0$，即同时存在 PDL 及 RSOP 时，PDL 和 RSOP 的共同作用使得最优拟合平面不再平行于 s_2-s_3 平面。为使拟合平面的重心位于庞加莱球球心且法向量重新指向 $[1, 0, 0]^{\mathrm{T}}$，首先需要根据式 (3-56) 进行 RSOP 跟踪，将拟合平面的法向量重新指向 $[1, 0, 0]^{\mathrm{T}}$，其后按照 "s_1 轴 ⇒ s_2 轴 ⇒ s_3 轴" 的平移顺序将拟合平面进行三步平移操作 [14]，这一过程用琼斯矢量可表示为

$$|\boldsymbol{E}\rangle_{\mathrm{out}} = \overbrace{\boldsymbol{U}_3(-\pi/2)\,\boldsymbol{D}(d_3)\,\boldsymbol{U}_3(\pi/2)}^{\text{沿}s_3\text{轴平移}}\overbrace{\boldsymbol{U}_2(-\pi/2)\,\boldsymbol{D}(d_2)\,\boldsymbol{U}_3(\pi/2)}^{\text{沿}s_2\text{轴平移}}$$

$$\overbrace{\boldsymbol{D}\left(d_1\right)}^{\text{沿}s_1\text{轴平移}}\ \overbrace{\boldsymbol{M}\left(\alpha,\beta\right)}^{\text{RSOP跟踪}}\left|\boldsymbol{E}\right\rangle_{\text{in}} \tag{3-57}$$

式中，$|\boldsymbol{E}\rangle_{\text{out}}$ 及 $|\boldsymbol{E}\rangle_{\text{in}}$ 分别代表偏振解复用的输出及输入信号；$\boldsymbol{U}_3$ 及 $\boldsymbol{U}_2$ 分别表示绕 s_3 轴和 s_2 轴旋转某一固定角度的琼斯转换矩阵，其具体计算公式为

$$\boldsymbol{U}_3\left(\theta\right)=\begin{bmatrix}\cos\left(\theta/2\right) & -\sin\left(\theta/2\right)\\ \sin\left(\theta/2\right) & \cos\left(\theta/2\right)\end{bmatrix},\quad \boldsymbol{U}_2\left(\theta\right)=\begin{bmatrix}\cos\left(\theta/2\right) & \mathrm{j}\sin\left(\theta/2\right)\\ \mathrm{j}\sin\left(\theta/2\right) & \cos\left(\theta/2\right)\end{bmatrix} \tag{3-58}$$

这里，$d_1\sim d_3$ 分别为沿 s_1、s_2 及 s_3 轴的平移量；$\boldsymbol{D}\left(d_3\right)$、$\boldsymbol{D}\left(d_2\right)$ 及 $\boldsymbol{D}\left(d_1\right)$ 表示沿 s_3、s_2 及 s_1 轴进行的 PDL 补偿，具体计算公式为

$$\boldsymbol{D}\left(d_i\right)=\begin{bmatrix}\sqrt{1+d_i} & 0\\ 0 & \sqrt{1-d_i}\end{bmatrix},\quad i=1,2,3 \tag{3-59}$$

我们通过搭建的 28GBaud Nyquist PDM-QPSK 仿真平台对上述基于斯托克斯空间的偏振解复用方法进行了验证。参数同 3.1.4 小节所述。经过光滤波及相干接收后，仿真结果如图 3.18 所示。图 3.18(a) 为加入 3dB PDL 后的 X、Y 偏振星座，此时所有星座点的拟合平面沿 s_1 轴正方向发生了整体偏移，而进行基于斯托克斯空间的偏振解复用后，图 3.18(b) 所示拟合平面的重心已经返回到球心原点处，平面法向量重新指向 $[1,0,0]^{\mathrm{T}}$，经符号判决及译码后 BER=0。

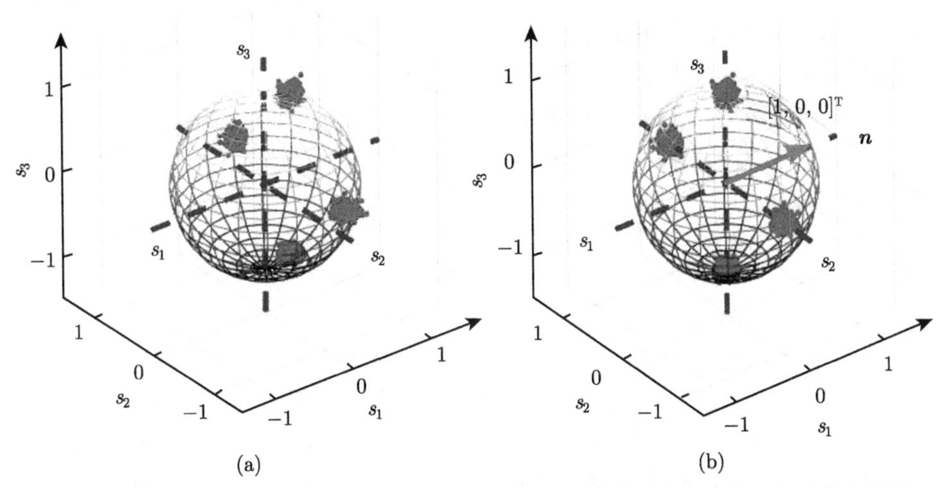

图 3.18 对 28GBaud PDM-QPSK 信号进行基于斯托克斯空间偏振解复用仿真结果

(a) 为加入 3dB PDL 后的 X、Y 偏振星座图；(b) 为 PDL 补偿后的斯托克斯空间星座图

3.2.5 载波频偏估计

根据图 2.23 所示相干接收机的结构，自由运行的发射端激光器与相干接收机

本振之间没有进行精确的频率锁定，非常容易导致接收光信号的中心频率无法与发射光载波保持完全一致，即相干接收信号中始终存在一定的频率偏移。这种频率偏移现象将引起接收信号星座点的整体旋转，导致符号的错误判决，必须在载波频偏估计模块中加以处理。

为便于描述，对于单偏振 mPSK 调制格式，我们仅考虑激光器频偏和相位噪声的影响。假设它的幅度恒为 1，送入频偏估计模块后的第 k 个接收符号 $E(k)$ 可表示为

$$E(k) = \exp\left[\mathrm{j}\left(2\pi k\Delta f T_{\mathrm{s}} + \theta_k + n_k\right)\right] \tag{3-60}$$

式中，Δf 为发射激光器与相干接收机本振中心波长之间的频率偏移；T_{s} 为符号周期；θ_k 为相位调制信息；n_k 为激光器相位噪声。

通常，我们使用 m 次方前馈式算法对频偏 Δf 进行估计 [30]。该方法首先计算当前符号 $E(k)$ 与前一时刻接收符号复共轭 $E^*(k-1)$ 的乘积，目的为求出前后两个时刻码元之间由频偏导致的相位差，根据公式 (3-60) 可得

$$\begin{aligned} D(k) &= E(k)\,E^*(k-1) \\ &= \exp\left\{\mathrm{j}\left[2\pi\Delta f T_{\mathrm{s}} + \left(\theta_k - \theta_{k-1}\right) + \left(n_k - n_{k-1}\right)\right]\right\} \end{aligned} \tag{3-61}$$

式中，$D(k)$ 代表乘积结果。

根据我们在 2.2.2 小节的讨论结果，相干光纤通信系统使用的外腔激光器线宽一般在 MHz 量级以下，由此导致的相位噪声变化要远慢于相位调制速率的变化 (一般为 Gbit/s 量级)，因此可认为式 (3-61) 中的相位噪声差为 0，即 $n_k \approx n_{k-1}$。其后，为求得相位差 $2\pi\Delta f T_{\mathrm{s}}$，需要对式 (3-61) 进行 m 次方处理以去除相位调制信息。以 QPSK 为例，我们知道 $\theta_k \in \{\pi/4, 3\pi/4, 5\pi/4, 7\pi/4\}$，对式 (3-61) 左右两边进行 4 次方后，由 $\exp\left[4\left(\theta_k - \theta_{k-1}\right)\right] = 1$ 可得

$$\Delta f = \frac{1}{8\pi T_{\mathrm{s}}} \arg\left\{\frac{1}{L}\sum_{k=1}^{L}\left[E(k)\,E^*(k-1)\right]^4\right\} \tag{3-62}$$

式中，$\arg\{\cdot\}$ 为求复数的幅角运算；L 代表进行累加平均的符号个数。

需要注意的是，这种 m 次方前馈式频偏估计算法适用于相位间隔相等的 mPSK 调制格式。而对高阶 QAM 调制而言，仅有一部分星座点 (如处于星座图对角线上的星座点) 具有相等的相位间隔，使用 m 次方算法进行频偏估计时会产生一定的估计误差。针对这种情况，可以使用两阶段频偏估计算法，或在相位恢复阶段采用盲相位搜索算法加以解决 [31]。

3.2.6 载波相位恢复

如 2.2.2 小节所述，由发射激光器和本振激光器线宽导致的载波相位噪声服从

高斯分布，这种损伤将使接收信号的星座点随机偏离理论位置。对单载波 PDM-EON 系统常用的 mPSK 或 mQAM 调制格式来说，由于光载波的幅度和相位都可能携带信息，这种相位噪声将造成相干接收时解调和符号判决的错误，必须在载波恢复模块使用 DSP 算法加以消除。

对于等相位编码的 mPSK 调制格式，如何消除接收信号中数据调制的影响是载波相位恢复的关键问题之一。最常用的载波相位恢复算法就是 m 次方算法，也被称为维特比–维特比相位估计 (VVPE) 算法 [32]。我们以最常用的 QPSK 调制为例说明这一过程，使用的 4 次方 VVPE 算法原理如图 3.19 所示。

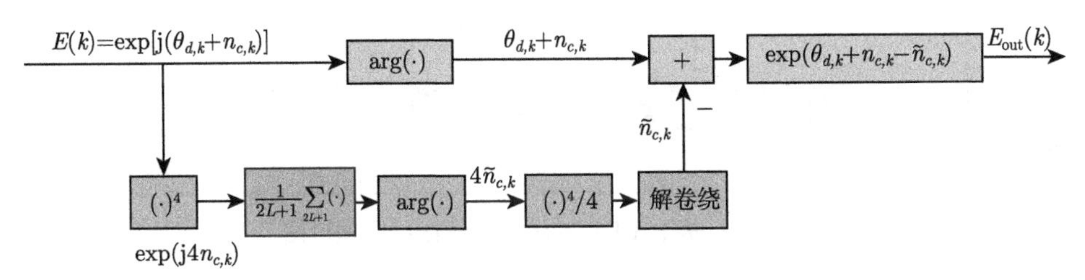

图 3.19　4 次方 VVPE 算法原理框图

在图 3.19 中，假设送入载波相位恢复模块的信号 $E(k)$ 已经进行了频偏估计，幅度为 1，只受相位噪声影响时，可表示为

$$E(k) = \exp\left[j\left(\theta_{d,k} + n_{c,k}\right)\right] \tag{3-63}$$

式中，$\theta_{d,k}$ 为 QPSK 调制后的相位，所有可能的取值集合为 $\{\pi/4, 3\pi/4, 5\pi/4, 7\pi/4\}$；$n_{c,k}$ 为由激光器线宽导致的相位噪声。

根据图 3.19 所示流程，VVPE 算法首先将接收信号 $E(k)$ 进行 4 次方操作以去除相位调制信息；然后在当前第 k 时刻的前后共取 $2L+1$ 个符号进行累加求和并求取它们的平均值；其后将该平均值的幅角除以 4，由于取幅角过程涉及相位可能发生的 2π 跳变，还需对这一幅角进行解卷绕计算得到相位噪声估计值 $\tilde{n}_{c,k}$；最后将当前第 k 个符号的相位 $\theta_{d,k} + n_{c,k}$ 减去 $\tilde{n}_{c,k}$，即可得到最终的相位恢复结果。根据上述过程，VVPE 的输出可表示为

$$E_{\text{out}}(k) = \exp\left\{j\left\{\theta_{d,k} + n_{c,k} - \frac{1}{4}\arg\left\{\frac{1}{2L+1}\sum_{i=-L}^{L}\left[E(k+i)\right]^4\right\}\right\}\right\} \tag{3-64}$$

对于任意高阶 QAM 调制格式，由于它们具有多个非等间隔的相位值，普通的 VVPE 方法不再适用。通常采用基于最小距离的盲相位搜索 BPS 算法进行高阶 QAM 格式的相位估计。BPS 算法的基本思想为 [33]：将一个有限的相角范围均分为多个相角，尝试对每一相角逐一进行判决，并计算判决后尝试星座点与理想星座

点之间的所有距离，从中选取最小距离对应的尝试相角作为当前符号的最优相位估计结果。BPS 的原理框图如图 3.20 所示。

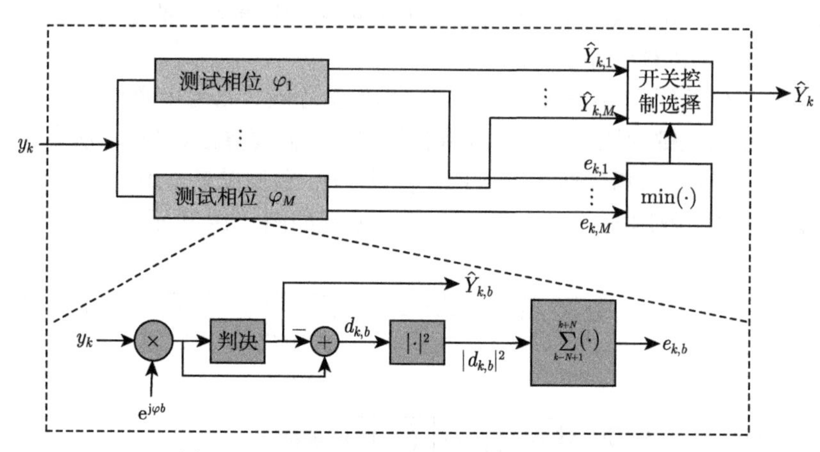

图 3.20　基于 BPS 算法的相位估计原理框图

在第 k 时刻，假设进入载波相位恢复模块的 PDM-QAM 信号 y_k 只受相位噪声影响，根据图 3.20 所示流程，BPS 首先按下列公式计算每一个测试相位 φ_b：

$$\varphi_b = \frac{b-1}{M}\cdot\gamma, \quad b=1,2,\cdots,M \tag{3-65}$$

式中，M 为测试相位总数，对 16QAM 而言，M 一般取 32；γ 为尝试的相角范围，其取值与使用的 QAM 格式有关，若为方形 QAM 调制，$\gamma=\pi/2$，否则 $\gamma=2\pi$。其后，BPS 将 y_k 旋转每一个测试相位 φ_b，并进行相应的解码判决。假设测试相位 φ_b 对应的判决输出符号为 $\hat{Y}_{k,b}$，此时计算 $\hat{Y}_{k,b}$ 与所有理想星座点的平方距离为 $|d_{k,b}|^2$。为消除接收机其他突发噪声的影响，一般在当前时刻前后各取 N 个符号，并将这 $2N+1$ 个符号的平方距离累加，对应的计算公式为

$$e_{k,b} = \sum_{i=-N}^{N} |d_{k+i,b}|^2 \tag{3-66}$$

此后，对每一测试相位均采用同样的计算步骤，可得到 M 个平方距离和 $\{e_{k,1}, e_{k,2},\cdots,e_{k,M}\}$，最终利用开关控制从中寻找到最小 $e_{k,b}$ 对应的 $\varphi_{b_{\min}}$ 作为当前的相位噪声估计结果，即最终的输出 $\hat{Y}_k$ 为 $y_k\cdot\exp(-j\varphi_{b_{\min}})$ 对应的符号判决结果。

完成载波相位恢复后，就可进行符号解码及 BER 计算以衡量相干接收 DSP 各阶段算法的效果。

3.2.7　实验验证

基于上述 DSP 均衡理论，我们利用 PDM-EON 光发射机输出的 28GBaud

PDM-QPSK 和 28GBaud PDM-16QAM 信号分别进行偏振解复用、频偏估计及相位估计等 DSP 技术的实验验证。实验系统参数如下：激光器的中心波长为 1550nm，线宽 100kHz，频偏为 MHz 量级，共发送 16384 个符号，光纤链路 DGD 为 17.85ps。对于 PDM-QPSK EON 信号，OSNR 设为 16dB，CMA 阶数为 7，$\mu=10^{-3}$，进行 4 次方频偏估计时，L =625，VVPE 的 L =4。相干接收 DSP 处理后得到的各阶段星座图如图 3.21 所示。从中可以发现，经过 CMA 偏振解复用后，两偏振的星座点均收敛至半径为 1 的圆环上 (图 3.21(b))，再经频偏估计和载波相位恢复后，X、Y 两偏振的星座点均收敛至理想位置，星座图得到了良好恢复 (图 3.21(d))，最终 BER=0。

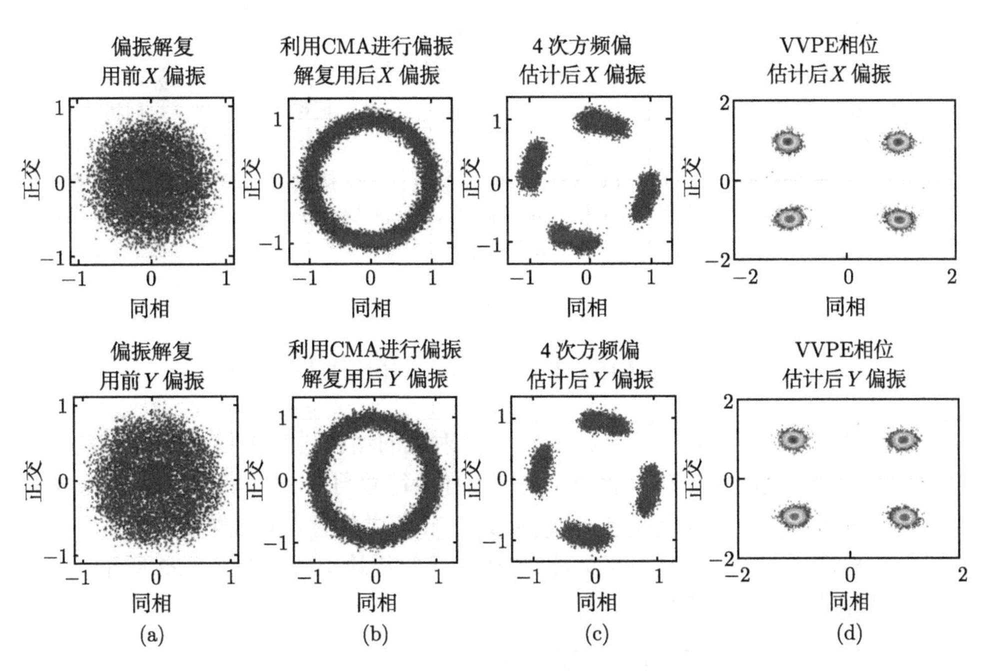

图 3.21 对 28GBaud PDM-QPSK EON 信号进行相干接收后 DSP 各阶段星座图

(a) 偏振解复用前；(b) 利用 CMA 进行偏振解复用后；(c) 4 次方频偏估计后；(d) VVPE 相位估计后

对于 PDM-16QAM EON 信号，OSNR 设为 23dB。偏振解复用时，先使用 5 阶 CMA 进行预均衡，$\mu=10^{-4}$，其后利用 15 阶 MMA 进行偏振解复用，$\mu=10^{-6}$，频偏估计时 L =625，BPS 使用的测试相位总数 $M=128$。相干接收 DSP 处理后得到的各阶段星座图如图 3.22 所示。可以看出，经过 CMA 及 MMA 偏振解复用后，两偏振的星座点均收敛至 3 个不同半径的圆环上 (图 3.22(c))，再经频偏估计和 BPS 相位恢复后，X、Y 两偏振的星座点均收敛至理想位置，星座图得到了良好恢复 (图 3.22(e))，此时 BER=0。

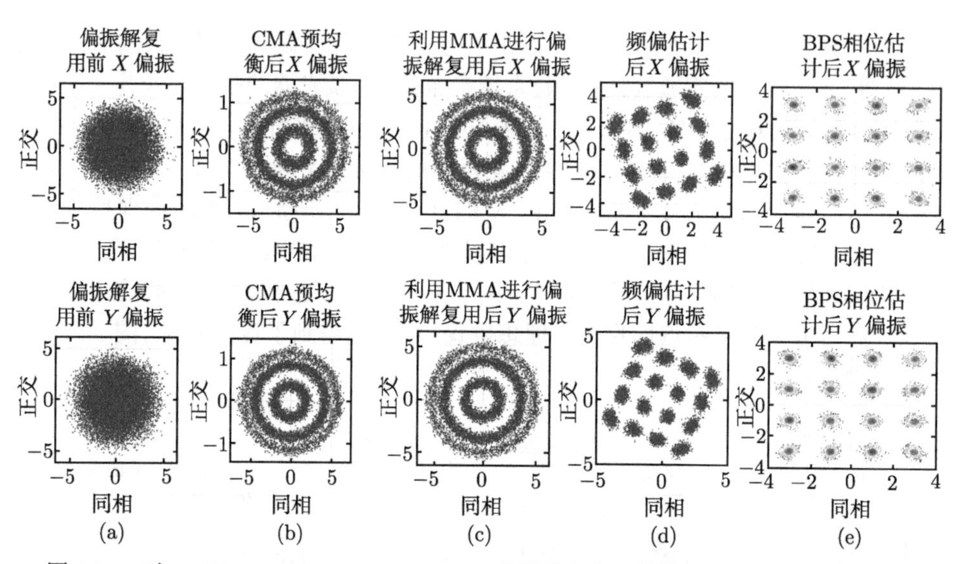

图 3.22　对 28GBaud PDM-16QAM EON 信号进行相干接收后 DSP 各阶段星座图

(a) 偏振解复用前；(b) CMA 预均衡后；(c) 利用 MMA 进行偏振解复用后；(d) 频偏估计后；(e) BPS 相位估计后

3.3　OFDM-EON 信号的相干接收

我们在 2.3.2 小节对 OFDM-EON 光发射机的结构进行了描述，本节将介绍 OFDM-EON 相干接收的 DSP 流程。这一流程由符号同步、频偏估计、去除循环前缀 (Cyclic Prefix, CP)、快速傅里叶变换 (FFT)、串并转换、偏振解复用、信道均衡及子载波相位估计、符号解码判决及 BER 计算等模块组成，如图 3.23 所示。以下我们将对各模块的功能作出简要介绍。

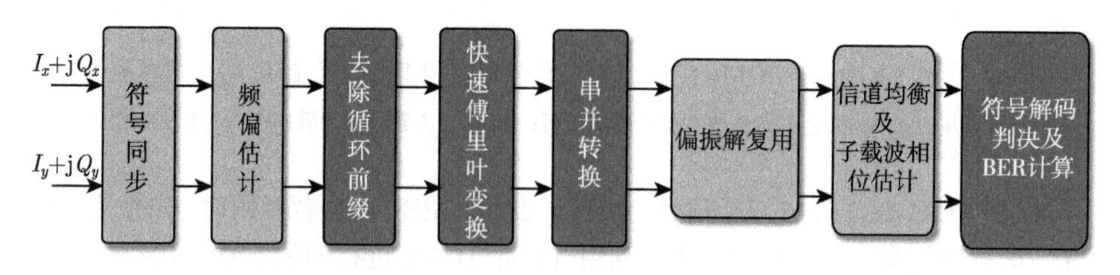

图 3.23　OFDM-EON 相干接收的 DSP 流程图

3.3.1　符号同步及频偏估计

对于接收到的 OFDM-EON 信号，首先需要使用符号同步模块确定 OFDM 符号的开始位置。通常采用在时域添加训练序列的方法 [34]，该训练序列要求前后两

部分完全相同，即

$$S_k = S_{k+N_{\mathrm{sc}}/2}, \quad k \in [1, N_{\mathrm{sc}}/2] \tag{3-67}$$

式中，N_{sc} 代表子载波数目。经光纤这种时不变信道传递后，对于这一训练序列的前后两部分只是引入了一定的相移，我们定义相关函数 $R(n)$ 表示接收到的训练序列前后两部分之间的相关性：

$$R(n) = \sum_{k=1}^{N_{\mathrm{sc}}/2} r_{k+n}^{*} r_{k+n+N_{\mathrm{sc}}/2} \tag{3-68}$$

式中，r_k 代表接收到的第 k 个训练符号。同时，符号同步模块采用如下代价函数 $M(n)$：

$$\begin{cases} M(n) = \left| R(n) / P(n) \right|^2 \\ P(n) = \left[\left(\sum_{k=1}^{N_{\mathrm{sc}}/2} \left| r_{k+n}^2 \right| \right) \left(\sum_{k=1}^{N_{\mathrm{sc}}/2} \left| r_{k+n+N_{\mathrm{sc}}/2}^2 \right| \right) \right]^{1/2} \end{cases} \tag{3-69}$$

式中，$P(n)$ 表示接收到的训练符号中前后两部分的功率乘积。最后，通过搜寻代价函数 $M(n)$ 的最大值以寻找出 OFDM-EON 符号开始的位置 $\hat{n}$，即

$$\hat{n} = \underset{\max}{\arg} \left[M(n) \right] \tag{3-70}$$

在完成符号同步的基础上，我们可利用寻找出的最优位置 $\hat{n}$ 进行频偏估计，以将每个子载波恢复到原始的中心位置，避免出现载波间串扰 ICI。进行频偏估计时，根据式 (3-68)，在 OFDM 的最优同步符号位置 $\hat{n}$ 处的相关函数计算为

$$R(\hat{n}) = \sum_{k=1}^{N_{\mathrm{sc}}/2} r_{k+\hat{n}}^{*} r_{k+\hat{n}+N_{\mathrm{sc}}/2} \tag{3-71}$$

根据式 (3-71)，可推导出频偏 $\hat{f}_{\mathrm{fre\_off}}$ 为

$$\hat{f}_{\mathrm{fre\_off}} = \frac{\Delta f}{\pi} \cdot \mathrm{angle}\left[R(\hat{n}) \right] \tag{3-72}$$

式中，angle(·) 为求复数幅角的运算；Δf 为子载波之间的固定频率间隔。

除上述方法外，还可通过将 OFDM-EON 的中心子载波置为非零实数，即通过添加导频的方法进行频偏估计 [35]，接收端利用一个低通滤波器将此导频子载波滤出后，计算出该导频对应的频率偏移即为 OFDM-EON 系统的频偏估计结果。

3.3.2　偏振解复用

根据图 3.23 所示的 DSP 处理流程，进行符号同步、频偏估计后，需要去除每一个 OFDM 符号中的 CP 以恢复出有用信息，此后将信号通过 FFT 变换至频域，再使用串并转换，将高速串行数据转换为多个低速并行子载波数据。此后，由于光纤信道中 CD、偏振效应及符号同步误差的共同影响，每一子载波星座点无法收敛至理想位置，此时必须进行偏振解复用及信道均衡才能够正确恢复出每一子载波的信息。在此，我们介绍最常用的基于训练序列进行偏振解复用的原理。

首先，我们将接收到的 OFDM-EON 信号表示为 $\boldsymbol{R}_{\text{OFDM}} = \boldsymbol{H} \cdot \boldsymbol{S} + \boldsymbol{\eta}$，其中 $\boldsymbol{R}_{\text{OFDM}} = [R_x\ \ R_y]^{\text{T}}$ 表示接收到的偏振复用信号，$\boldsymbol{S} = [S_x\ \ S_y]^{\text{T}}$ 表示发送的偏振复用信号，$\boldsymbol{H} = [H_{xx}\ \ H_{xy}; H_{yx}\ \ H_{yy}]^{\text{T}}$ 代表 PDM 系统的光纤信道传递特性，$\boldsymbol{\eta}$ 为加性高斯白噪声。为在接收端正确地计算信道的琼斯转换矩阵 $\boldsymbol{H}$，我们预先在 OFDM-EON 的发射信号中周期性地插入已知的正交训练序列 $[T_{sx}\ \ 0]$ 及 $[0\ \ T_{sy}]$[36]，其原理框图如图 3.24 所示。

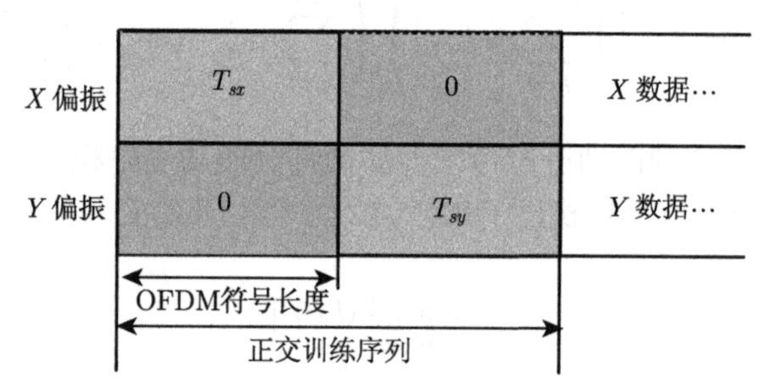

图 3.24　基于训练序列的 OFDM-EON 偏振解复用原理框图

假设光纤信道对插入的两个训练符号具有相同的时域卷积效果，在 OFDM-EON 的偏振解复用模块中，假设在接收符号的相同位置提取到的训练序列已变为 $[T_{r_1x}\ \ T_{r_2x}]$ 及 $[T_{r_1y}\ \ T_{r_2y}]$，此时按以下公式计算出琼斯转换矩阵 $\boldsymbol{H}$：

$$\boldsymbol{H} = \begin{bmatrix} T_{r_1x}/T_{sx} & T_{r_2x}/T_{sy} \\ T_{r_1y}/T_{sx} & T_{r_2y}/T_{sy} \end{bmatrix} \tag{3-73}$$

最后，将接收到的 OFDM-EON 信号 $\boldsymbol{R}_{\text{OFDM}}$ 乘以 $\boldsymbol{H}^{-1}$ 即可实现偏振解复用的目的。

3.3.3　信道均衡及子载波相位恢复

在 OFDM-EON 系统中，据统计由光纤 CD 和 PMD 引起的信号改变大约为毫秒量级 [37]，由 ADC 采样时钟偏移造成的符号同步误差大概在几十毫秒量级，由激光器线宽引入的相位噪声变化在微秒量级。因此在 OFDM-EON 信号的相干接收 DSP 流程中，通常使用基于训练符号的方法对光纤色散效应及符号同步误差等信道损伤进行均衡，同时利用多个导频子载波实现对每一子载波的相位恢复。

假设待发射的 OFDM-EON 信号共有 N_{sc} 个子载波，N_f 个 OFDM 符号，发射端插入训练符号 (进行符号同步、信道估计及偏振解复用)、导频子载波 (用于相位恢复) 后 X 偏振的帧结构如图 3.25 所示，Y 偏振的帧结构与此相同，不再赘述。

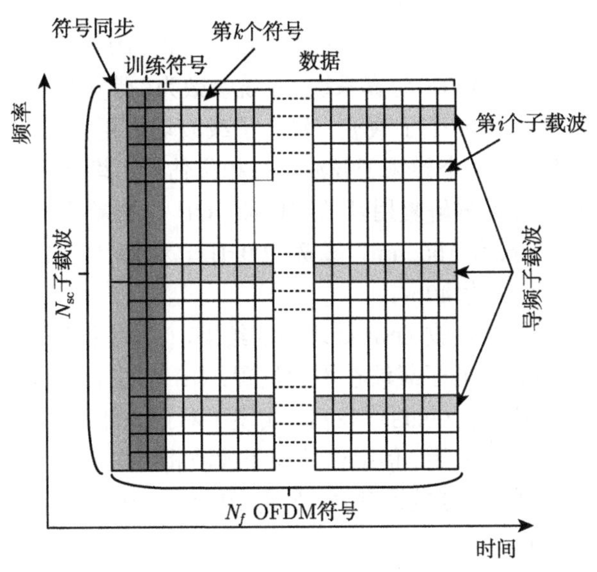

图 3.25 对 OFDM-EON X 偏振信号插入训练符号及导频子载波后的帧结构

在图 3.25 所示帧结构中，我们可发现训练符号均匀分布在所有子载波上以估计出所有频率处的信道响应。这种基于训练符号的第 k 个子载波信道传递函数 $\hat{H}_k$ 可用如下公式计算：

$$\hat{H}_k = \sum_{i=1}^{p_n} \exp\left[-\mathrm{j}\,\mathrm{angle}\left(r_{k_1 i}\right) r_{ki}/s_{ki}\right] \tag{3-74}$$

式中，p_n 为使用的导频符号总个数；$\mathrm{angle}(r_{k_1 i})$ 为在第 i 个 OFDM 符号中第 k_1 个子载波 $r_{k_1 i}$ 的幅角；r_{ki} 为接收到的导频子载波符号；s_{ki} 为发送的导频子载波符号。

同时，发射端通常也使用一定数量的导频子载波用于子载波的相位估计，如图 3.25 所示。对 OFDM-EON 信号接收时，子载波相位恢复模块在相应导频位置上进行接收符号与发射符号的相位对比，将该相位的平均变化作为激光器的相位噪声加以滤除。这种基于最大似然估计准则的相位噪声计算公式可写为 [37]

$$\hat{\phi}_i = \mathrm{angle}\left[\sum_{k=1}^{N_P}\left(R_{ki}\hat{H}_k S_{ki}/\delta_k^2\right)\right] \tag{3-75}$$

式中，N_P 为使用的导频子载波数量；R_{ki} 及 S_{ki} 分别表示接收及相应发射的导频子载波；δ_k 为每个子载波上高斯白噪声的标准差。

对每一子载波进行信道估计及相位恢复后，就可进行符号解码及 BER 计算，从而对 OFDM-EON 系统相干接收 DSP 各阶段的均衡性能进行评估。

3.3.4　仿真验证

为验证上述 DSP 算法效果，我们利用 Matlab 和 VPI Transmission Marker 9.0 软件搭建了 PDM OFDM-EON 仿真系统。系统参数为：带宽为 28GHz，共使用 256 个子载波，有效数据为 128 个子载波，每个子载波均采用 16QAM 调制，利用中心子载波进行频偏估计，4 个导频子载波进行相位估计，其余子载波补零，同时使用 454 个训练符号进行偏振解复用及信道估计，CP 占据整个 OFDM 符号周期的 1/8，激光器的中心波长为 1550nm，线宽 100kHz，频偏 100MHz，OSNR 设定为 23dB，光纤链路的 DGD 为 40ps。

图 3.26 给出了经相干接收 DSP 处理后的结果，(a) 为未添加频偏时的 OFDM-EON 频谱图，可以发现中心子载波在零频位置；(b) 为进行频偏估计后的频谱图，此时中心子载波已经移动至 99.98MHz 处，实现了对预先加入的 100MHz 频偏的精确估计；(c) 为经过偏振解复用、信道估计和子载波相位恢复后 X 偏振子载波的星座图，可以看出此时相位恢复效果良好，最终 $\mathrm{BER} = 2.91 \times 10^{-3}$，已经在 7%FEC 阈值 (3.8×10^{-3}) 以下。

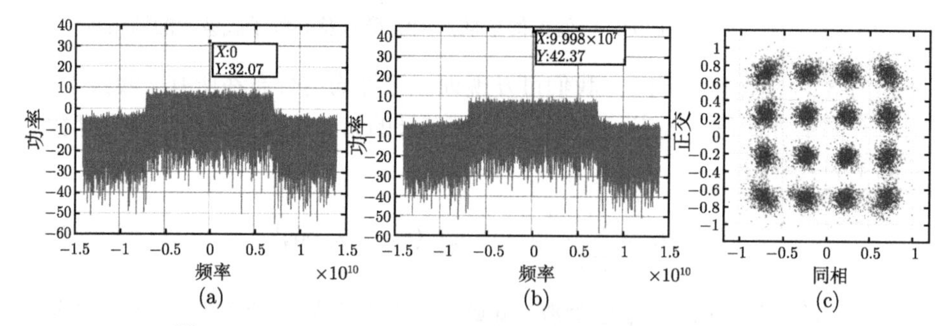

图 3.26　PDM OFDM-EON 系统相干接收 DSP 处理结果

(a) 未添加频偏时发射光信号频谱；(b) 频偏估计结果；(c) 经偏振解复用、信道估计及子载波相位恢复后 X 偏振的星座图

3.4　本 章 小 结

本章首先重点进行了光纤信道的偏振效应理论研究，包括 RSOP、PDL 及 PMD 等，以及偏振控制器模型；此后详细研究了单载波 EON 系统的各种相干接收 DSP

技术，包括正交化、CD 补偿、Kerr 非线性效应补偿、偏振解复用、载波频偏和相位估计算法等，并给出了相应的仿真和实验结果；最后简要阐述了 OFDM-EON 系统相干接收常用的 DSP 算法，包括符号同步、频偏估计、偏振解复用、信道均衡及子载波相位恢复等。本章的重点为偏振效应机理及 EON 系统的相干接收 DSP 均衡算法，为后续章节 EON 参数辨识及偏振损伤均衡研究的展开奠定了坚实的理论基础。

参 考 文 献

[1] Zhou X, Xie C. Enabling Technologies for High Spectral-Efficiency Coherent Optical Communication Networks[M]. New York: John Wiley & Sons Inc., 2016.

[2] 张晓光, 唐先锋. 光纤偏振模色散原理、测量与自适应补偿技术 [M]. 北京: 北京邮电大学出版社, 2017.

[3] Jiang W, Zhang Q, Cao G, et al. Blind and simultaneous polarization and phase recovery for time domain hybrid QAM signals based on extended Kalman filtering [C] // Asia Communications and Photonics Conference 2015, Hong Kong:Optical Society of America, 2015: AS4F.2.

[4] Stokes G G. On the Composition and resolution of streams of polarized light from different sources [J]. Transactions of the Cambridge Philosophical Society, 1852, 9: 399-416.

[5] Poincaré H. Théorie Mathématique de la Lumiere [M]. Paris: Gauthier Villars, 1892.

[6] 张晓光. 光纤偏振模色散自适应补偿系统的研究 [D]. 北京: 北京邮电大学, 2004.

[7] Damask J N. Polarization Optics in Telecommunications [M]. New York: Springer, 2005.

[8] Krummrich P M, Kotten K. Extremely fast (microsecond timescale) polarization changes in high speed long haul WDM transmission systems [C] // Optical Fiber Communication Conference, Los Angeles, California:Optical Society of America, 2004: FI3.

[9] Krummrich P M, Ronnenberg D, Schairer W, et al. Demanding response time requirements on coherent receivers due to fast polarization rotations caused by lightning events [J]. Optics Express, 2016, 24(11): 12442-12457.

[10] Charlton D, Clarke S, Doucet D, et al. Field measurements of SOP transients in OPGW, with time and location correlation to lightning strikes [J]. Optics Express, 2017, 25(9): 9689-9696.

[11] Muga N J, Pinto A N. Adaptive 3-D Stokes space-based polarization demultiplexing algorithm [J]. Journal of Lightwave Technology, 2014, 32(19): 3290-3298.

[12] General P. MPC-Polarization Controller [EB/OL]. http://www.generalphotonics.com/index.php/product/mpc-polarization-controller/.

[13] Zhang X, Zheng Y. The number of least degrees of freedom required for a polarization

controller to transform any state of polarization to any other output covering the entire Poincaré sphere [J]. Chinese Physics B, 2008, 17(7): 2509.

[14] Muga N J, Pinto A N. Digital PDL compensation in 3D Stokes space [J]. Journal of Lightwave Technology, 2013, 31(13): 2122-2130.

[15] Poole C D, Bergano N S, Wagner R E, et al. Polarization dispersion and principal states in a 147-km undersea lightwave cable [J]. Journal of Lightwave Technology, 1988, 6(7): 1185-1190.

[16] Xie C, Möller L. The accuracy assessment of different polarization mode dispersion models [J]. Optical Fiber Technology, 2006, 12(2): 101-109.

[17] 周娴. 100Gbps PM-(D)QPSK 相干光传输系统 DSP 算法研究 [D]. 北京: 北京邮电大学, 2011.

[18] Fatadin I, Savory S J, Ives D. Compensation of quadrature imbalance in an optical QPSK coherent receiver [J]. IEEE Photonics Technology Letters, 2008, 20(20): 1733-1735.

[19] Mayer I. On Löwdin's method of symmetric orthogonalization [J]. International Journal of Quantum Chemistry, 2002, 90(1):63-65.

[20] Faruk M S, Savory S J. Digital signal processing for coherent transceivers employing multilevel formats [J]. Journal of Lightwave Technology, 2017, 35(5): 1125-1141.

[21] Savory S. Enabling Technologies for High Spectral-Efficiency Coherent Optical Communication Networks[M]. New York: John Wiley & Sons Inc., 2016: 311-332.

[22] Kudo R, Kobayashi T, Ishihara K, et al. Coherent optical single carrier transmission using overlap frequency domain equalization for long-haul optical systems [J]. Journal of Lightwave Technology, 2009, 27(16): 3721-3728.

[23] Amari A, Dobre O A, Venkatesan R, et al. A Survey on fiber nonlinearity compensation for 400 Gb/s and beyond optical communication systems [J]. IEEE Communications Surveys & Tutorials, 2017, 19(4): 3097-3113.

[24] Ip E, Kahn J M. Compensation of dispersion and nonlinear impairments using digital backpropagation [J]. Journal of Lightwave Technology, 2008, 26(20): 3416-3425.

[25] Kikuchi K. Performance analyses of polarization demultiplexing based on constant-modulus algorithm in digital coherent optical receivers [J]. Optics Express, 2011, 19(10): 9868-9880.

[26] Jian Y, Werner J J, Dumont G A. The multimodulus blind equalization and its generalized algorithms [J]. IEEE Journal on Selected Areas in Communications, 2002, 20(5): 997-1015.

[27] Kikuchi K. Fundamentals of coherent optical fiber communications [J]. Journal of Lightwave Technology, 2016, 34(1): 157-179.

[28] Ready M J, Gooch R P. Blind equalization based on radius directed adaptation [C] // International Conference on Acoustics, Speech, and Signal Processing, Al-

buquerque, NM, USA, 1990: 1699-1702 vol.1693.

[29] Xu H, Zhang X, Tang X, et al. Joint scheme of dynamic polarization demultiplexing and PMD compensation up to second order for flexible receivers [J]. IEEE Photonics Journal, 2017, 9(6): 1-15.

[30] Leven A, Kaneda N, Koc U V, et al. Frequency estimation in intradyne reception [J]. IEEE Photonics Technology Letters, 2007, 19(6): 366-368.

[31] Xiang Z. Efficient clock and carrier recovery algorithms for single-carrier coherent optical systems: a systematic review on challenges and recent progress [J]. IEEE Signal Processing Magazine, 2014, 31(2): 35-45.

[32] Viterbi A J, Viterbi A M. The Foundations of the Digital Wireless World[M]. Bangalore, India: Co-Published with Indian Institute of Science (IISc), 2011: 31-39.

[33] Pfau T, Hoffmann S, Noé R. Hardware-efficient coherent digital receiver concept with feedforward carrier recovery for M-QAM constellations [J]. Journal of Lightwave Technology, 2009, 27(8): 989-999.

[34] Schmidl T M, Cox D C. Robust frequency and timing synchronization for OFDM [J]. IEEE Transactions on Communications, 1997, 45(12): 1613-1621.

[35] Buchali F, Dischler R, Mayrock M, et al. Improved frequency offset correction in coherent optical OFDM systems [C] // 2008 34th European Conference on Optical Communication Brusseis, 2008: Mo.4.D.4.

[36] Jansen S L, Morita I, Schenk T C, et al. Long-haul transmission of 16×52.5Gbits/s polarization-division-multiplexed OFDM enabled by MIMO processing [Invited] [J]. Journal of Optical Networking, 2008, 7(2): 173-182.

[37] Shieh W, Djordjevic I. Orthogonal Frequency Division Multiplexing for Optical Communications [M]. London: Academic Press, 2010.

第 4 章　弹性光网络参数智能辨识技术

对单载波及多载波弹性收发机而言，它们可以根据光纤传输距离、链路 OSNR、用户流量的动态变化等自适应地改变发射信号的符号率、调制格式或子载波间隔等光发射机的重要参数 [1-5]，因而这种收发机将在下一代弹性光网络 (EON) 中扮演关键角色。实际上，应用这种弹性收发技术后，无论是在 EON 关键中间节点进行光信号传输路径的实时性能监测，还是相干接收端信号的正确解调和判决，都需要获知这些参数信息才能完成。现有光性能监测及相干接收技术均认为这些参数已知且固定不变，不能适应 EON 光路一直动态变化的场景。因此，进行 EON 发射信号的智能参数辨识研究，无疑将具有重要的理论和实践意义。

本章内容主要针对 OFDM-EON 的参数进行智能辨识研究。4.1 节为研究背景介绍。4.2 节进行 EON 的带宽参数辨识研究，以 OFDM-EON 为例提出一种新颖的 EON 智能带宽辨识方案 [6]。该方案可分三个阶段进行：功率谱估计、基于经验模式分解 (Empirical Mode Decomposition, EMD) 的自适应噪声滤波，以及基于滑动窗口的带宽辨识。在 4.3 节中，我们提出基于四阶循环累积量的子载波数量盲辨识方案，并利用仿真和实验进行验证。其后，4.4 节针对 OFDM-EON 的子载波调制格式辨识进行重点研究，分别提出基于信号模均方值以及基于 BPSK 训练符号的调制格式辨识方案，并进行相关验证。4.5 节为本章小结。

4.1　研 究 背 景

单载波及多载波弹性收发机的重要参数包括带宽 (波特率)、调制格式、FEC 比率、子载波数量及间隔等。在以下内容中，我们以最具应用前景的 OFDM-EON 系统为例，进行参数智能辨识研究。在中间节点进行光性能监测或相干接收时，我们知道 OFDM-EON 信号的带宽为其占据的频谱宽度，这一参数与子载波间隔及每一子载波的带宽紧密相关。在 OFDM-EON 的所有重要参数均未知的情况下，必须首先进行带宽参数辨识，这是下一步进行 EON 其余参数辨识的基础。只有获知了带宽信息，OFDM-EON 相干接收机才能够正确地设置接收带宽。此外，根据式 (4-1) 描述的带宽 B_{OFDM} 与子载波数量 N_{sc} 之间的关系，带宽参数的智能辨识也为下一步进行 OFDM-EON 的子载波数量及间隔的辨识奠定了良好基础。

$$B_{\mathrm{OFDM}} = \frac{2}{T_{\mathrm{s}}} + \frac{N_{\mathrm{sc}} - 1}{t_{\mathrm{s}}} \tag{4-1}$$

式中，T_s 及 t_s 分别表示 OFDM 符号周期及观察周期，如第 2 章图 2.19 所示。

为进行 OFDM-EON 带宽参数的智能辨识，我们首先介绍信号带宽的基本概念。在通信及信号处理领域，带宽是指在信号连续频谱上最高与最低频率之间的差值，即“频带宽度”，单位为赫兹 (Hz)，定义的这种带宽也被称为“绝对带宽”。在光纤通信领域的实际应用中，进行电频谱或光频谱测量时，由于电 (光) 频谱仪在所有频率范围内并不是完全平坦的响应，都会在高频处表现出低通衰减效应，因此通常将峰值功率衰减 3dB(即下降为峰值功率的 1/2 处) 时对应的频谱宽度作为信号的“3dB 带宽”[7]，相应的示意图如图 4.1 所示。为便于和仪器测量结果一致，我们在以下 EON 带宽参数辨识的内容中提到的带宽均指 3dB 带宽。

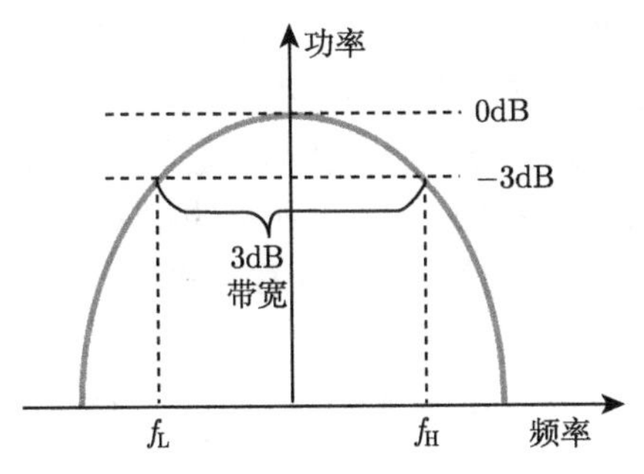

图 4.1　3dB 带宽的原理示意图

图 4.1 中，f_L 为下限截止频率，f_H 为上限截止频率，得到的 3dB 带宽 f_B 的计算公式为

$$f_B = f_H - f_L \tag{4-2}$$

从普遍意义上讲，我们可以在 OFDM-EON 中间节点或接收端使用光谱仪 (Optical Spectrum Analyzer，OSA) 进行频谱测量以获取带宽信息。但是目前普遍使用的 OSA 分辨率一般在 0.01nm 左右 (对应 1.25GHz)，这种低分辨率 OSA 在测量窄带信号时误差较大。此外，由于 OSA 是一种包括许多光学器件和电子元件的精密设备，进行带宽测量只是 OSA 的基础功能之一，如果在 EON 无数多个中间节点和接收端大规模使用这种昂贵设备，导致的巨大成本对运营商来说显然是无法承受的。因此，OSA 不适用于 EON 动态场景下的带宽辨识，我们必须利用 DSP 技术在 EON 中间节点或相干接收端智能完成。

对 EON 信号的带宽参数智能辨识而言，其难点和关键为: 需要在考虑 ASE 噪声的情况下，能够自适应判断出 3dB 带宽的上下限截止频率 f_L 及 f_H。在无线通信领域，Liu 等基于过采样因子和有用数据长度进行了 OFDM 信号的带宽估计，运算量较大 [8]；在光纤通信领域，波特率 (符号率) 估计方法可以分为基于 PSD 标准差和基于循环平稳特性两类。以下我们先对这两类方法进行简要概述。

1) 基于 PSD 标准差进行 mPSK 及 QAM 格式的波特率估计 [9]

该方法首先根据二阶非中心矩计算接收信号的 PSD 标准差 σ，计算公式为

$$\sigma = \frac{\displaystyle\int (f-\mu)^2 S(f)\,\mathrm{d}f}{\displaystyle\int S(f)\,\mathrm{d}f} \tag{4-3}$$

式中，f 代表频率成分；μ 为测量中频的频谱均值；$S(f)$ 为在频率 f 处的功率谱密度。其后，该方法利用预先测量的查找表 (LUT) 法，将频谱标准差的测量值转换为对应的波特率。

2) 基于循环平稳特性的 Nyquist 波分复用系统波特率估计 [10]

由于线性调制信号都具有二阶循环平稳特性，这种循环平稳信号在其自相关函数中表现出等于符号周期 T_b 的时间周期性。定义信号的频谱相关函数 (SCF) 为由循环频率 α 分开的频谱分量之间幅度及相位的相关密度测量值，这种 SCF 呈现出基频等于符号率 $F_b=1/T_b$ 的特性，其计算公式为

$$\hat{S}_{XT}^{\alpha}(t,f) = \frac{1}{T}X_T\left(t, f+\frac{\alpha}{2}\right)\cdot X_T^{*}\left(t, f-\frac{\alpha}{2}\right) \tag{4-4}$$

式中，T 为任意观察时间；$X_T(f)$ 为接收信号 $x(t)$ 的 FFT 变换。该方法将 $\hat{S}_{XT}^{\alpha=F_b}(t,f)$ 作为第一个循环频谱。

随着光网络从当前固定频谱间隔的波分复用系统向下一代灵活可配置、可重构的 EON 架构演进 [11,12]，上述两种波特率估计方法将面临以下难以解决的问题：对基于 PSD 标准差的估计方法，事先需要在不同 OSNR 条件下计算不同波特率 EON 接收信号的 PSD 标准差，这种巨大的运算量对于 EON 一直动态变化的带宽场景几乎是无法完成的任务；对于基于循环平稳特性的方法，在 ADC 采样前需要使用具有大带宽的抗混叠滤波器进行预滤波，以及至少 2^{19} 个样点才能达到 100% 估计精度，这种方法的缺陷是硬件成本高，运算量大，此外光纤链路中的 CD 损伤也影响了 SCF 结果的准确性。

此外，目前针对 EON 调制格式的辨识，已提出的方案可分为 4 类：数据辅助辨识方案 [13]、基于数学特征的辨识方案 [14−16]、基于人工智能算法的辨识 [17,18]、基于物理层特征和光波导的辨识方案等 [19,20]。需要注意的是，这些调制格式辨识方案主要应用于单载波 EON 调制格式的辨识上。由于 OFDM-EON 每一子载波的调制格式均随光纤链路的 OSNR 或用户流量的不同需求而动态改变，而不能保持固定，这些单载波辨识方案无法从 OFDM-EON 接收信号中提取出标定每一子载波调制格式的数学及物理特征，也无法利用面向单载波 EON 调制格式辨识的人工智能算法预先进行大量的样本训练。

为解决上述 EON 带宽参数、子载波数量和调制格式的辨识问题，我们以 OFDM-EON 系统为例，采取仿真分析与实验验证结合的方式，构建了 OFDM-EON 多载波传输实验平台，归纳出与带宽、子载波数量及调制格式均无关的关键辨识特征，提出了多种 OFDM-EON 系统带宽、子载波数量及调制格式盲辨识方案。以下将详细介绍这些方案的工作原理。

4.2 OFDM-EON 带宽盲辨识技术

为简化问题并不失一般性，我们以单偏振 OFDM-EON 系统为例说明所提出的 OFDM-EON 带宽智能辨识原理。

假设 OFDM-EON 的接收信号为 $r(t)$，可表示为

$$r(t) = \mathrm{e}^{\mathrm{j}(2\pi\cdot\Delta f\cdot t+\Delta\phi)}\cdot E_{\text{baseband}}(t)\otimes h(t) \tag{4-5}$$

其中，Δf 及 $\Delta\phi$ 分别代表光发射机激光器与本振激光器之间的频偏和相位噪声；$E_{\text{baseband}}(t)$ 表示发射的 OFDM-EON 信号；$h(t)$ 代表光纤信道的脉冲响应函数；$\otimes$ 为卷积运算符号。

在此基础上，进行 OFDM-EON 带宽辨识的目标，即当 OFDM-EON 的带宽参数动态调整时，使用最少的采样点数估计接收信号 $r(t)$ 的带宽以辨识出发射信号 $E_{\text{baseband}}(t)$ 的真实带宽，并且这种方案不需要额外的查找表或抗混叠滤波器。

为详细阐述这种带宽辨识方案，我们利用 Matlab 构建的 OFDM-EON 仿真传输系统如图 4.2 所示。在 OFDM-EON 发射端，总计 32768 个符号被平均分给 64 个子载波，循环前缀设定为占整个 OFDM 符号周期的 1/9。为仿真 EON 的动态场景，将 QPSK、16QAM 和 64QAM 三种调制格式随机分配至每一子载波中，DAC 内部使用 RRC 滤波器进行 I 路和 Q 路脉冲成型，此后将 RF 信号经低

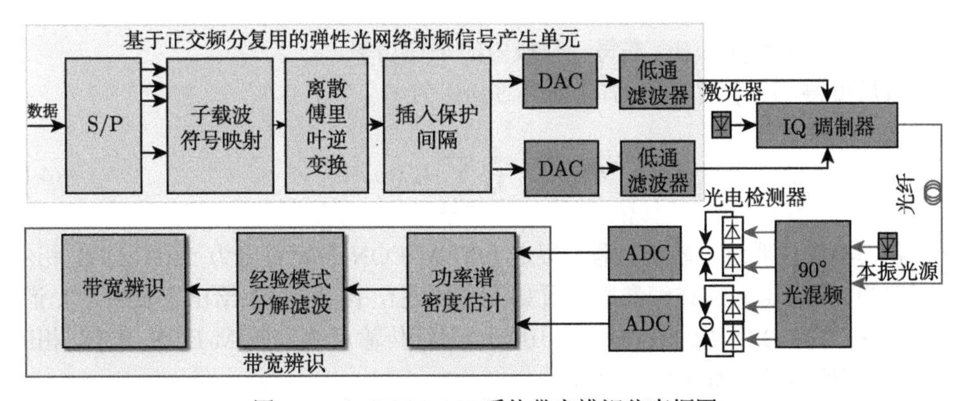

图 4.2 OFDM-EON 系统带宽辨识仿真框图

通滤波器送入 IQ 调制器进行电光调制。激光器中心波长为 1550.12nm，色散系数为 16.75ps/(nm·km)，线宽 100kHz。光发射机输出的 OFDM-EON 信号经标准单模光纤传输后进行相干接收，ADC 带宽为 36GHz，采样率为 80GS/s。

4.2.1　带宽辨识原理

我们提出的 OFDM-EON 带宽参数智能辨识方案可分为功率谱估计、基于经验模式分解 (EMD) 的自适应滤波及带宽辨识三个阶段，原理框图如图 4.3 所示。下面将详细描述每一阶段的工作原理。

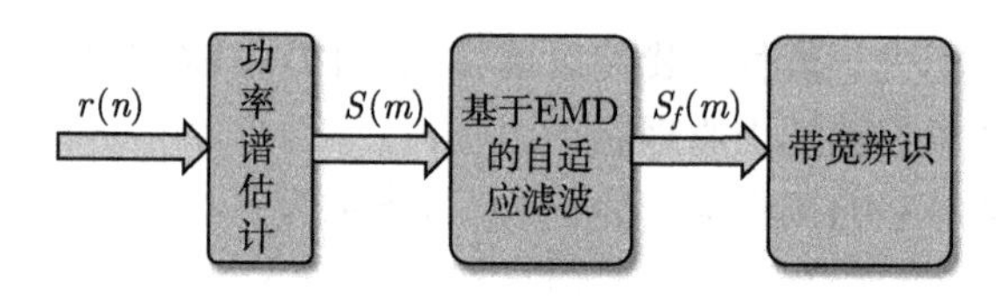

图 4.3　OFDM-EON 带宽参数辨识方案框图

由于功率谱密度 (PSD) 在较宽范围内包含了信号的功率信息，并且接收的数字信号 $r(n)$ 可被看作是具有特定统计特性的随机信号，我们首先使用一种非参数化方法进行 PSD 估计 [21, 22]。

假设接收信号 $r(n)$ 的样值总数为 N，首先将 $r(n)$ 分解为 K 个重叠段，每个数据分段长度为 L，则第 k 个分段 $r_k(n)$ 的傅里叶变换结果为

$$R_k(m)=\sum_{n=0}^{L-1} r_k(n)\, w(n)\, \mathrm{e}^{-\mathrm{j}\frac{2\pi}{L}nm} \tag{4-6}$$

式中，$w(n)$ 为加窗函数。

此后，可得到 $R_k(m)$ 的周期图谱 $I_k(m)$ 为

$$I_k(m)=\frac{1}{LP}\left|R_k(m)\right|^2,\quad k=1,2,\cdots,K \tag{4-7}$$

式中，P 代表窗函数 $w(n)$ 在每一分段内的平均功率。

最后可得，$r(n)$ 的 PSD 估计结果 $S(m)$ 为

$$S(m)=\frac{1}{K}\sum_{k=1}^{K} I_k(m) \tag{4-8}$$

我们举例说明这一转换过程。假定 OFDM-EON 带宽设定为 28GHz 时，相应比特率为 101.1Gbit/s(详细参数设置如上文所述)，图 4.4 (a) 给出了发射端光谱，图 4.4 (b) 为在 OSNR 20dB 时，经 100km 光纤传输后的 OFDM-EON 光谱，相应的 PSD 估计结果如图 4.4 (c) 所示。

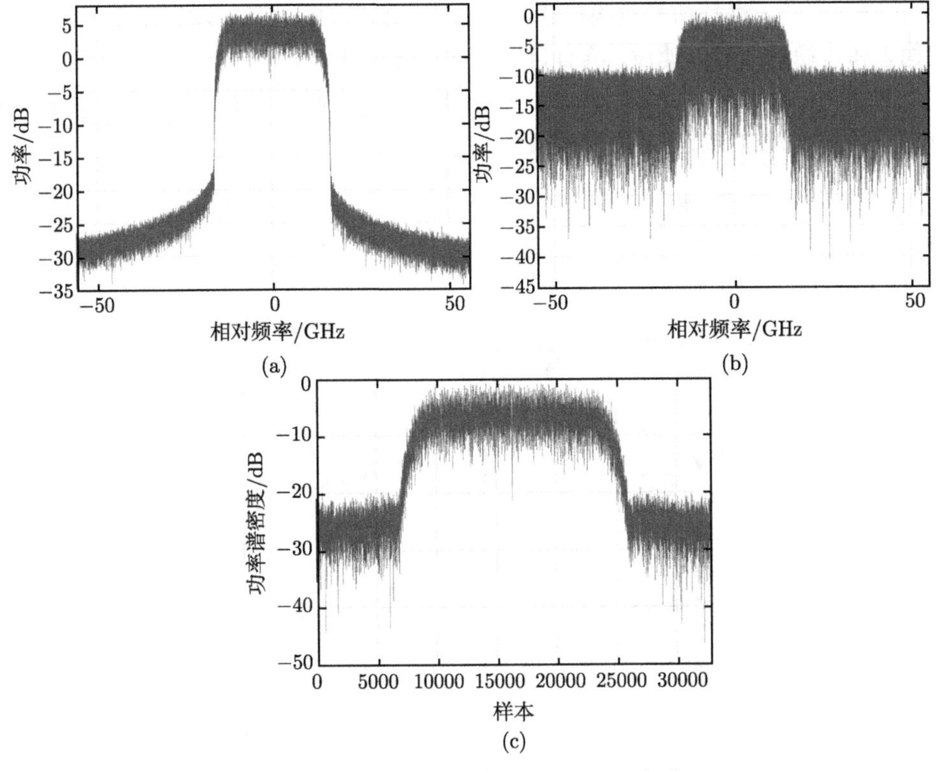

图 4.4 101.1Gbit/s OFDM-EON 光谱

(a) 发射端光谱；(b) OSNR 为 20dB 时，经 100km 光纤传输后的光谱；(c) 对应的 PSD 估计结果

4.2.1.1 基于 EMD 的自适应噪声滤波

OFDM-EON 信号在光纤传输过程中易受各种噪声的影响，比如由 EDFA 引入的 ASE 噪声、光电探测器引入的热噪声及 ADC 引入的量化噪声等。为提高带宽估计的精度，需使用滤波器消除 PSD 估计结果中噪声的影响。由于传统滤波器必须在提前获知带宽参数的情况下才可使用，所以无法应用于这种 EON 的带宽辨识场景中。

本方案首次将 EMD 方法应用于 OFDM-EON 的带宽辨识中。基于 EMD 的滤波方法是一种具有自适应带宽、非线性、由数据自身驱动的滤波方法 [23]。与传统滤波方法相比，EMD 滤波方法使用源自含噪信号自身推导出的本征模函数 (Intrinsic Mode Function，IMF) 作为基函数。IMF 函数的定义为 [23]：① 在整个信号长度区间内，极值点数量必须等于过零点数量或最多相差 1 个；② 在整个信号范围内，由极大值点连接形成的信号上包络必须与由极小值点连接形成的信号下包络关于时间轴镜像对称。EMD 滤波方法通过将含噪信号分解为多个 IMF 后，选择其中最重要的一部分 IMF 进行信号重构以达到滤除噪声的目的。这种方法适用于含有噪声的稳态和非稳态信号的滤波，具有自适应性和鲁棒性。

假设上一阶段 PSD 估计的结果 $S(m)$ 共有 N_s 个样值，以下内容为基于 EMD 自适应滤波的详细步骤，其流程如图 4.5 所示。

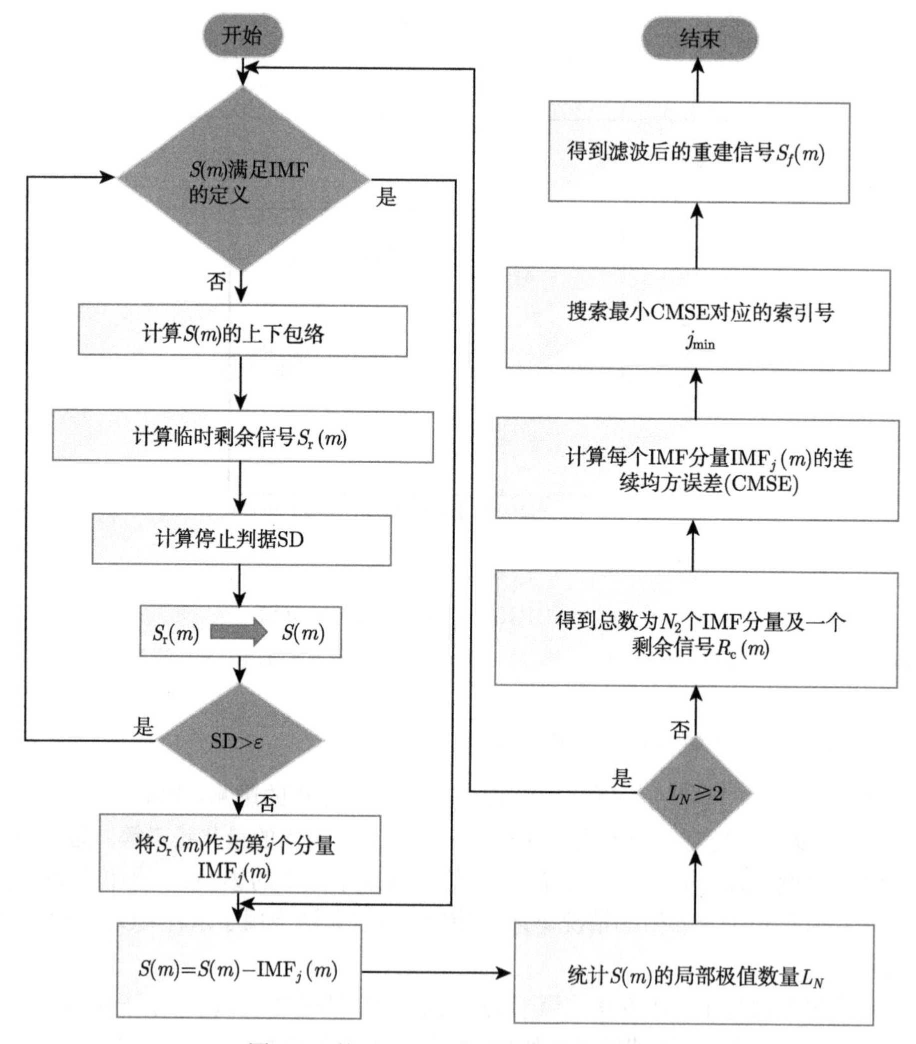

图 4.5　基于 EMD 自适应滤波的流程图

步骤 1：判断 $S(m)$ 是否满足 IMF 函数的定义，若不满足继续以下步骤 2，否则跳至步骤 6。

步骤 2：搜索 $S(m)$ 所有极大值和极小值点，利用三次差值方法将它们连接起来分别得到上包络 $E_{\rm upp}(m)$ 及下包络 $E_{\rm low}(m)$。

步骤 3：利用以下公式计算临时剩余信号 $S_{\rm r}(m)$：

$$S_{\rm r}(m) = S(m) - \frac{1}{2}\left[E_{\rm upp}(m) + E_{\rm low}(m)\right] \tag{4-9}$$

步骤 4：利用以下公式计算停止判据 SD，其后将 $S_{\rm r}(m)$ 赋值给 $S(m)$。

$$\mathrm{SD} = \frac{\sum\limits_{m=1}^{N_{\rm S}} \left[S(m) - S_{\rm r}(m)\right]^2}{\sum\limits_{m=1}^{N_{\rm S}} S^2(m)} \tag{4-10}$$

步骤 5：假定 ε 代表停止判据的阈值，若 SD$>\varepsilon$，重复以上步骤 1～ 步骤 4，否则将 $S_{\rm r}(m)$ 看作第 j 个分量 $\mathrm{IMF}_j(m)$。

步骤 6：由以下公式更新 $S(m)$，并跳转至步骤 1。

$$S(m) = S(m) - \mathrm{IMF}_j(m) \tag{4-11}$$

步骤 7：确定 $S(m)$ 的局部极值数量 L_N。若 $L_N \geqslant 2$，跳至步骤 1，否则继续以下步骤 8。

步骤 8：得到总数为 N_2 的所有 IMF 分量以及剩余信号 $R_{\rm c}(m)$，由公式 (4-12) 计算连续均方误差 (Consecutive Mean Square Error，CMSE)，并根据公式 (4-13) 搜索最小 CMSE 对应的索引号 $j_{\min}$。

$$\mathrm{CMSE}_j = \frac{1}{N_1}\sum_{m=1}^{N_1}\left[\mathrm{IMF}_j(m)\right]^2, \quad j = 1, 2, \cdots, N_2 \tag{4-12}$$

$$j_{\min} = \underbrace{\arg}_{1\leqslant j\leqslant N_2-1} \min\left(\mathrm{CMSE}_j\right) \tag{4-13}$$

步骤 9：滤波后的信号，即重建信号由以下公式计算：

$$S_f(m) = \sum_{j=j_{\min}}^{N_2} \mathrm{IMF}_j(m) + R_{\rm c}(m) \tag{4-14}$$

我们继续以上述 101.1Gbit/s OFDM-EON 系统为例，将带有噪声的 PSD 信号进行基于 EMD 的自适应噪声滤波，其结果如图 4.6 所示。可以发现，这一 PSD 信号被自适应地分解成 12 个 IMF 分量和 1 个剩余信号 $R_{\rm c}$，在此例中经过计算 $j_{\min} = 9$，即滤波后的 PSD 信号 $S_f(m) = \sum\limits_{j=9}^{12} \mathrm{IMF}_j(m) + R_{\rm c}(m)$。

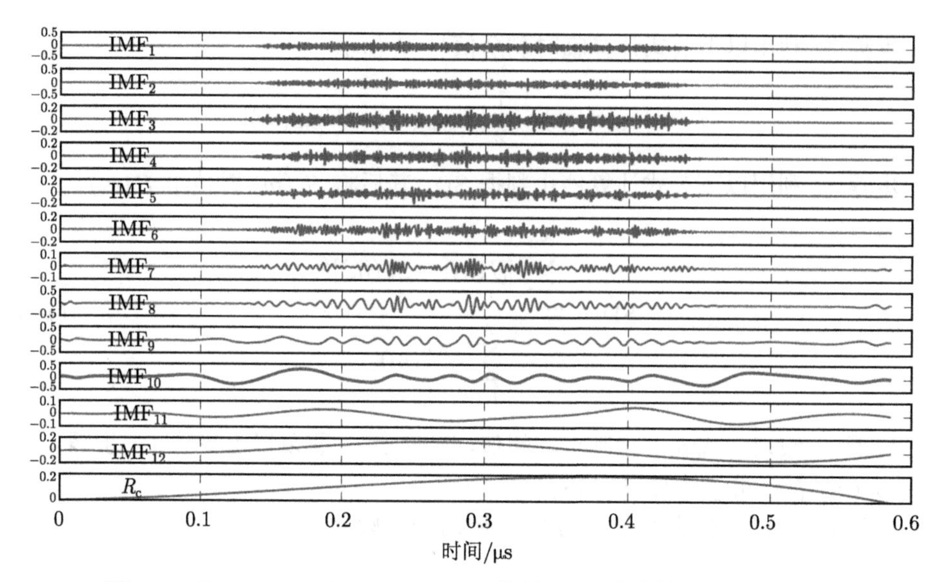

图 4.6 对 101.1Gbit/s OFDM-EON 信号 PSD 估计的 EMD 分解结果

4.2.1.2 基于滑动窗口的带宽辨识

如前文所述，对于滤波后的 OFDM-EON PSD 信号，其关键为能够自适应判断出 PSD 信号的起始和截止位置，即 3dB 带宽的上下限截止频率。为解决这一问题，我们提出了一种智能带宽辨识算法，它使用一个滑动窗口遍历上一阶段滤波后的 PSD 信号，以搜寻符合带宽边界特征的起始和截止位置，其原理框图如图 4.7 所示。

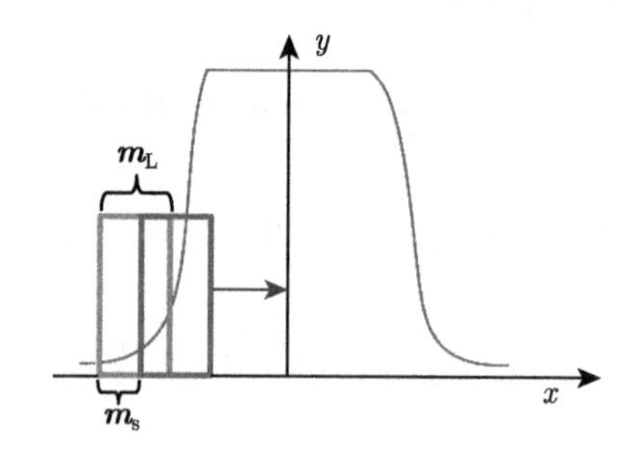

图 4.7 基于滑动窗口的带宽辨识原理

在图 4.7 中，假设 m_{L} 表示使用的滑动窗口的固定宽度，m_{s} 代表窗口的移动步长，该方法的详细原理如下：首先，将滑动窗口固定在第 1 个样值处，此时窗口对应滤波后 PSD 信号的样值间隔为 $[1, m_{\mathrm{L}}]$，在此间隔内搜寻 PSD 幅度的极大值 $y_{\max 1}$ 和极小值 $y_{\min 1}$，并记录它们相应的水平位置 $x_{\max 1}$ 和 $x_{\min 1}$，计算当前的幅

度差 $\Delta y_1 = y_{\max 1} - y_{\min 1}$；其后，将滑动窗口向右移动一个步长 m_s，在新的窗口间隔内重复以上搜寻过程，计算相应的幅度差并与 Δy_1 进行比较，若 $\Delta y_2 > \Delta y_1$，将新的水平位置 $x_{\max 2}$ 及 $x_{\min 2}$ 分别对原记录 $x_{\max 1}$ 和 $x_{\min 1}$ 更新；此后一直进行以上步骤，直至滑动窗口移动至 PSD 信号的最后一个样值，即可获得最大幅度差 $\Delta y_{\max}$，将此时对应的间隔记为 $[x_{\text{Left}}, x_{\text{Right}}]$。在此间隔内，根据 3dB 带宽的定义，这种方法搜索峰值功率下降 3dB 后左边界的对应位置 P_{Left}，即为带宽辨识的起始位置，峰值功率下降 3dB 后右边界的对应位置 P_{Right}，即为带宽辨识的终止位置。最后，得到的 OFDM-EON 带宽估计结果 B_e 的计算公式为

$$B_e = (P_{\text{Right}} - P_{\text{Left}}) \cdot \frac{F_s}{N_s} \tag{4-15}$$

式中，F_s 为带宽辨识的采样率；N_s 表示总采样数。

此外，我们从上述描述中，可得到本书方案的带宽辨识分辨率 Δf 的计算公式

$$\Delta f = \frac{F_s}{N_s} \cdot m_s \tag{4-16}$$

从公式 (4-16) 可以看出，在采样率 F_s 一定的条件下，我们通过增大总采样数量 N_s 或降低移动步长 m_s，即可得到更高的辨识分辨率，但无疑这两种途径都会增大计算量。为此，需要在运算量和带宽辨识效果之间进行适当的均衡。

4.2.2 参数影响分析

从 4.2.1 小节基于滑动窗口的带宽辨识方法描述中，可以发现本书所提方法的性能与总采样数量 N_s、滑动窗口的长度 m_L 紧密相关。本小节将详细讨论这两个参数对最终带宽辨识性能的影响。

为衡量辨识性能，我们定义估计绝对精度 (Estimation Absolute Accuracy, EAA) 这一指标为带宽估计结果 B_e 与一系列可提前获知的 n 个预定义带宽 $\{B_j, j = 1, 2, \cdots, n\}$ 之间的比值，其计算公式为

$$\text{EAA}_j = \frac{B_e}{B_j}, \quad j = 1, 2, \cdots, n \tag{4-17}$$

根据式 (4-17)，当 $0 \leqslant \text{EAA}_j \leqslant 1$ 时，我们从中寻找出具有最小 $\{1 - \text{EAA}_j\}$ 值对应的索引号 j_R，计算公式为

$$j_R = \mathop{\arg\min}_{1 \leqslant j \leqslant n} \{1 - \text{EAA}_j\}, \quad 0 \leqslant \text{EAA}_j \leqslant 1 \tag{4-18}$$

最后将索引号 j_R 对应的 B_j 作为当前估计结果 B_e 的带宽辨识结果。

我们首先研究 N_s 对 EAA 的影响。图 4.8 给出了在不同 N_s 下，本书所提方案对 4 种不同带宽 $\{2\text{GHz}, 10\text{GHz}, 28\text{GHz}, 40\text{GHz}\}$ 的辨识效果，可以发现当 $\log_2(N_s) \geqslant$

14 时，本书算法取得的 EAA 已经超过 95%。此外，基于 EMD 自适应滤波的优秀性能表现，当 N_s 从 2^{11} 增加至 2^{18} 时，针对 3 种带宽 {2.5GBaud, 10GBaud, 40GBaud}，本书算法获得的 EAA 精度要远高于文献 [10] 基于循环平稳特性进行波特率估计的方法。考虑到计算复杂度和精度之间的平衡，我们发现本书方法获得接近 100% 的估计精度时，N_s 取 2^{14} 或 2^{15} 时已经足够。因此，在达到几乎相同的辨识性能时，本方案所需采样点数仅为文献 [10] 方法的 1/16。在 $F_s = 80$GS/s，$N_s = 2^{15}$ 及 $m_s = 16$ 条件下，根据公式 (4-16)，我们可计算出本方案的最高分辨率约为 39MHz，这一指标对区分 10Gbit/s 颗粒度的切片式带宽可变收发机来说已足够精确 [24, 25]。此外，2^{15} 个采样点在 80GS/s 采样率下对应采样时间为 410ns，这一时间远小于可变波特率弹性收发机的硬件重配置时间 ($\sim$ 450μs)[3]。

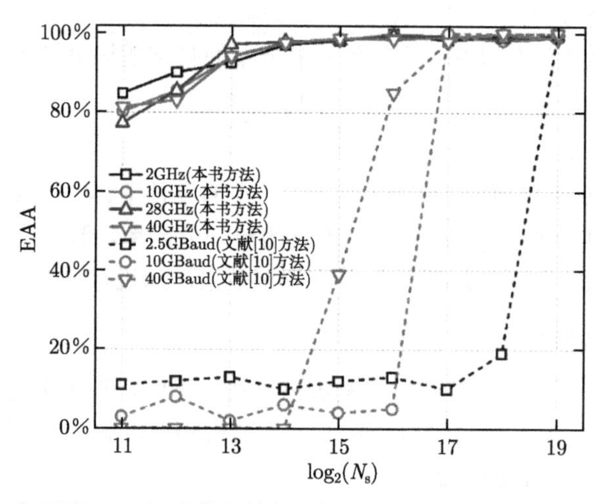

图 4.8 在不同 N_s 下，本书方法与文献 [10] 方法得到的 EAA 对比结果

当 N_s 固定为 2^{15} 时，图 4.9 给出了不同 m_L 对 4 种带宽 EAA 的影响。从图中我们可以发现，若滑动窗口过窄 ($m_L/N_s < 0.02$)，得到的 EAA 过低；若加大滑动窗口宽度，如 m_L/N_s 取 0.02 和 0.25 分别对应 EAA 大于 0.85 和 0.95。考虑到 EAA 与计算复杂度之间的平衡，最终将 m_L/N_s 取为 0.1。

经过上述参数分析及优化后，我们延续 4.2.1.1 小节的仿真示例，基于本书所提方案，滤波后的 PSD 信号及带宽辨识结果如图 4.10 所示。从中我们可以发现，辨识出的带宽起始位置为第 8167 个样值 (左边实心三角位置)，终止位置为第 24558 个样值 (右边空心三角位置)，根据公式 (4-15) 计算出的估计结果为 28.012GHz，由公式 (4-17)，计算出的相对于真实带宽 28GHz 的 EAA 为 99.96%，最终根据式 (4-18) 这一估计结果从一系列预定义带宽中被辨识为 28GHz。

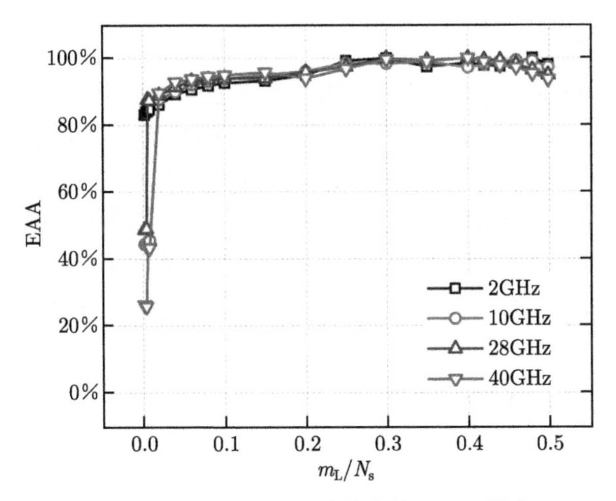

图 4.9 $m_{\rm L}/N_{\rm s}$ 对 4 种带宽的 EAA 影响

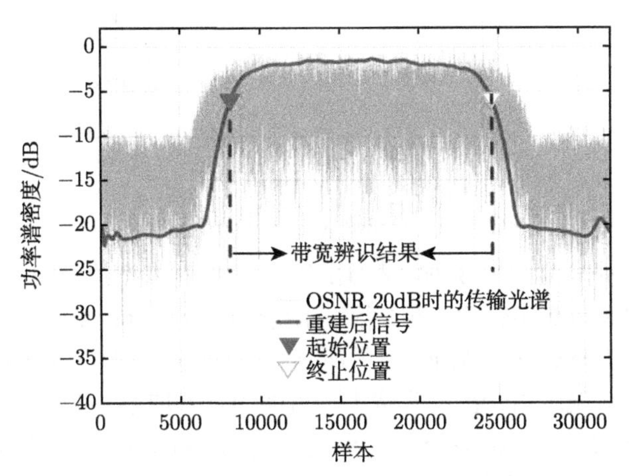

图 4.10 OSNR 为 20dB 时，101.1Gbit/s OFDM-EON 滤波后的 PSD 信号及带宽辨识结果

4.2.3 仿真及实验验证

为验证本书所提 EON 带宽辨识方案的有效性，我们首先利用图 4.2 搭建的 OFDM-EON 仿真系统进行验证，参数配置已在 4.2.1 小节进行了详细介绍，这里不再赘述。

根据文献 [10] 所述，最大可估计带宽与相干接收机的电带宽及采样率有关，在 $F_{\rm s}=80{\rm GS/s}$ 条件下，本书方案最大可估计带宽为 40GHz。另外，在以下带宽估计仿真及实验中，PSD 估计的重叠因子设为 0.25，EMD 滤波时停止判据阈值 $\varepsilon=0.3$，滑动窗口移动步长 $m_{\rm s}=16$，对每次估计均独立运行 30 次以获得平均辨识结果。

4.2.3.1　仿真辨识结果

在带宽范围 [0,40GHz] 内，我们使用 7 种带宽验证所提方案的有效性，分别为 {2GHz, 5GHz, 10GHz, 20GHz, 28GHz, 32GHz, 40GHz}。当光纤传输链路的 OSNR 从 15dB 变化至 25dB 时，本方案获得的这 7 种带宽的 EAA 如图 4.11 所示。从中可以发现，当真实带宽从 2GHz 增加至 40GHz 时，本方案获得的所有 EAA 均超过 95%，最差 EAA 为 0.951。此外，还可以发现，由于基于 EMD 自适应滤波的优良性能，EAA 曲线基本呈现平坦变化的趋势，说明这种带宽辨识方案具有对 OSNR 不敏感的特性。

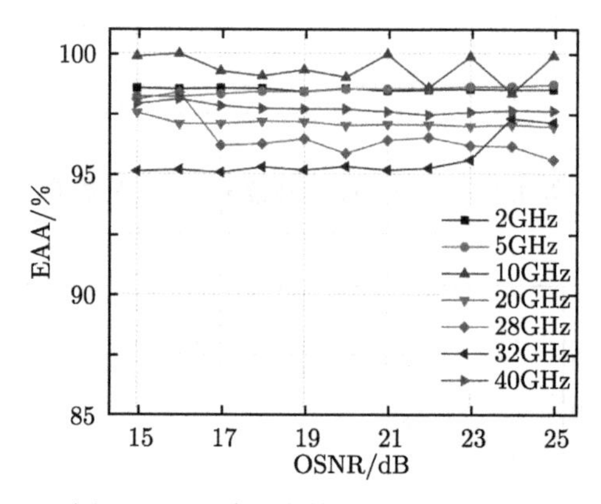

图 4.11　7 种带宽的 EAA 仿真结果

此外，在 OSNR 为 15dB 时，表 4.1 给出了 7 种带宽的详细 EAA 仿真结果。表 4.1 的第 1 列表示真实带宽，第 1 行表示可能的带宽辨识结果，沿每一行的方向表格中的数值为对应每种带宽 EAA 的所有可能取值。我们可发现表 4.1 下三角的 EAA 值均大于 1，表示估计出的带宽大于可能的带宽取值，故应舍弃这些数值，同时所有对角元素的 EAA 值最接近 1，根据公式 (4-18) 表明这 7 种带宽均被成功辨识。此外，如果在表 4.1 的上三角第 i 行第 j 列元素 EAA_{ij} 位于 $(0.858, 1)$ 范围内，就将估计结果辨识为第 i 个可能的带宽值，以确保 100%的带宽辨识成功率。在当前例子中，辨识阈值被设定为 0.858，它也可以根据不同的预定义带宽数值进行调整，这一结论将被应用于以下仿真及实验场景中。

表 4.1　7 种带宽的详细 EAA 仿真结果

	2GHz	5GHz	10GHz	20GHz	28GHz	32GHz	40GHz
2GHz	0.986	0.394	0.197	0.099	0.070	0.062	0.049
5GHz	2.455	0.982	0.491	0.246	0.175	0.153	0.123
10GHz	4.993	1.998	0.999	0.499	0.357	0.312	0.250
20GHz	9.755	3.902	1.951	0.975	0.697	0.610	0.488
28GHz	13.734	5.494	2.747	1.373	0.981	0.858	0.687
32GHz	15.217	6.087	3.043	1.522	1.087	0.951	0.761
40GHz	19.583	7.833	3.917	1.958	1.399	1.224	0.979

4.2.3.2 各种参数对所提方案的性能影响分析

1) CD 对带宽辨识结果的影响

假设光纤链路的损耗已被 EDFA 补偿，我们使用三种 CD 测量值验证所提方案的鲁棒性，分别为 16750ps/nm、25125ps/nm 及 33500ps/nm。图 4.12 给出了当 OSNR 从 15dB 增加至 25dB 时，不同 CD 影响对三种带宽 $\{2\text{GHz}, 28\text{GHz}, 40\text{GHz}\}$ 的辨识结果。

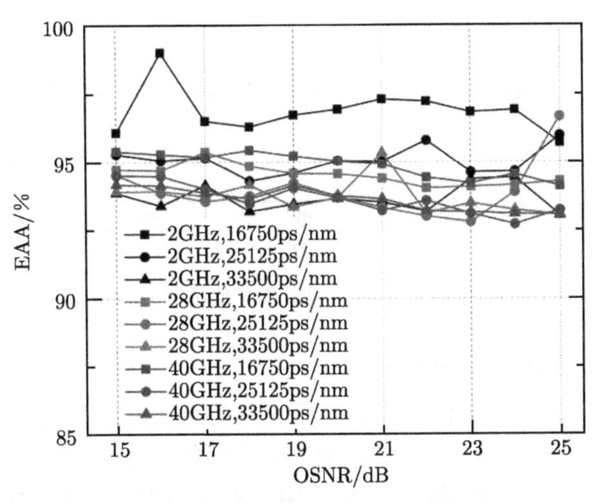

图 4.12 在三种 CD 影响下的带宽 EAA 结果 (扫描封底二维码查看彩图)

从图 4.12 中，我们可以发现所有平均后的 EAA 均超过 0.92，最低 EAA 值为 0.927，均高于上文提到的辨识阈值 0.858，这就确保了三种带宽 $\{2\text{GHz}, 28\text{GHz}, 40\text{GHz}\}$ 均可被正确辨识。根据第 2 章内容，虽然 CD 的影响类似于对 EON 的频谱信号增加了平方相位响应，但是基于 EMD 的方法可以自适应地滤除这些高频分量以减小 CD 的影响。这一仿真结果也表明，当带宽被成功辨识时光纤传输的最大距离可达 2000km。

2) 子载波数量对带宽辨识结果的影响

当带宽固定在 40GHz 时，我们也研究了子载波数量对本方案辨识结果的影响。假设其余参数保持不变，OSNR 从 15dB 增加至 25dB 时，我们使用 6 种子载波数量 N_{sc} 进行带宽估计，分别为 $\{16, 32, 64, 128, 256, 512\}$，得到的仿真结果如图 4.13 所示。

从图 4.13 中，我们可以发现在不同 OSNR 下，这 6 种 N_{sc} 的所有 EAA 均超过 94%，最差 EAA 为 0.947，表明这 6 种情况下均正确辨识出了带宽，说明我们所提方案与 N_{sc} 无关。我们也可推论出这种方法也适用于单载波 EON 的带宽参数估计。此外，在图中也可看出 N_{sc} 取 256 和 512 时 EAA 曲线的波动要稍微严重一些，这是由于总符号数保持固定，N_{sc} 越大对应每一子载波的数据样值越少，这将稍微影响到 PSD 估计的稳定性。

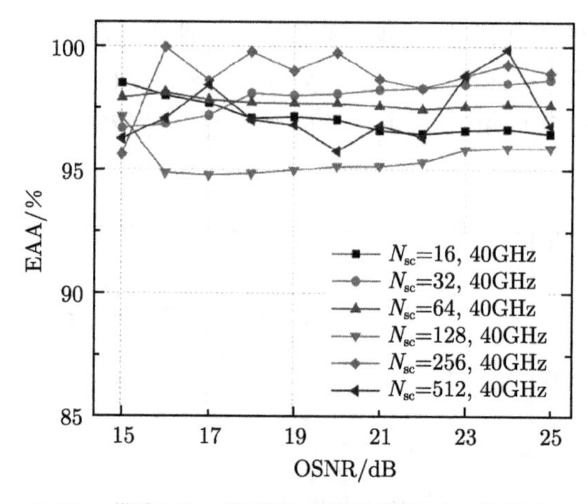

图 4.13　40GHz 带宽下 6 种不同子载波数量对应的带宽 EAA 结果

3) 频偏对带宽辨识结果的影响

由于电信使用的激光器波长稳定精度大约为 2.5GHz，这将导致 EON 光发射机与接收机本振之间 $-5\sim5$GHz 的频偏。当带宽固定为 40GHz，N_{sc} 为 64 时，我们使用 $-5\sim5$GHz 的 11 种频偏 (步长 1GHz) 对本书所提方案的有效性进行测试。

得到的 EAA 结果如图 4.14 所示。从中可以看出，当 OSNR 从 15dB 增加至 25dB 时，所有 EAA 均超过 95%，最差 EAA 为 0.951，这也意味着所有频偏下的带宽均被正确辨识。这一结果表明本书提出的带宽辨识方案不受频偏的影响。

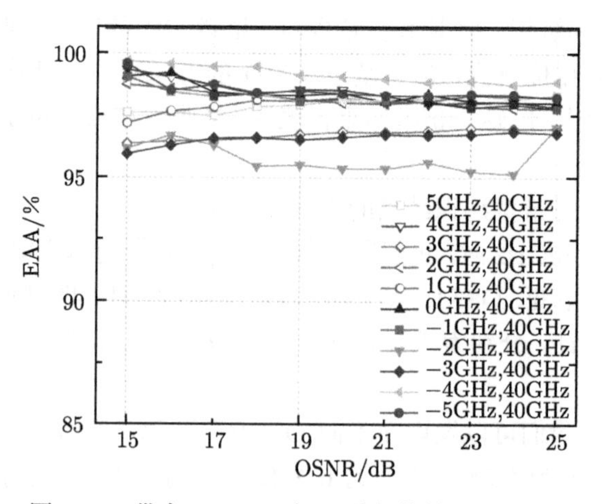

图 4.14　带宽 40GHz 时 11 种频偏的 EAA 结果

4.2.3.3 实验验证

为进一步验证本书提出的带宽辨识方案，我们建立了一个 7.04Gbit/s OFDM-EON 实验传输系统，其原理框图如图 4.15 所示。

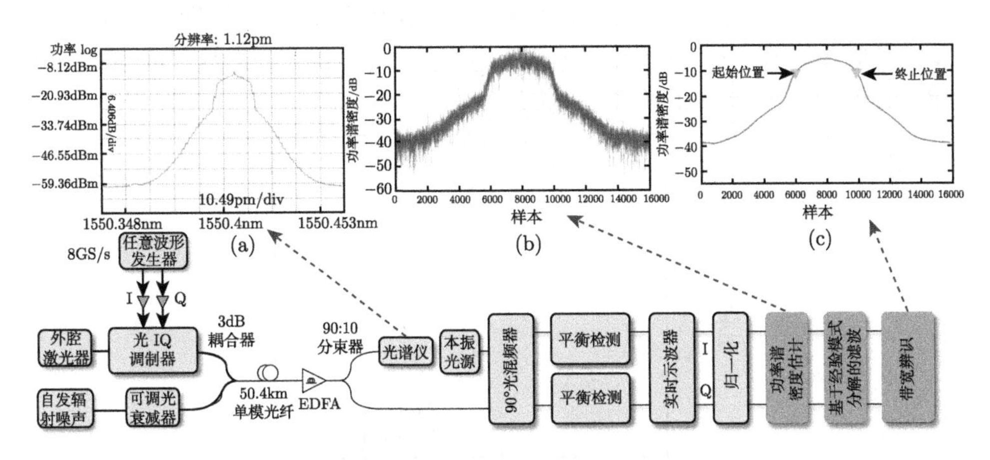

图 4.15 7.04Gbit/s OFDM-EON 实验系统原理框图

(a) 在 OSNR 21dB 时的传输光谱；(b) PSD 估计结果；(c) 在 OSNR 21dB 时的带宽估计结果

在发射端，我们使用最大采样率为 8GS/s 的任意波形发生器 (Arbitrary Waveform Generator，AWG) 产生 OFDM-EON RF 信号，带宽固定为 2GHz，子载波总数为 128，循环前缀设定为占整个 OFDM 符号周期的 1/9。此外，为仿真 OFDM-EON 的自适应调制场景，将 QPSK、16QAM 和 64QAM 三种调制格式随机分配至每一子载波中，在本次实验中进行 QPSK、16QAM 及 64QAM 调制的子载波数量分别为 44、41 和 43，通过计算可知系统的总比特率为 7.04Gbit/s。我们使用外腔激光器作为光源，线宽 100kHz，中心波长 1550.41nm，利用 IQ 调制器将 RF 信号调制至光域后，再通过一个 3dB 耦合器调节 ASE 噪声源以改变光纤链路的 OSNR，输出的光信号送入一盘 50.4km 的单模光纤中，其衰减因数为 0.19dB/km，色散系数为 17.6ps/(nm· km)。此后使用 EDFA 放大传输信号并送入一个 90:10 分光器，我们利用分辨率为 1.12pm 的光谱仪观测信号光谱。在 OSNR 为 21dB 时，图 4.15 (a) 给出了此时光谱仪观测到的光谱。在相干接收后，利用采样率 80GS/s 及带宽 36GHz 的实时示波器共采集 16384 个符号。最后，将 I 路及 Q 路数据归一化处理后，进行 PSD 估计、EMD 滤波及带宽辨识。图 4.15 (b) 为 PSD 估计结果，图 4.15 (c) 为基于 EMD 自适应滤波后的 PSD 信号及带宽估计结果，辨识出的带宽起始位置为第 5993 个符号处，终止位置为第 9881 个符号处，此时估计出的带宽为 1.898GHz，对应 EAA 为 94.92%。

图 4.16 给出了当带宽固定为 2GHz，OSNR 从 15dB 增加至 25dB 时，进行 7.04Gbit/s OFDM-EON 带宽估计后的实验结果及相同条件下的仿真结果。从图中我们可以发现，仿真得到的 EAA 均大于 95%，同时所有实验得到的 EAA 在 0.941~0.960 浮动，因此仿真与实验结果吻合较好。由于所有实验得到的 EAA 均超过 94%，这就意味着在 OSNR 从 15dB 到 25dB 变化时，实验与仿真的 2GHz 带宽均可被成功辨识。这一实验结果证明我们提出的带宽辨识方案具有对 OSNR 不敏感、足够精确到 100%正确辨识的优点。

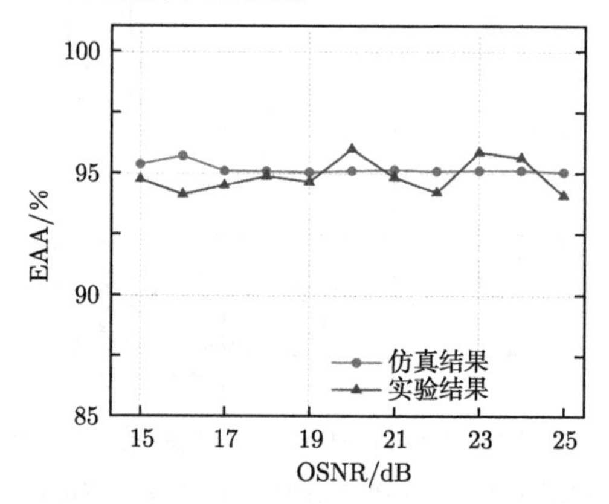

图 4.16　7.04Gbit/s OFDM-EON 带宽估计的 EAA 仿真及实验结果

4.2.4　结论

本节内容中，我们提出并验证了一种基于 PSD 估计和 EMD 滤波的 OFDM-EON 带宽辨识方案。仿真结果表明：当 OSNR 从 15dB 变化至 25dB 时，这种方案可以自适应地滤除噪声，并智能地寻找到带宽的起点和终点；对于一系列从 2GHz 到 40GHz 的预定义带宽，本方案的 EAA 可达 95%以上，这些带宽均能以 39MHz 的最高分辨率被成功辨识；在几乎相同的辨识精度下，本方案的采样点数仅为基于循环平稳特性方法的 1/16；此外，该方案对 CD 具有良好的容忍度，不受子载波数量和频偏的影响。我们进一步通过 7.04Gbit/s OFDM-EON 传输实验证明了本方案的有效性，当 OSNR 从 15dB 递增至 25dB 时，对应 2GHz 带宽的最小 EAA 为 94.12%，最大 EAA 为 96.02%，这一带宽被成功辨识。总之，这种带宽辨识方案可适用于 OFDM-EON 的动态场景中。

4.3　OFDM-EON 系统的子载波数量盲辨识技术

我们在 OFDM-EON 系统带宽估计的基础上，提出了一种适用于 OFDM-EON 系统的基于四阶循环累积量的子载波数量盲辨识方案 [26]。本节我们将首先给出

OFDM-EON 接收信号的四阶循环累积量的推导过程，在此基础上重点阐述提出的基于四阶循环累积量的 OFDM-EON 系统子载波数量盲辨识方案，最后给出相应的仿真与实验结果。

4.3.1 OFDM-EON 系统子载波数量盲辨识原理

4.3.1.1 四阶循环累积量的推导

回顾一下 2.3.1 小节描述的 OFDM-EON 发射端时域信号的表达形式，可将 OFDM-EON 接收端的数字采样信号 $R(n)$ 表示为

$$\begin{aligned}R(n) &= S(n) + N_{\text{noise}}(n) \\ &= \sum_{k=-N_{\text{sc}}/2+1}^{N_{\text{sc}}/2} \mathrm{e}^{\mathrm{j}\theta(n)} \cdot \mathrm{e}^{\mathrm{j}\varPhi_{\mathrm{D}}(f_k)} \cdot T_k \cdot c_k \cdot \mathrm{e}^{\mathrm{j}2\pi(f_k+\Delta f)n} + N_{\text{noise}}(n)\end{aligned} \tag{4-19}$$

式中，$S(n)$ 为发射端时域信号，$n=1,2,\cdots,N_{\text{sample}}$，$N_{\text{sample}}$ 是采样点数；$\theta(n)$ 表示相位噪声；$\varPhi_{\mathrm{D}}(f_k)$ 表示由 CD 引起的子载波相位色散，计算公式为 $\varPhi_{\mathrm{D}}(f_k)=\pi\cdot c\cdot D_{\mathrm{n}}\cdot f_k^2/f_{\mathrm{LD}}^2$，这里，$f_k$ 为第 k 个子载波的频率，f_{LD} 为激光器中心频率，D_{n} 为光纤的色散系数，c 是光速；T_k 表示光纤信道的传输矩阵；Δf 为频率偏移。

根据循环矩的概念 [27]，在固定延迟 $\tau_1,\tau_2,\cdots,\tau_{h-1}$ 下，接收信号 $R(n)$ 的 h 阶样本循环矩 $M_{h\nu,R(n)}^{\alpha}(\tau_1,\tau_2,\cdots,\tau_{h-1})$ 可计算为

$$\begin{aligned}&M_{h\nu,R(n)}^{\alpha}(\tau_1,\tau_2,\cdots,\tau_{h-1}) \\ &= \lim_{T\to\infty}\frac{1}{T}\sum_{n=1}^{N_{\text{sample}}} R(n)\,R(n+\tau_1)\cdots \\ &\quad \times R(n+\tau_{h-v-1})\,R^*(n+\tau_{h-v})\cdots R^*(n+\tau_{h-1})\,\mathrm{e}^{-\mathrm{j}2h\pi\alpha n} \\ &= \langle R(n)\,R(n+\tau_1)\cdots R(n+\tau_{h-v-1})\,R^*(n+\tau_{h-v})\cdots \\ &\quad \times R^*(n+\tau_{h-1})\,\mathrm{e}^{-\mathrm{j}2h\pi\alpha n}\rangle_n\end{aligned} \tag{4-20}$$

其中，T 表示平均时间间隔；h 和 v 分别表示循环矩的阶数及计算共轭次数；$\langle\ \rangle_n$ 为时间上的平均计算。根据循环矩和循环累积量的相互转换性质，可将高阶循环累积量表示为 [27]

$$C_{h,v,R(n)}^{\alpha}(\tau_1,\tau_2,\cdots,\tau_{h-1}) = \sum_{\bigcup_{p=1}^{q} I_p = I}\left[(-1)^{q-1}(q-1)!\prod_{p=1}^{q} M_{n_p,R(n)}^{\alpha}\left(\tau_{I_p}\right)\right] \tag{4-21}$$

其中，$I=\{0,1,\cdots,h-1\}$ 为指标集合；$\sum\limits_{\cup_{p=1}^{q} I_p=I}$ 表示集合 I 内所有无交连的非空分割子集的求和；q 为非空分割子集的数量，即非空分割子集 I_p 中的元素个数，$1\leqslant$

$q \leqslant h$；τ_{I_p} 表示来自 I_p 的滞后集合，即延时集合。指标集合 $I=\{0,1,\cdots,h-1\}$，可以根据 h 的取值将其分割成 $q=1,2,\cdots,h$，共 h 个部分。

当 $h=4$, $v=0$ 时，将这些值代入公式 (4-21) 后，可以得到

$$
\begin{aligned}
&C_{4,0,R(n)}^{\alpha}(\tau_1,\tau_2,\tau_3)\\
=&M_{4,0,R(n)}^{\alpha}(\tau_1,\tau_2,\tau_3)-M_{2,0,R(n)}^{\alpha}(\tau_1)\cdot M_{2,0,R(n)}^{\alpha}(\tau_3-\tau_2)\\
&-M_{2,0,R(n)}^{\alpha}(\tau_2)\cdot M_{2,0,R(n)}^{\alpha}(\tau_1-\tau_3)-M_{2,0,R(n)}^{\alpha}(\tau_3)\cdot M_{2,0,R(n)}^{\alpha}(\tau_2-\tau_1)\\
&-M_{3,0,R(n)}^{\alpha}(\tau_1,\tau_2)\cdot m_{1,R(n)}(n;n+\tau_3)-M_{3,0,R(n)}^{\alpha}(\tau_1,\tau_3)\cdot m_{1,R(n)}(n;n+\tau_2)\\
&-M_{3,0,R(n)}^{\alpha}(\tau_2,\tau_3)\cdot m_{1,R(n)}(n;n+\tau_1)-M_{3,0,R(n)}^{\alpha}(\tau_1,\tau_2,\tau_3)\cdot m_{1,R}(n)\\
&+2M_{2,0,R(n)}^{\alpha}(\tau_3-\tau_2)\cdot m_{1,R(n)}(n)\cdot m_{1,R(n)}(n;n+\tau_1)\\
&+2M_{2,0,R(n)}^{\alpha}(\tau_1-\tau_3)\cdot m_{1,R(n)}(n)\cdot m_{1,R(n)}(n;n+\tau_2)\\
&+2M_{2,0,R(n)}^{\alpha}(\tau_2-\tau_1)\cdot m_{1,R(n)}(n)\cdot m_{1,R(n)}(n;n+\tau_3)\\
&+2M_{2,0,R(n)}^{\alpha}(\tau_3)\cdot m_{1,R(n)}(n;n+\tau_2)\cdot m_{1,R(n)}(n;n+\tau_3)\\
&-6m_{1,R(n)}(n)\cdot m_{1,R(n)}(n;n+\tau_1)\cdot m_{1,R(n)}(n;n+\tau_2)\cdot m_{1,R(n)}(n;n+\tau_3)
\end{aligned}
\tag{4-22}
$$

此外，由于 OFDM-EON 信号的均值为 $m_{1,R(n)}(n;\tau)=\hat{E}^{(\alpha)}\{R(n)\}=0$，将其代入式 (4-22) 后，式 (4-22) 可简化为

$$
\begin{aligned}
&C_{4,0,R(n)}^{\alpha}(\tau_1,\tau_2,\tau_3)\\
=&M_{4,0,R(n)}^{\alpha}(\tau_1,\tau_2,\tau_3)-M_{2,0,R(n)}^{\alpha}(\tau_1)\cdot M_{2,0,R(n)}^{\alpha}(\tau_3-\tau_2)\\
&-M_{2,0,R(n)}^{\alpha}(\tau_2)\cdot M_{2,0,R(n)}^{\alpha}(\tau_1-\tau_3)-M_{2,0,R(n)}^{\alpha}(\tau_3)\cdot M_{2,0,R(n)}^{\alpha}(\tau_2-\tau_1)\\
=&\left\langle R(n)R(n+\tau_1)R(n+\tau_2)R(n+\tau_3)\mathrm{e}^{-\mathrm{j}8\pi\alpha n}\right\rangle_n\\
&-\left\langle R(n)R(n+\tau_1)\mathrm{e}^{-\mathrm{j}4\pi\alpha n}\right\rangle_n\cdot\left\langle R(n+\tau_2)R(n+\tau_3)\mathrm{e}^{-\mathrm{j}4\pi\alpha n}\right\rangle_n\\
&-\left\langle R(n)R(n+\tau_2)\mathrm{e}^{-\mathrm{j}4\pi\alpha n}\right\rangle_r\cdot\left\langle R(n+\tau_1)R(n+\tau_3)\mathrm{e}^{-\mathrm{j}4\pi\alpha n}\right\rangle_n\\
&-\left\langle R(n)R(n+\tau_3)\mathrm{e}^{-\mathrm{j}4\pi\alpha n}\right\rangle_n\cdot\left\langle R(n+\tau_1)R(n+\tau_2)\mathrm{e}^{-\mathrm{j}4\pi\alpha n}\right\rangle_n
\end{aligned}
\tag{4-23}
$$

特别地，当 $\tau_1=\tau_2=\tau_3=0$ 时，即下文利用的 OFDM-EON 信号在循环频率 α 处的四阶循环累积量为

$$
\begin{aligned}
&C_{4,0,R(n)}^{\alpha}(0,0,0)\\
=&M_{4,0,R(n)}^{\alpha}(0,0,0)-3M_{2,0,R(n)}^{\alpha}(0)\times M_{2,0,R(n)}^{\alpha}(0)\\
=&\left\langle R^4(n)\mathrm{e}^{-\mathrm{j}8\pi\alpha n}\right\rangle_n-3\left\langle R^2(n)\mathrm{e}^{-\mathrm{j}4\pi\alpha n}\right\rangle_n^2
\end{aligned}
\tag{4-24}
$$

我们根据高斯白噪声二阶以上循环累积量为 0 的性质，并利用公式 (4-19) 和 (4-24)，可得 $C_{4,0,R(n)}^{\alpha}=C_{4,0,S(n)}^{\alpha}+C_{4,0,N_{\text{noise}}(n)}^{\alpha}=C_{4,0,S(n)}^{\alpha}$。由此，可推导出 OFDM-

EON 信号在循环频率 α 处的四阶循环累积量 $C_{4,0,R(n)}^{\alpha}(0,0,0)$ 的具体计算公式为

$$\begin{aligned}
&C_{4,0,R(n)}^{\alpha}(0,0,0)\\
&=\sum_{k=-N_{\mathrm{sc}}/2+1}^{N_{\mathrm{sc}}/2}\left\langle(\mathrm{e}^{\mathrm{j}\Phi_{\mathrm{D}}(f_k)}\cdot\mathrm{e}^{\mathrm{j}\theta(n)}\cdot T_k\cdot c_k)^4\cdot\mathrm{e}^{-\mathrm{j}8\pi(f_k+\Delta f-\alpha)n)}\right\rangle_n\\
&\quad-3\sum_{k=-N_{\mathrm{sc}}/2+1}^{N_{\mathrm{sc}}/2}\left\langle(\mathrm{e}^{\mathrm{j}\Phi_{\mathrm{D}}(f_k)}\cdot\mathrm{e}^{\mathrm{j}\theta(n)}\cdot T_k\cdot c_k)^2\cdot\mathrm{e}^{-\mathrm{j}4\pi(f_k+\Delta f-\alpha)n)}\right\rangle_n^2\\
&=\left[(\mathrm{e}^{\mathrm{j}\Phi_{\mathrm{D}}(f_i)}\cdot\mathrm{e}^{\mathrm{j}\theta(n)}\cdot T_i\cdot c_i)^4\cdot\mathrm{e}^{-\mathrm{j}8\pi(f_i+\Delta f-\alpha)n)}\right]\\
&\quad-3\left[(\mathrm{e}^{\mathrm{j}\Phi_{\mathrm{D}}(f_i)}\cdot\mathrm{e}^{\mathrm{j}\theta(n)}\cdot T_i\cdot c_i)^2\cdot\mathrm{e}^{-\mathrm{j}4\pi(f_i+\Delta f-\alpha)n)}\right]^2\\
&\quad+\sum_{k=-N_{\mathrm{sc}}/2+1,k\neq i}^{N_{\mathrm{sc}}/2}\left\langle(\mathrm{e}^{\mathrm{j}\Phi_{\mathrm{D}}(f_k)}\cdot\mathrm{e}^{\mathrm{j}\theta(n)}\cdot T_k\cdot c_k)^4\cdot\mathrm{e}^{-\mathrm{j}8\pi(f_k+\Delta f-\alpha)n)}\right\rangle_n\\
&\quad-3\sum_{k=-N_{\mathrm{sc}}/2+1,k\neq i}^{N_{\mathrm{sc}}/2}\left\langle(\mathrm{e}^{\mathrm{j}\Phi_{\mathrm{D}}(f_k)}\cdot\mathrm{e}^{\mathrm{j}\theta(n)}\cdot T_k\cdot c_k)^2\cdot\mathrm{e}^{-\mathrm{j}4\pi(f_k+\Delta f-\alpha)n)}\right\rangle_n^2\\
&=\begin{cases}\mathrm{e}^{4\mathrm{j}\Phi_{\mathrm{D}}(f_i)}\cdot T_i^4\cdot c_i^4\cdot\left[\left\langle\mathrm{e}^{\mathrm{j}\theta(n)}\right\rangle_n-3\left\langle\mathrm{e}^{\mathrm{j}2\theta(n)}\right\rangle_n^2\right], & \alpha=f_i+\Delta f\\ 0, & \alpha\neq f_i+\Delta f\end{cases}
\end{aligned}\tag{4-25}$$

根据式 (4-25) 可知，只有当循环频率 α 等于某一子载波频率 (第 i 个子载波的频率为 $f_i+\Delta f$) 时，对应的 OFDM-EON 信号的 4 阶循环累积量才不等于 0。因此，我们根据这一推论，通过计算 OFDM-EON 接收信号在不同循环频率处的 4 阶循环累积量，即可实现对 OFDM-EON 子载波数量的盲辨识。这种方案的优势在于：由于四阶循环累积量属于信号的统计特性之一，无须进行复杂的信号同步、信道估计以及相位噪声恢复等 DSP 计算就可以盲辨识出子载波数量，有效降低了 OFDM-EON 系统参数盲辨识的复杂性。

4.3.1.2 基于四阶循环累积量的子载波数量盲辨识

根据上述四阶循环累积量的推导过程，我们提出的 OFDM-EON 系统子载波数量盲辨识方案流程如图 4.17 所示。

根据这一流程，详细的子载波数量盲辨识步骤为：

(1) 根据获取到的数字采样信号，对接收信号 $R(n)$ 进行去除直流分量、归一化等数据预处理。

(2) 计算出 $R(n)$ 的功率谱，根据功率谱确定出接收到的 OFDM-EON 信号的频率范围，即循环频率 α 的取值范围。

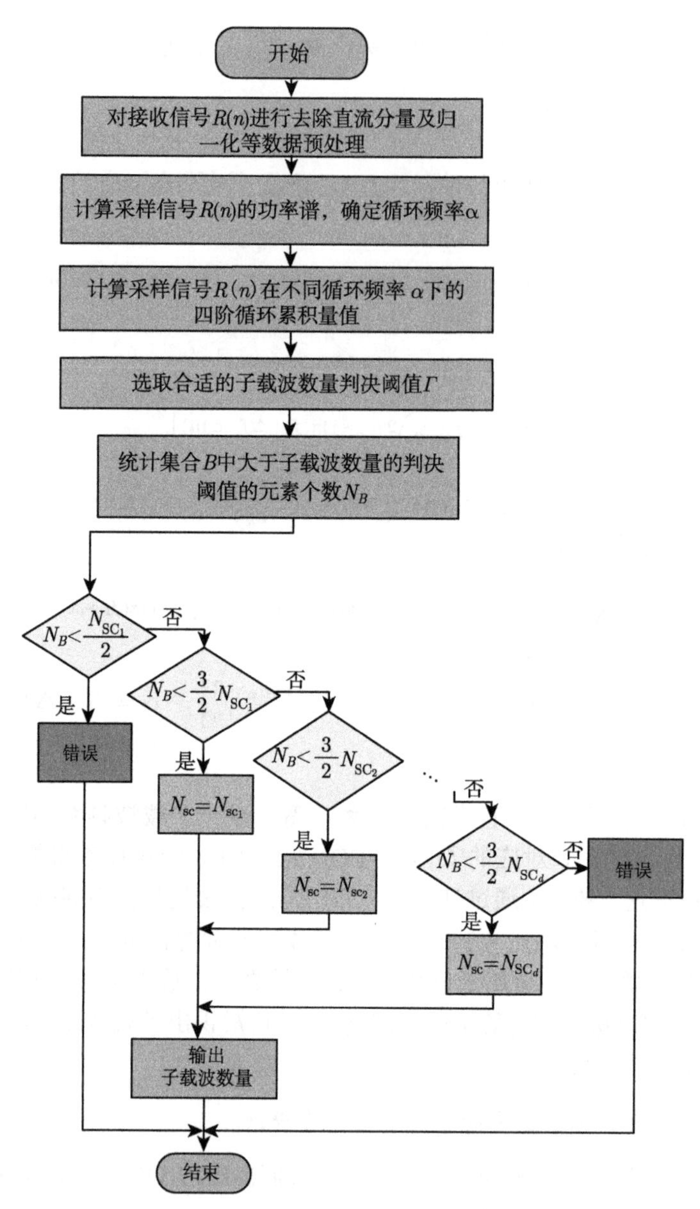

图 4.17　子载波数量盲辨识方案流程图

(3) 在不同循环频率 α 处对信号 $R(n)$ 计算出所有四阶循环累积量。同时为了便于选取出合适的子载波数量判决阈值，需要将所有循环累积量进行归一化处理。

(4) 选取合适的子载波数量判决阈值 Γ，这是本方案的关键步骤。选取判决阈值的原因在于：实际的 OFDM-EON 系统总会受到 ASE 噪声、激光器频偏及线宽、

光纤链路 PMD 等各种因素影响，使得当循环频率 α 在所有子载波频率外 (即当 $\alpha \neq f_i+\Delta f$ 时) 的四阶循环累积量不再恒为 0，而是稍大于 0，这将影响到子载波数量盲辨别的准确性。具体的子载波数量判决阈值选取示意图如图 4.18 所示，图中横坐标为循环频率 α，纵坐标代表归一化后的四阶循环累积量值 $\left|C_{4,0,R(n)}^{\alpha}(0,0,0)\right|$，其中 $f_i(i=1,2,\cdots,N_{\mathrm{sc}})$ 对应各个子载波频率。

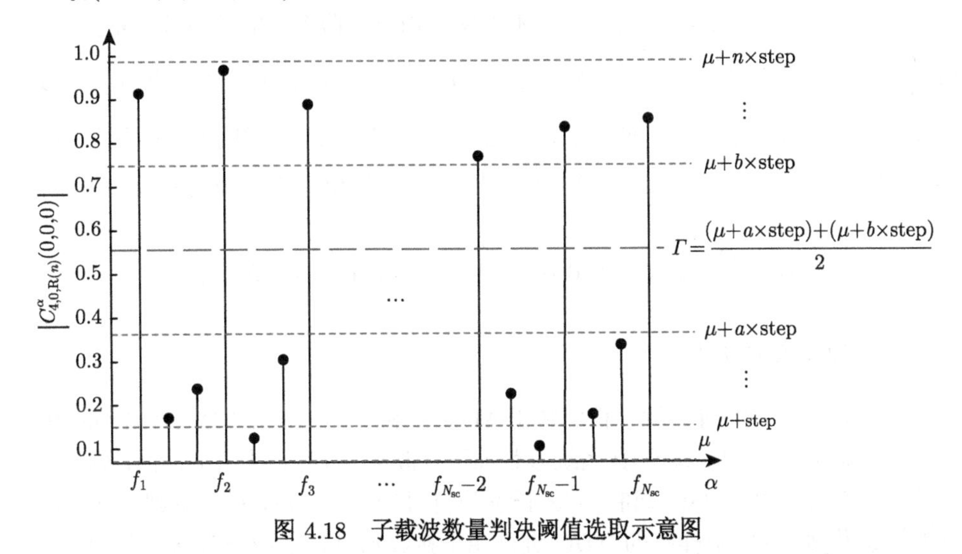

图 4.18 子载波数量判决阈值选取示意图

根据图 4.18，为了得到合适的阈值 $\varGamma$，对于采样信号四阶循环累积量的归一化模值 $\left|C_{4,0,R(n)}^{\alpha}(0,0,0)\right|$，并首先设定搜寻初始值 $\mu=0$。其后，根据公式 (4-26) 求出所有 $\left|C_{4,0,R(n)}^{\alpha}(0,0,0)\right|$ 大于该搜寻值 μ 的集合 A，并通过公式 (4-27) 计算出当前集合 A 的所有元素均值 mean_{A_1}：

$$A=\left\{\left|C_{4,0,R(n)}^{\alpha}(0,0,0)\right|>\mu\right\},\quad n=1,2,\cdots,N_{\mathrm{sample}} \tag{4-26}$$

$$\mathrm{mean}_{A_1}=\frac{1}{N_A}\sum A \tag{4-27}$$

其中，N_A 表示集合 A 现有元素总个数。然后，将搜寻值 μ 增加一个自定义步长 step，根据公式 (4-26) 和公式 (4-27) 计算出新的均值 mean_{A_2}，$\cdots$ 重复这一过程直到 $\mu=1$。最后，在集合 $\{\mathrm{mean}_{A_1},\mathrm{mean}_{A_2},\cdots,\mathrm{mean}_{A_n}\}$ 中搜索 mean_{A_i} 保持恒定时所对应的区间。假定该区间的起始点和终止点分别用 $\mu+a\times\text{step}$ 和 $\mu+b\times\text{step}$ 表示 (a 和 b 为正整数)，则最终选择 $\varGamma=[(\mu+a\times\text{step})+(\mu+b\times\text{step})]/2$ 作为 OFDM-EON 系统子载波数量的判决阈值。

(5) 统计出当前信号大于阈值 $\varGamma$ 的四阶循环累积量元素个数 N_B，并进行系统子载波数量的判定。

基于 OFDM-EON 系统子载波数量均为 2 的整数次幂这一性质，我们可将所有可能的子载波数量集合表示为 $\{N_{\mathrm{sc}_1}, N_{\mathrm{sc}_2}, \cdots, N_{\mathrm{sc}_d}\}$。进行子载波数量判定时，对所有四阶循环累积量，首先根据步骤 (4) 选取的阈值 $\varGamma$ 及公式 (4-28) 求解出集合 B，并统计 B 中所有的元素个数 N_B；其后根据图 4.17 所示的子载波数量盲辨识流程图，判定出 N_B 位于哪一区间范围，便于辨识出系统的子载波数量 N_{sc}。具体而言，当 $\frac{1}{2}N_{\mathrm{sc}_1} < N_B < \frac{3}{2}N_{\mathrm{sc}_1}$ 时，本方案辨识出当前系统的子载波数量为 N_{sc_1}，当 $\frac{3}{2}N_{\mathrm{sc}_1} \leqslant N_B < \frac{3}{2}N_{\mathrm{sc}_2}$ 时，判定 OFDM-EON 系统的子载波数量为 N_{sc_2}，以此类推，$\cdots$，若 $N_B < \frac{1}{2}N_{\mathrm{sc}_1}$ 或 $N_B > \frac{3}{2}N_{\mathrm{sc}_n}$，此时辨识出的子载波数量超过了集合 $\{N_{\mathrm{sc}_1}, N_{\mathrm{sc}_2}, \cdots, N_{\mathrm{sc}_d}\}$，显然这一结果错误，则直接结束本次辨识过程。

$$B = \left\{ \left| C^{\alpha}_{4,0,R(n)}(0,0,0) \right| > \varGamma \right\}, \quad n = 1, 2, \cdots, N_{\mathrm{sample}} \tag{4-28}$$

4.3.2　仿真与实验结果

为验证该方案的有效性，我们基于 Matlab 和 VPI 搭建的 OFDM-EON 仿真传输系统如图 4.19 所示。仿真系统参数如下：带宽 4GHz，使用 64 个子载波，每一子载波均设定为 QPSK 调制，CP 长度为符号周期的 1/8，激光器线宽 100kHz，使用每通道 80GS/s 采样率的 ADC 进行相干接收后进行子载波数量盲辨识。

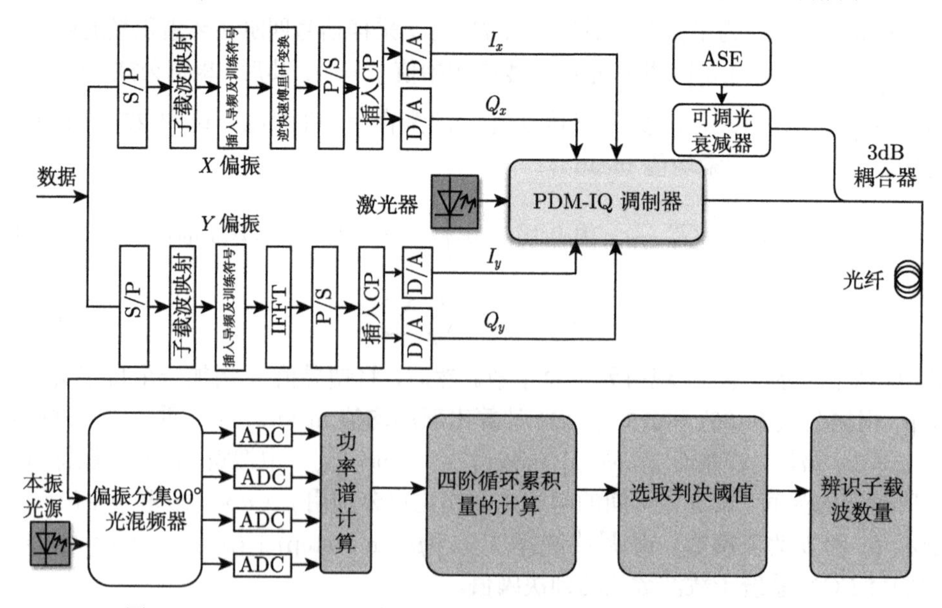

图 4.19　OFDM-EON 系统子载波数量盲辨识仿真及实验系统框图

4.3.2.1 阈值选取

在 OSNR 为 20dB 条件下，得到的循环频率 α 随接收信号四阶循环累积量的归一化模值 $\left|C_{4,0,R(n)}^{\alpha}(0,0,0)\right|$ 的变化曲线如图 4.20 所示。从图中明显可以看出：如同公式 (4-25) 推导出的结果，当 α 从 0 增大至 4GHz 时，相应的 $\left|C_{4,0,R(n)}^{\alpha}(0,0,0)\right|$ 值只在各子载波的中心频率处有接近 1 的极大值，而在其余循环频率处 $\left|C_{4,0,R(n)}^{\alpha}(0,0,0)\right|$ 的值均小于 0.2。

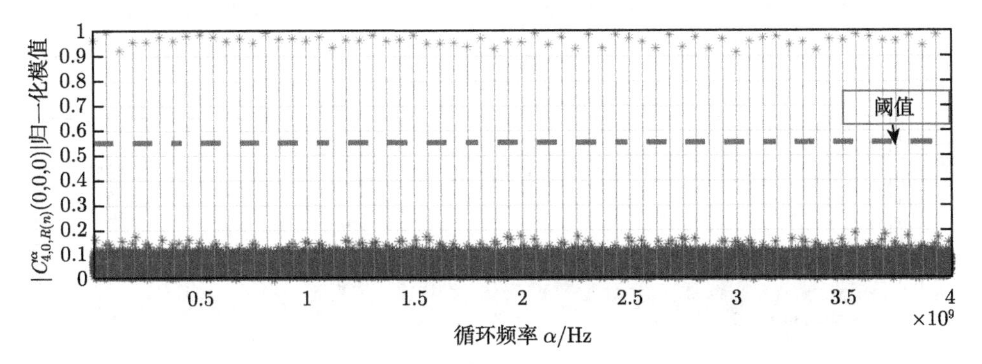

图 4.20 仿真条件下循环频率 α 随接收信号四阶循环累积量归一化模值的变化曲线

此外，我们建立了与图 4.19 类似的实验系统，以进行 OFDM-EON 系统子载波数量的阈值选取。详细实验参数为：系统带宽为 8GHz，OFDM-EON 系统使用 128 个子载波，各子载波的调制格式均为 QPSK，CP 占整个 OFDM 符号周期的 1/9，激光中心波长和线宽分别为 1550nm 和 100kHz，系统发射端和接收端激光器所产生的频率偏移约为 100MHz。当系统 OSNR 为 20dB 时，分别得到接收信号 X 和 Y 偏振的循环频率 α 随接收信号四阶循环累积量的归一化模值 $\left|C_{4,0,R(n)}^{\alpha}(0,0,0)\right|$ 的变化曲线，如图 4.21 所示。从中可以发现，实验数据 X 和 Y 偏振的归一化模值 $\left|C_{4,0,R(n)}^{\alpha}(0,0,0)\right|$ 变化略有不同，当 α 从 0 增大至 8GHz 时，X、Y 偏振的 $\left|C_{4,0,R(n)}^{\alpha}(0,0,0)\right|$ 值在各子载波的中心频率处均存在 0.9~1 的极大值，而 X 偏振的极小值位于 0.2~0.4，Y 偏振的极小值在 0.2~0.45。

具体来说，根据 4.3.1.2 小节的阈值选取原则，在固定 OSNR 为 20dB 时，对于接收到的 OFDM-EON 仿真和实验数据，当搜寻值 μ 从 0 逐渐增大至 1 时，得到的仿真和实验条件下 X、Y 偏振判决阈值变化曲线如图 4.22 所示。从图中可看出，当 $0.20 < \mu < 0.90$ 时，仿真条件下的 X 和 Y 偏振的 mean_A 值分别保持 0.95 和 0.97 恒定，因此仿真条件下的阈值 $\Gamma_{\text{Simulation}} = (0.2 + 0.9)/2 = 0.55$；同时，在实验条件下，当 $0.50 < \mu < 0.86$ 时，X 和 Y 偏振的 mean_A 值分别保持 0.92 和

0.95 恒定，可得实验条件下的阈值 $\varGamma_{\text{Experiment}} = (0.50 + 0.86)/2 = 0.68$。这些判决阈值将被应用于下面的子载波数量盲辨识实验中。

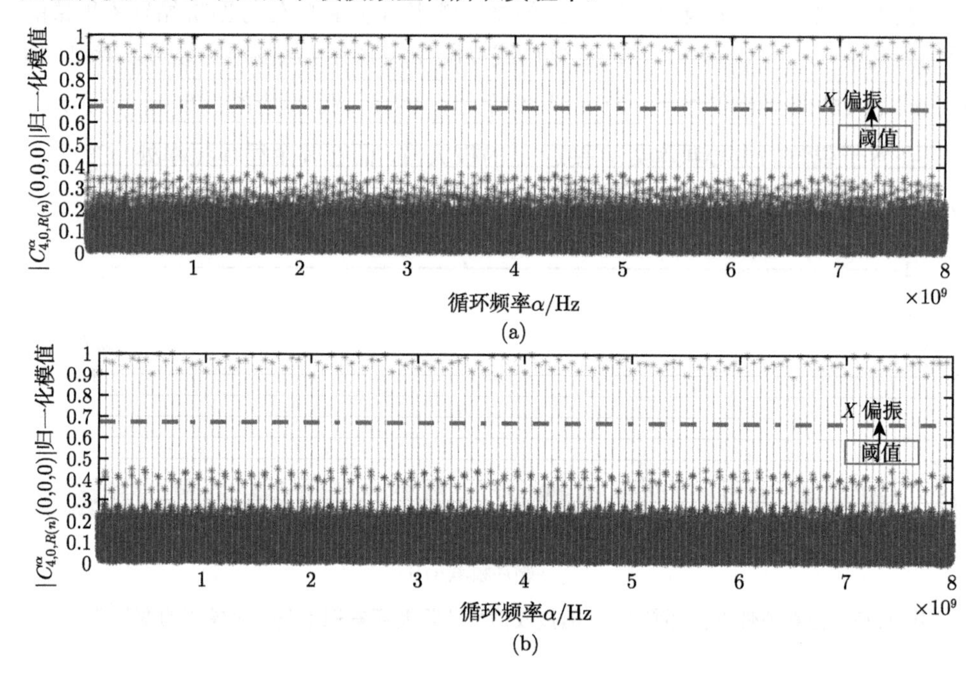

图 4.21　实验条件下获得的 (a) X 偏振循环频率 α 随接收信号四阶循环累积量归一化模值的变化曲线，(b) Y 偏振循环频率 α 随接收信号四阶循环累积量归一化模值的变化曲线

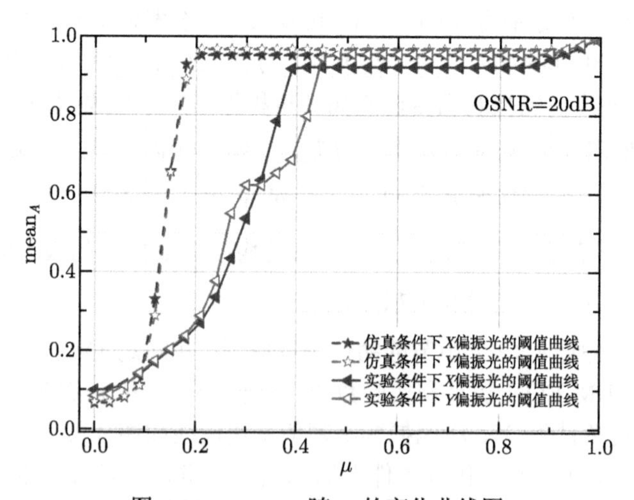

图 4.22　mean_A 随 μ 的变化曲线图

4.3.2.2 实验结果

首先，我们定义辨识绝对精度 (Identification Absolute Accuracy，IAA) 指标来衡量本方案的子载波数量盲辨识性能，其计算公式如下：

$$\mathrm{IAA}=\left\{\frac{1}{N_{\text{test}}}\sum_{\varphi=1}^{N_{\text{test}}}\left(1-\frac{|N_B-N_{\text{sc\_real}}|}{N_{\text{sc\_real}}}\right)\right\}\times 100\% \tag{4-29}$$

其中，N_{test} 表示数据计算次数；N_B 是每次辨识的子载波数量；$N_{\text{sc\_real}}$ 为 OFDM-EON 系统真正使用的子载波数量。

根据公式 (4-29) 可以推导出：当 IAA$\leqslant$ 50%时，$\left(N_B\leqslant\frac{1}{2}N_{\text{sc\_real}}\right)\cup\left(N_B\geqslant\frac{3}{2}N_{\text{sc\_real}}\right)$，根据 4.3.1.2 小节的辨识流程可知会产生辨识错误；当 IAA$>$ 50%时，$\frac{1}{2}N_{\text{sc\_real}}<N_B<\frac{3}{2}N_{\text{sc\_real}}$，便于 100%地辨识出系统的子载波数量，即 50%为完全正确辨识子载波数量的阈值。

为了验证我们提出的基于循环累积量进行 OFDM-EON 系统子载波数量盲辨识方案的性能，我们分别利用不同的子载波数量、调制格式、传输速率、DGD、激光线宽及频率偏移等条件对本方案进行验证，实验框图如图 4.19 所示。

在实验条件与上文一致的条件下，首先针对本方案的有效性进行验证。当 OFDM-EON 系统使用的子载波数量分别为 64、128、256 及 512 时，调节不同的 OSNR 值 (从 16dB 增大至 22dB) 得到的 IAA 曲线如图 4.23 (a) 所示。从图中可以发现，无论子载波数量取何值，得到的 IAA 值都大于 94%，均远远超过阈值 50%，这表明本方案能够 100%地正确辨识出 OFDM-EON 系统的不同子载波数量。

其次，当 OFDM-EON 系统的所有子载波分别选取 QPSK 和 16QAM 两种调制格式，其他实验参数保持相同时，图 4.23 (b) 给出了 OSNR 从 16dB 增大到 22dB 时的 IAA 曲线。从图中我们发现 IAA 的最小值也高于 94%，远高于 50%，说明本方案的辨识成功率不受调制格式影响。

此外，图 4.23 (c) 还研究了在 OFDM-EON 系统的不同总传输速率 (分别为 32Gbit/s、64Gbit/s 及 128Gbit/s) 下，本方案对不同子载波数量 (64、128、256 及 512) 的辨识性能曲线。从中可以发现：这种方案不受总传输速率的影响，对不同子载波数量的 IAA 均高于 94%，即均能实现正确辨识。

由于当前的 OFDM-EON 系统均利用偏振复用技术实现传输速率翻倍的目的，我们还研究了在不同的 DGD(5ps、10ps 及 15ps) 下，未进行信道均衡时，本方案的子载波数量盲辨识性能，结果如图 4.23(d) 所示。可以看出，本方案对不同子载波数量 (64、128、256 及 512) 的 IAA 都大于 95%，因此本方案均可正确辨识出所有的子载波数量，说明其对 PMD 具有较强的容忍性。

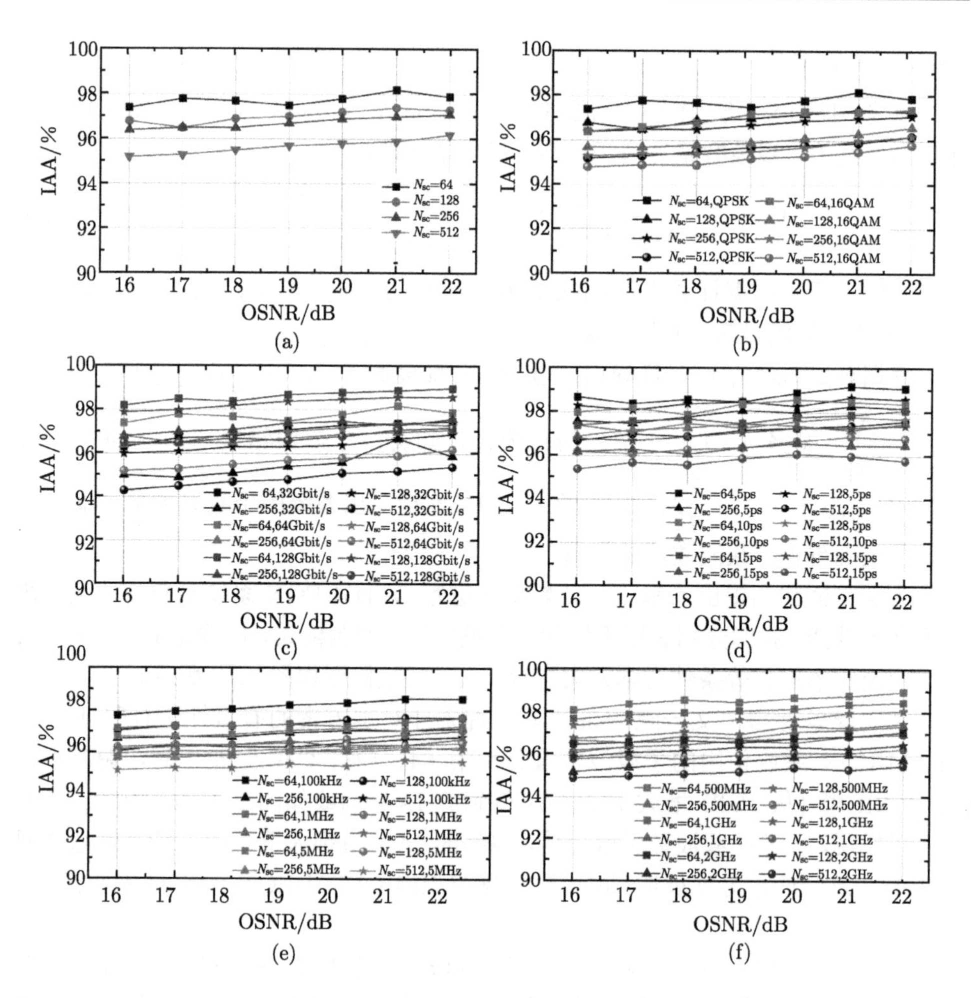

图 4.23　本方案 (a) 在不同子载波数量下的辨识性能曲线图；(b) 在不同调制格式下子载波数量辨识性能曲线图；(c) 在不同传输速率下子载波数量辨识性能曲线图；(d) 在不同 DGD 下子载波数量辨识性能曲线图；(e) 在不同激光线宽下子载波数量辨识性能曲线图；(f) 在不同频率偏移下子载波数量辨识性能曲线图 (扫描封底二维码查看彩图)

最后，由于 OFDM-EON 系统对激光器相位噪声和频率偏移非常敏感，我们还研究了不同的激光器线宽和频偏对本方案的影响。当系统只改变激光器线宽 (分别为 100kHz、1MHz 和 5MHz) 或频率偏移 (分别为 500MHz、1GHz 和 2GHz) 时，从图 4.23 (e) 和图 4.23 (f) 可以看出：本方案对不同的子载波数量取得的 IAA 基本都在 95%以上，即这种方案均能够完全正确地辨识出各种子载波数量。这一结果说明本方案对激光器线宽和频率偏移容忍度较高，可适用于大部分激光器的应用场合。

4.3.3 结论

从上述仿真和实验结果可以看出：当 OSNR 从 16dB 逐渐增大至 22dB 时，在不同的子载波数量、调制方式、传输速率、DGD、激光器线宽和频率偏移的实验条件下，本方案基于接收 OFDM-EON 信号在不同循环频率上的四阶循环累积量，得到的 IAA 值均在 94%以上，远高于正确辨识的阈值 50%，均实现了对 X 和 Y 偏振子载波数量的完全精确盲辨识。我们提出的这种子载波数量盲辨识方案表现出对 OFDM-EON 系统的传输速率、调制格式、PMD、相位噪声和频率偏移的较高容忍度，鲁棒性好。另外，基于四阶循环累积量的计算过程可以看出，虽然本书仅用 QPSK 和 16QAM 来验证该方法的有效性，但这一方案可以无缝推广到 64QAM、128QAM 等更高阶的调制格式。综上，该方案非常适用于 OFDM-EON 系统中子载波数量的盲辨识，并为下一步 OFDM-EON 系统子载波调制格式的辨识奠定了良好的理论基础。

4.4 OFDM-EON 系统的子载波调制格式盲辨识技术

针对 OFDM-EON 系统子载波调制格式的盲辨识研究，我们首先提出了一种基于信号模均方值的辨识方案，此后初步研究了一种基于 BPSK 训练符号的辨识方案。在本节内容中，我们将针对这两种方案的基本原理以及仿真结果进行详细介绍。

4.4.1 基于模均方值的调制格式辨识

本部分内容主要介绍一种基于模均方 (Modulus Mean Square，MMS) 值的 OFDM-EON 系统子载波调制格式辨识方案 [28]。我们将首先详细阐述该方案的工作原理和流程，其后给出相应的仿真和辨识结果。

4.4.1.1 工作原理

众所周知，不同调制格式在理想星座图上具有不同的圆环半径。为统一衡量这些调制格式的半径，我们首先将理想星座图上最远星座点的半径统一为 1，依次往内逐层计算各圆环的半径，其后计算这种调制格式不同半径平方和的均值 (简称 MMS 值)，如图 4.24 所示。

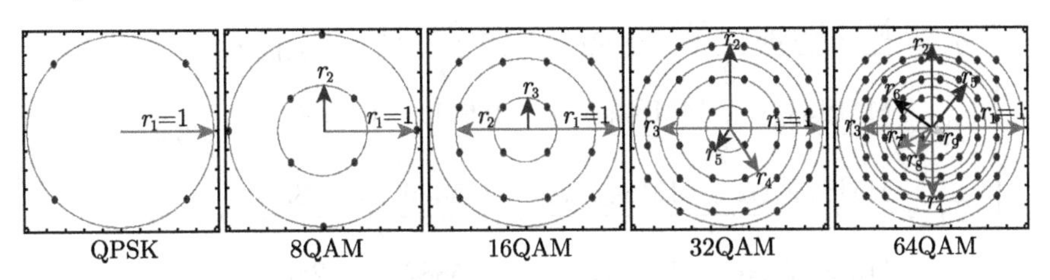

图 4.24 理想星座图上 5 种常用调制格式的圆环半径

根据图 4.24，我们可计算得出这 5 种常用调制格式 (分别为 QPSK、8QAM、16QAM、32QAM 和 64QAM) 的 MMS 值，其详细计算过程为

$$\mathrm{MMS_{QPSK}} = \left(4\times r_1^2\right)/4 = \left(4\times 1^2\right)/4 = 1 \tag{4-30}$$

$$\begin{aligned}\mathrm{MMS_{8QAM}} &= \left(4\times r_1^2 + 4\times r_2^2\right)/8\\ &= \left(4\times 1^2 + 4\times\left(\sqrt{2}/3\right)^2\right)/8 \approx 0.6111\end{aligned} \tag{4-31}$$

$$\begin{aligned}\mathrm{MMS_{16QAM}} &= \left(4\times r_1^2 + 8\times r_2^2 + 4\times r_3^2\right)/16\\ &= \left(4\times 1^2 + 8\times\left(\sqrt{5}/3\right)^2 + 4\times(1/3)^2\right)\Big/16 \approx 0.5556\end{aligned} \tag{4-32}$$

$$\begin{aligned}&\mathrm{MMS_{32QAM}}\\ =&\left(8\times r_1^2 + 8\times r_2^2 + 4\times r_3^2 + 8\times r_4^2 + 4\times r_5^2\right)/32\\ =&\left(8\times 1^2 + 8\times\left(\sqrt{13/17}\right)^2 + 4\times\left(\sqrt{9/17}\right)^2 + 8\times\left(\sqrt{5/17}\right)^2\right.\\ &\left.+4\times\left(\sqrt{1/17}\right)^2\right)\Big/32 \approx 0.5882\end{aligned} \tag{4-33}$$

$$\begin{aligned}&\mathrm{MMS_{64QAM}}\\ =&\left(4\times r_1^2 + 8\times r_2^2 + 8\times r_3^2 + 12\times r_4^2 + 8\times r_5^2 + 8\times r_6^2 + 4\times r_7^2 + 8\times r_8^2 + 4\times r_9^2\right)/64\\ =&\left(4\times(1)^2 + 8\times\left(\sqrt{37}/7\right)^2 + 8\times\left(\sqrt{29}/7\right)^2 + 12\times(5/7)^2 + 8\times\left(\sqrt{17}/7\right)^2\right.\\ &\left.+8\times\left(\sqrt{13}/7\right)^2 + 4\times(3/7)^2 + 8\times\left(\sqrt{5}/7\right)^2 + 4\times(1/7)^2\right)\Big/64 \approx 0.4286\end{aligned} \tag{4-34}$$

理论上，根据不同的 MMS 值，我们可盲辨识出不同的调制格式。而实际在仿真或实验系统中计算得到的 MMS 值，可能会受到 ASE 噪声、光纤链路损伤等的联合影响导致辨识错误，为此，我们根据 MMS 值从大到小的顺序，将公式 (4-30)~公式 (4-34) 中相邻两种调制格式 MMS 值的平均值作为这 5 种调制格式的判决阈值，可得到

$$\begin{cases} T_1 = \dfrac{\mathrm{MMS_{QPSK}} + \mathrm{MMS_{8QAM}}}{2} = \dfrac{1+0.6111}{2} = 0.80555\\ T_2 = \dfrac{\mathrm{MMS_{8QAM}} + \mathrm{MMS_{16QAM}}}{2} = \dfrac{0.6111+0.5556}{2} = 0.58335\\ T_3 = \dfrac{\mathrm{MMS_{16QAM}} + \mathrm{MMS_{32QAM}}}{2} = \dfrac{0.5556+0.5882}{2} = 0.5719\\ T_4 = \dfrac{\mathrm{MMS_{16QAM}} + \mathrm{MMS_{64QAM}}}{2} = \dfrac{0.5882+0.4286}{2} = 0.5084 \end{cases} \tag{4-35}$$

根据以上理论，我们只需计算 OFDM-EON 系统每一子载波的 MMS 值，即可实现调制格式的盲辨识，本方案的 DSP 工作流程如图 4.25 所示。本方案工作时，首先对两偏振的接收信号进行重采样及归一化处理，其后进行符号同步以确定出 OFDM-EON 信号的起始位置，频偏估计的目的是将接收各子载波的中心频率与发射端各子载波分别对准，然后进行 FFT 和信道均衡以补偿信道损伤，此后对每一子载波计算其 MMS 值，并根据如图 4.26 所示流程判决出各子载波的调制格式，最后为相位噪声恢复、信号解调及 BER 计算。

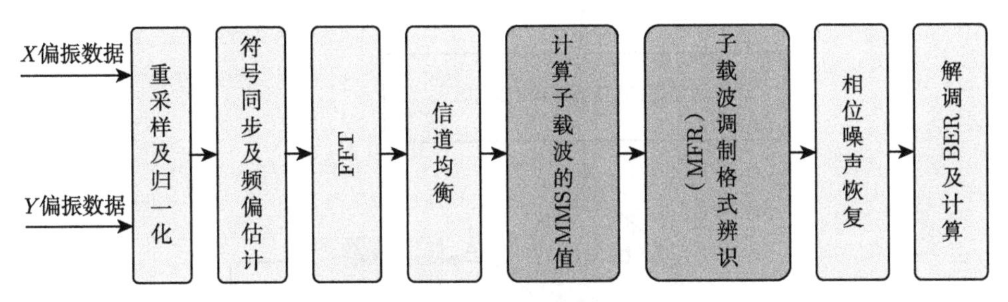

图 4.25 基于 MMS 值的子载波调制格式盲辨识 DSP 流程

进行如图 4.26 所示的子载波调制格式判决时，需要说明的是，本书中假定每一偏振的不同编号子载波随机使用了 QPSK、8QAM、16QAM、32QAM 和 64QAM 这 5 种调制格式，而 X、Y 偏振对应相同编号的各子载波均使用了同样的调制格式，因此计算出两偏振的每一子载波的 MMS 值后，我们求其平均值 MMS_{sub} 以尽量降低信道均衡性能的影响。根据这一判决流程，若 $\text{MMS}_{\text{sub}} \geqslant T_1$，则将这一子载波的调制格式判定为 QPSK；若 $T_2 \leqslant \text{MMS}_{\text{sub}} < T_1$，则将这一子载波的调制格式判定为 8QAM；若 $T_3 \leqslant \text{MMS}_{\text{sub}} < T_2$，则将这一子载波的调制格式判定为 32QAM；若 $T_4 \leqslant \text{MMS}_{\text{sub}} < T_3$，则将这一子载波的调制格式判定为 16QAM；若 $\text{MMS}_{\text{sub}} < T_4$，则将这一子载波的调制格式判定为 64QAM。

4.4.1.2 *仿真及实验验证*

为验证本方案的有效性，我们利用 Matlab 和 VPI 搭建了如图 4.27 所示的 OFDM-EON 系统子载波调制格式盲辨识仿真系统，其系统参数如下：带宽为 16GHz，共使用 256 个子载波，将其中的 119 个高频子载波填充 0 实现过采样，并将中心子载波置零用于接收端的频偏估计，还使用了 8 个等间隔的导频子载波实现相位噪声恢复，剩余的 128 个子载波传递数据信号，每一子载波在 QPSK、8QAM、16QAM、32QAM、64QAM 这 5 种格式中随机选择 1 种进行调制；每行子载波共使用 225 个符号，其中 4 个训练符号用于偏振解复用及信道估计，CP 长度为符号周期的 1/8，激光器线宽 100kHz，频偏 100MHz；光纤链路引入的 DGD 为 65ps，OSNR

变化范围为 16～27dB。使用每通道 80GS/s 采样率的 ADC 进行相干接收，再对接收到的 OFDM-EON 信号进行重采样及归一化、符号同步及频偏估计、FFT、信道均衡等 DSP 处理，最后进行相应的仿真验证。

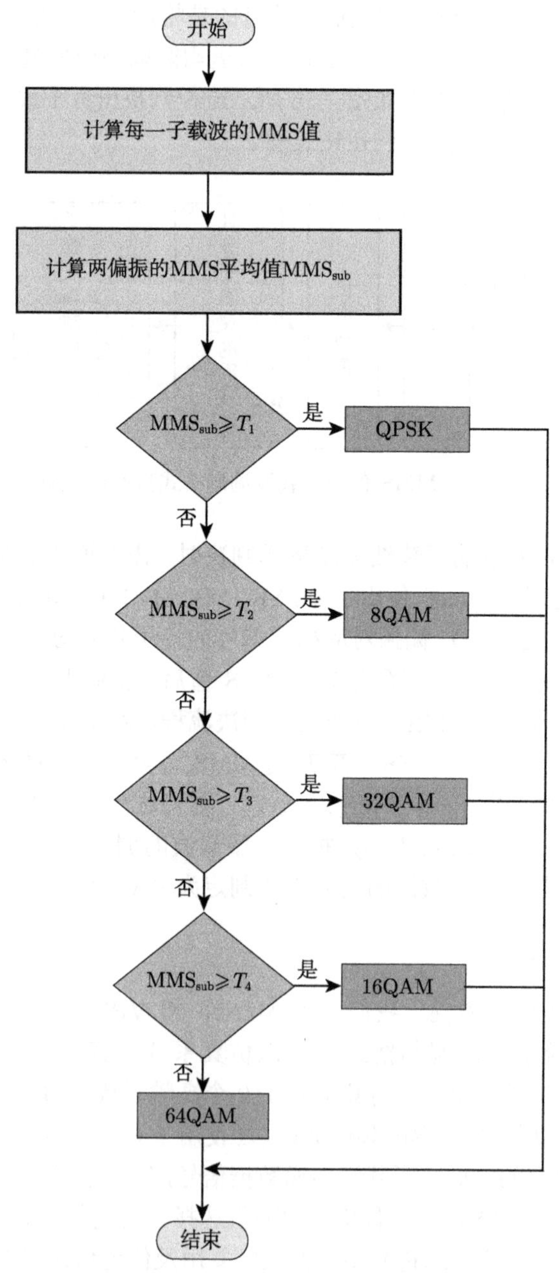

图 4.26　基于 MMS 值的 OFDM-EON 子载波调制格式判决流程

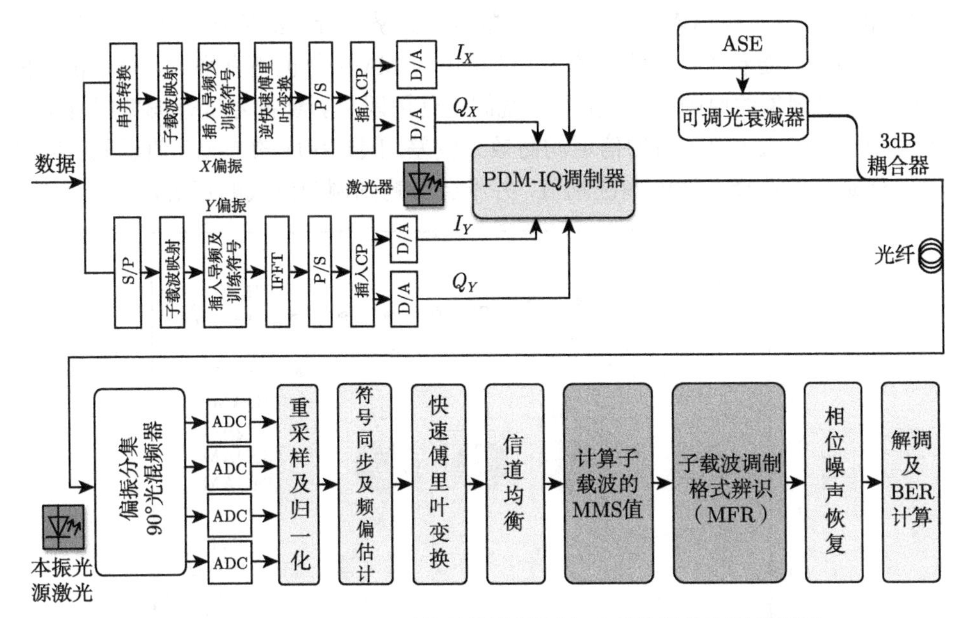

图 4.27 OFDM-EON 系统子载波调制格式盲辨识仿真系统框图

1) 不同条件下 MMS 值的变化曲线

我们提出的 OFDM-EON 系统子载波调制格式盲辨识方案，它以 MMS 值作为调制格式的关键特征加以辨识，因此必须研究不同条件下的 MMS 值变化规律。

首先，我们研究每种调制格式的 MMS 值随 OSNR 的变化趋势。当 OSNR 从 16dB 变化至 27dB 时，计算出每一子载波的 MMS 值后所得结果如图 4.28 所示。从图中可以看出：随着 OSNR 的逐渐增大，这五种调制格式的 MMS 曲线逐渐逼近至各自的理论值；同时根据插图 (a)~ (e) 也可发现，激光器自带的线宽和频偏分别造成了星座点的扩散和旋转，但对各圆环的半径影响不大。因此，这种基于 MMS 值的调制格式辨识具有不受频偏和线宽影响的优点，可在各子载波相位噪声恢复之前进行。

对 OFDM-EON 系统来说，激光器频偏 (FO) 的存在破坏了子载波之间的正交性，这将导致严重的载波间干扰。当激光器线宽固定为 100kHz，DGD 设为 65ps，其他参数不变时，OFDM-EON 系统分别在 100MHz 和 500MHz 频偏条件下，子载波采用不同调制格式时 MMS 值的变化曲线如图 4.29 所示。从图中可以看出，随着 OSNR 的增大，这两种频偏下的 MMS 曲线重合在一起，因此不同激光器频偏对不同调制格式的 MMS 值基本无影响。

由于 OFDM-EON 系统采用了偏振复用技术，我们还研究了不同 DGD 对 MMS 值的影响。当激光器线宽固定为 100kHz，频偏 100MHz 时，分别使用两种 DGD 值测试子载波的不同调制格式下 MMS 值的变化趋势，所得结果如图 4.30 所示。从图中可以发现，随着 DGD 值的增大，计算出的 MMS 值也略有增大，与理论值偏离更远。这种现象的原因在于，由于系统固定使用四个训练符号进行偏振解复用及信道估计，对较大 DGD 值的信道均衡效果较差，因此相应的 MMS 值误差也随之增大，但是只要选择合适的判决阈值，并不会影响到调制格式的盲辨识。

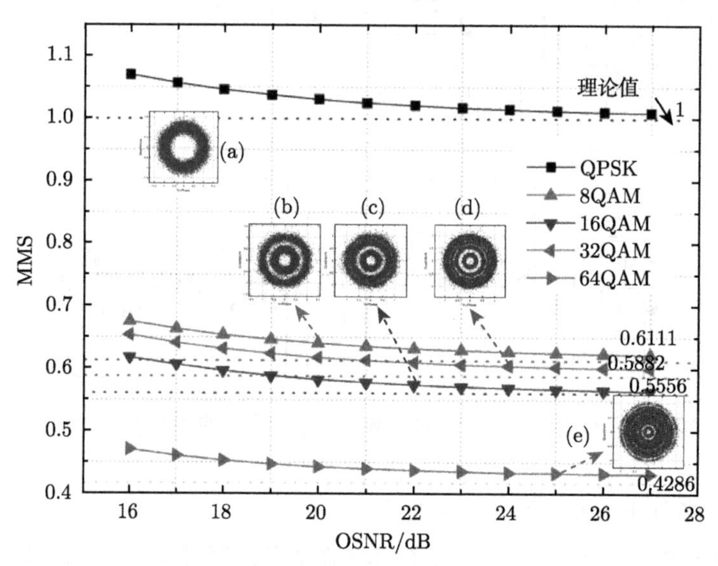

图 4.28　OFDM-EON 系统子载波不同调制格式的 MMS 值随 OSNR 变化的曲线

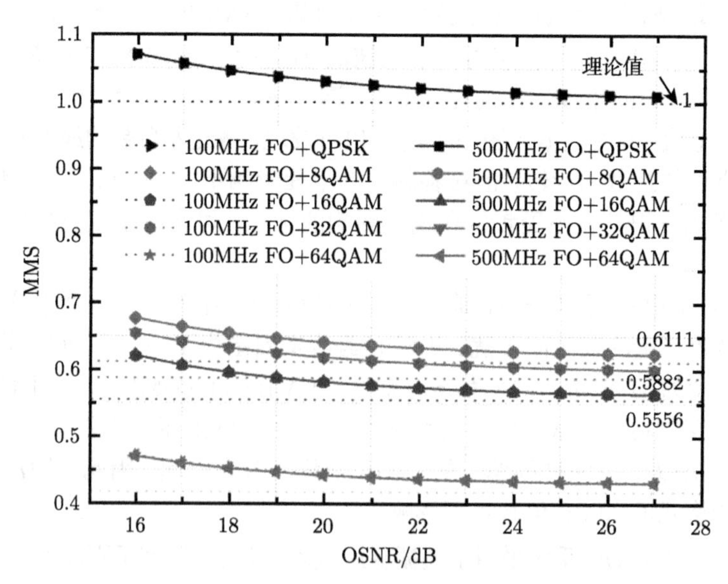

图 4.29　在不同频偏条件下子载波不同调制格式的 MMS 值随 OSNR 变化的曲线

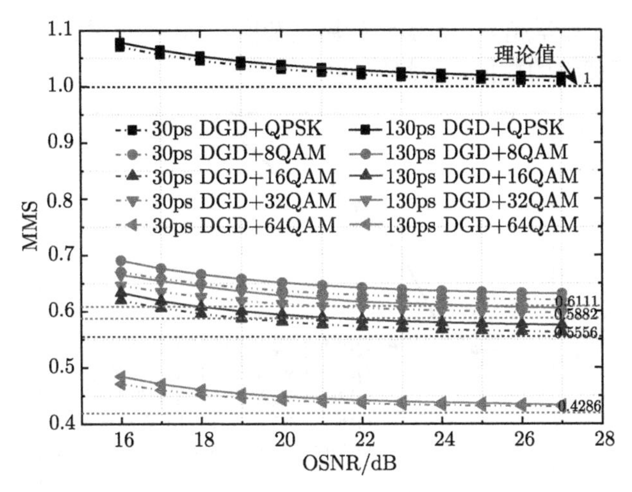

图 4.30　在不同 DGD 条件下，不同调制格式的子载波 MMS 值随 OSNR 的变化曲线

2) 仿真结果

我们定义调制格式辨识成功率 (Modulation Format Recognition Rate，MFRR) 指标来衡量本方案的子载波调制格式盲辨识性能，其计算公式如公式 (4-36) 所示，其中，N_{sc} 表示系统子载波的总数量；N_{error} 是每次调制格式辨识错误的子载波数量。

$$\mathrm{MFRR}=\frac{N_{\mathrm{sc}}-N_{\mathrm{error}}}{N_{\mathrm{sc}}}\times 100\% \tag{4-36}$$

在如图 4.27 所示的仿真系统中，参数如前所述。当 OSNR 固定为 20dB 时，常用的五种调制格式的 MMS 判决阈值按以下公式计算，这些阈值将被应用于以下的仿真和实验验证中。

$$\begin{cases} T_1=\dfrac{\mathrm{MMS}_{\mathrm{QPSK}_{20\mathrm{dB}}}}{2}+\mathrm{MMS}_{8\mathrm{QAM}_{20\mathrm{dB}}}=\dfrac{1.0306+0.6405}{2}=0.8356 \\ T_2=\dfrac{\mathrm{MMS}_{8\mathrm{QAM}_{20\mathrm{dB}}}}{2}+\mathrm{MMS}_{32\mathrm{QAM}_{20\mathrm{dB}}}=\dfrac{0.6405+0.6183}{2}=0.6294 \\ T_3=\dfrac{\mathrm{MMS}_{32\mathrm{QAM}_{20\mathrm{dB}}}}{2}+\mathrm{MMS}_{16\mathrm{QAM}_{20\mathrm{dB}}}=\dfrac{0.6183+0.5821}{2}=0.6002 \\ T_4=\dfrac{\mathrm{MMS}_{16\mathrm{QAM}_{20\mathrm{dB}}}}{2}+\mathrm{MMS}_{64\mathrm{QAM}_{20\mathrm{dB}}}=\dfrac{0.5821+0.4428}{2}=0.5125 \end{cases} \tag{4-37}$$

首先，我们分析每个子载波的数据点数对本方案辨识成功率的影响。当子载波随机使用 QPSK 或 8QAM 调制时，对每一子载波分别采用 221、449、904、1814 及 3634 个数据点计算 MMS 值并进行调制格式辨识，所得结果如图 4.31 所示。从图中可以发现：在 OSNR 低于 24dB 时，每子载波的数据点数对 MFRR 影响较大，同一 OSNR 下每子载波使用的数据点数越多，MMS 值计算越精确，取得的 MFRR

越高，但是相应计算量越大。考虑到计算复杂度和 MFRR 之间的均衡，在以下仿真和实验中每子载波的数据点数均取 904。

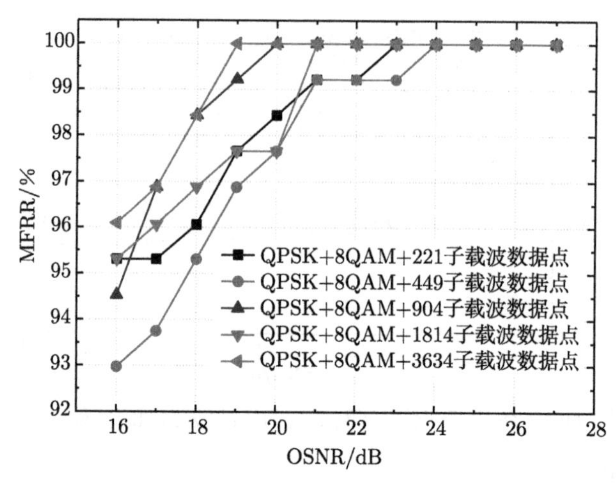

图 4.31 子载波使用 QPSK 或 8QAM 调试时，不同数据点数对 MFRR 的影响

最后，当光纤非线性系数设置为 $2.6\times10^{-20}\text{m}^2/\text{W}$，光纤有效面积为 $80\mu\text{m}^2$，每一子载波的调制格式分别在集合 (QPSK，8QAM)、(16QAM，64QAM) 及 (QPSK，32QAM，64QAM) 中随机选择一种，相应信号在光纤中分别传输 1000km、600km 和 600km 后，我们研究光纤非线性对所提方案辨识成功率的影响，结果如图 4.32 所示。可以看出：当入纤功率从 −13dBm 逐渐增大至 0dBm①时，受光纤非线性影响，本方案对这三种子载波混合调制格式进行盲辨识后，MFRR 曲线均明显表现出先增大后减小的趋势，最优的入纤功率为 −8dBm。

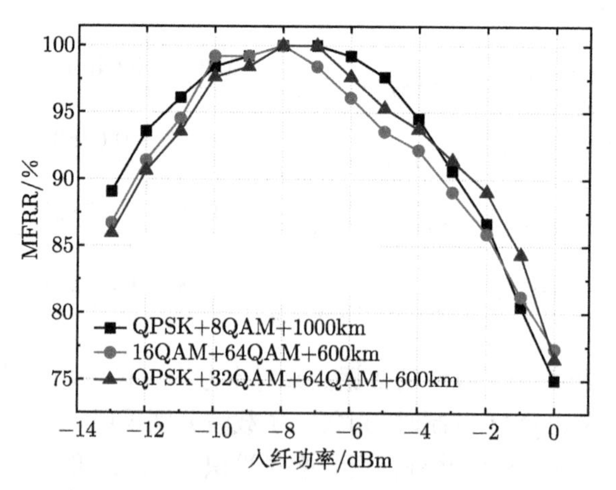

图 4.32 不同入纤功率对于 MFRR 的影响

① $P(\text{dBm})=10\lg(P(\text{W}))+30$。

3) 实验结果

OFDM-EON 系统子载波调制格式盲辨识实验系统如图 4.33 所示。首先由 Matlab 软件产生 26368 个有效 OFDM-EON 符号，OFDM-EON 系统参数同上述仿真平台，将这一数字信号 4 倍上采样后送入 DAC 最大采样率为 65GS/s 的 AWG 中，发射端和相干接收本振激光器线宽均为 100kHz，中心波长为 1550nm，利用 PDM-IQ 调制器将 OFDM-EON 信号调制至光域。此外，为便于调节光纤链路的 OSNR，通过 3dB 耦合器将 ASE 噪声耦合进光纤链路中。在接收端使用每通道 80GS/s 的相干接收机进行信号接收，最后进行 DSP 离线处理，其流程如图 4.25 所示，不再赘述。

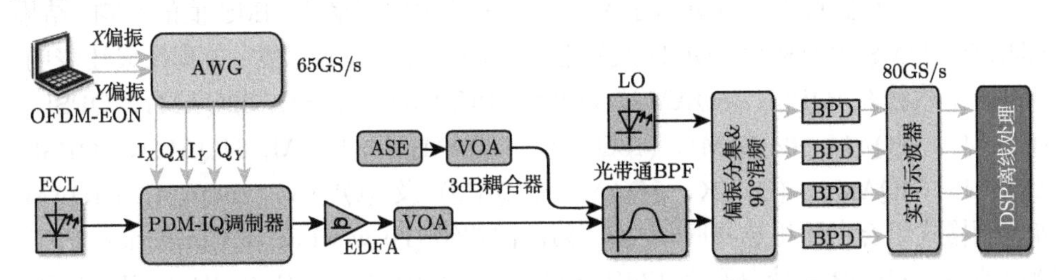

图 4.33 OFDM-EON 系统子载波调制格式盲辨识实验系统框图

当发射端每一子载波分别在集合 (QPSK，8QAM)、(16QAM，64QAM) 及 (QPSK，32QAM，64QAM) 中随机选择一种时，在接收端进行调制格式盲辨识的结果如图 4.34 所示。从图中可以看出实验与仿真结果基本吻合：对于 (QPSK，8QAM) 调制格式的辨识，当 OSNR<20dB 时 MFRR 在 94%～99%波动，而 OSNR⩾20dB 后的 MFRR 均达到 100%；类似地，对于 (16QAM, 64QAM) 调制格式的辨识组合，

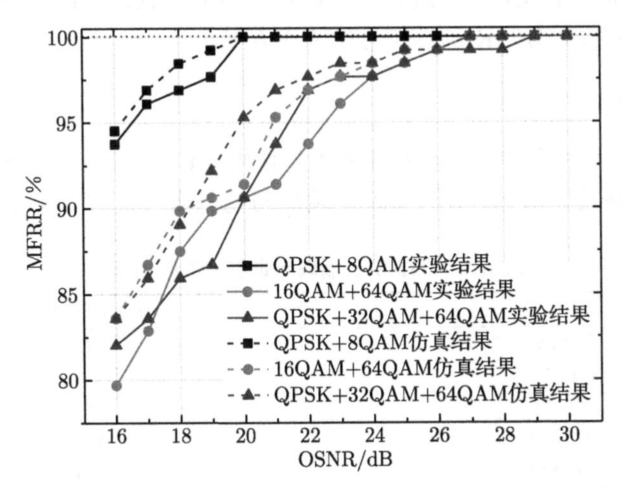

图 4.34 在仿真与实验条件下不同子载波调制格式的 MFRR 结果对比

当 OSNR≥23dB 时，仿真与实验所得 MFRR 曲线基本保持一致；以及当系统子载波选择 (QPSK, 32QAM, 64QAM) 组合时，OSNR≥25dB 后仿真与实验所得 MFRR 曲线基本一致。此外，我们还可以发现：为达到 100%的辨识成功率，系统 OSNR 需在 29dB 以上，原因在于，当 OSNR 较低时，对 32QAM 和 64QAM 的信道均衡效果较差。

4.4.1.3 结论

本部分内容中，我们提出并验证了一种基于信号 MMS 值的 OFDM-EON 系统子载波调制格式辨识方案。这种方案通过设置适当的阈值间隔达到子载波调制格式辨识的目的。我们首先仿真分析了不同仿真参数对调制格式 MMS 值的影响，结果表明信号 MMS 值对频偏、DGD 及发射功率均具有较大容忍度。仿真结果还表明，当每一子载波在 (QPSK，8QAM)、(QPSK，16QAM)、(QPSK，32QAM)、(QPSK，64QAM)、(8QAM，64QAM)、(16QAM，64QAM)、(32QAM, 64QAM)、(QPSK, 32QAM，64QAM)、(QPSK，8QAM，64QAM) 及 (QPSK，16QAM，64QAM) 等调制格式组合中随机选择时，达到 7%前向纠错 (Forward Error Correction, FEC) 阈值的最小 OSNR 系统分别为 17dB、19dB、23dB、24dB、24dB、25dB、25dB、24dB、25dB 及 25dB。此外，我们还进行了 OFDM-EON 系统的子载波调制格式盲辨识实验，实验与仿真结果基本吻合，也证明了本方案的有效性。上述结果证明，利用信号 MMS 值进行 OFDM-EON 系统子载波调制格式的辨识是可行的。这种方案具有实现简单的优点，并对系统频偏和 PMD 有较强容忍性。

4.4.2 基于 BPSK 训练符号的调制格式辨识

受文献 [13] 的启发，我们进行了 OFDM-EON 子载波的调制格式辨识初步研究，提出了一种基于 BPSK 训练符号的辨识方案。

4.4.2.1 工作原理

该方案原理比较简单，即在发射端预先使用 BPSK 编码方式表示待发射每一子载波的调制格式信息。使用的 BPSK 编码与调制格式映射如表 4.2 所示。

表 4.2 BPSK 编码与调制格式映射表

调制格式	BPSK 编码
BPSK	000
QPSK	001
8QAM	010
16QAM	011
32QAM	100
64QAM	101

发射端 X 偏振的 OFDM-EON 帧结构如图 4.35 所示，在每一子载波上，除去加入用于符号同步、信道估计及偏振解复用的训练符号 (图 4.35 中绿色方格所示) 外，本方案还插入了用于调制格式辨识的 BPSK 训练序列 (图 4.35 中红色方格所示)。采用 BPSK 编码的原因在于，它只能将调制格式信息编码成 $\{0,\pi\}$ 相位，编解码过程简单快捷，且对相位噪声具有较高容忍度。此外，为尽量降低 ASE 噪声的影响并提高辨识成功率，在每一个 OFDM 符号中 BPSK 训练序列需要周期性地插入多次 (一般重复 3~5 次即可)。

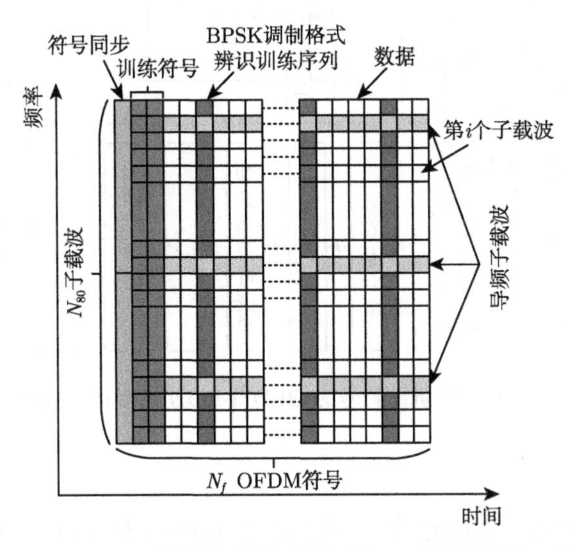

图 4.35 发射端 OFDM-EON 子载波调制格式辨识的 X 偏振帧结构 (扫描封底二维码查看彩图)

在此基础上，进行 OFDM-EON 调制格式辨识的原理框图如图 4.36 所示。在发射端，每偏振的数据首先将高速码流串并转换为多个低速并行码流，再对每一子载波数据进行调制和符号映射，其后周期性地插入 BPSK 调制格式辨识 (Modulation Format Identification，MFI) 符号，以及导频和训练符号，其后进行 IFFT、并串转换 (P/S) 及插入 CP 操作，再将两支路数据分别进行 D/A 转换送入 PDM-IQM 进行电光调制。光发射机输出的 OFDM-EON 信号利用光纤传输，并使用 ASE 光源调节光纤链路中的 OSNR。

为尽量消除光纤信道传输损伤、激光器相位噪声和 ASE 噪声的影响，经过相干接收后，本方案将调制格式辨识模块放置在信道均衡及子载波相位估计模块之后。具体来说，根据第 3 章图 3.23 所示，对接收的 OFDM-EON 信号需完成符号同步、频偏估计、去除 CP、FFT、串并转换、偏振解复用、信道均衡及子载波相位估计等 DSP 处理流程，再进行每一子载波的调制格式辨识，最后为每一载波的符号解码及 BER 计算。

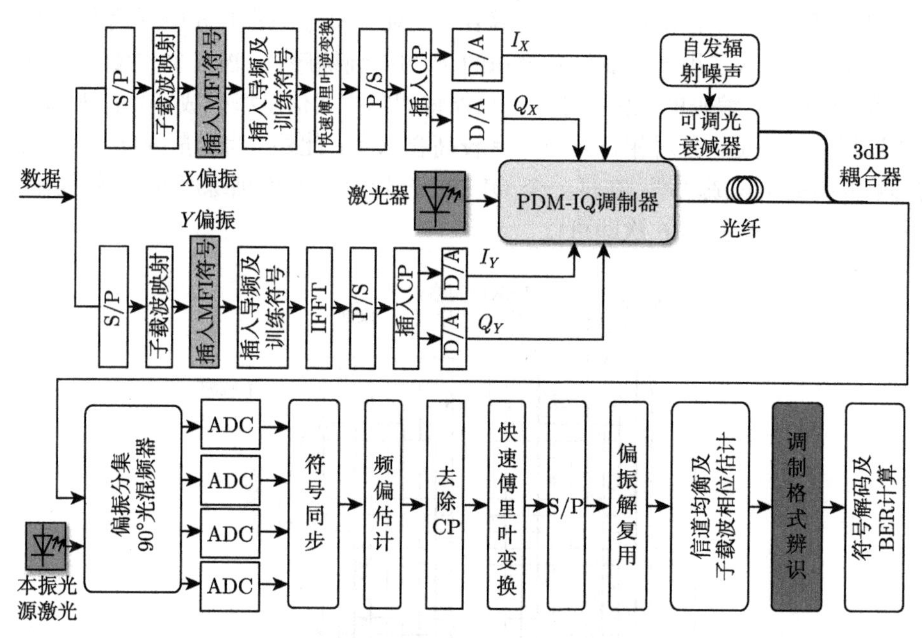

图 4.36　基于 BPSK 训练符号的 OFDM-EON 调制格式辨识仿真框图

4.4.2.2　仿真结果

为验证本书所提方案的有效性，我们利用 Matlab 和 VPI 搭建了 OFDM-EON 仿真传输系统，其原理框图如图 4.36 所示。发射端仿真参数如下：带宽 28GHz，使用 128 个子载波，每一子载波在 (BPSK, QPSK, 8QAM, 16QAM, 32QAM, 64QAM) 这 6 种格式中随机选择 1 种进行调制；4 个导频子载波用于相位估计，将中心子载波置零用于接收端的频偏估计；每行子载波共使用 455 个符号，其中 4 个训练符号用于偏振解复用及信道估计，15 个 BPSK MFI 符号用于调制格式辨识；CP 长度为符号周期的 1/8；激光器线宽 100kHz，频偏 100MHz；光纤链路引入的 DGD 为 40ps，OSNR 变化范围为 9~35dB。使用每通道 80GS/s 采样率的 ADC 进行相干接收后，对每种 OSNR 条件下保存的 131072 个数据进行 8 次独立调制格式辨识实验，最终取这 8 次实验的平均 MFI 成功率作为最终的辨识结果。

MFI 成功率的计算公式可写成

$$\mathrm{MFI}=\frac{N_{\mathrm{MFI}}}{N_{\mathrm{sc}}}\times 100\% \tag{4-38}$$

式中，N_{MFI} 表示子载波的调制格式被正确辨识的个数；N_{sc} 为 OFDM-EON 使用的子载波总数量。

仿真得到的辨识结果如图 4.37 所示。从中可以发现，对于子载波随机使用的 6 种调制格式，当 OSNR 小于等于 15dB 时，极少数子载波使用的 32QAM 及 64QAM 调制使得相干接收端的信道估计和相位噪声恢复效果较差 (如图 4.37(a) 所示 X 偏振第 16 个子载波进行 32QAM 调制后接收的星座图)，导致 BPSK 解码错误，此时本方案的 MSR 为 94.6%～99.9%，即产生了极少数子载波的调制格式辨识错误；当 OSNR 高于 15dB 时，MFI 成功率均达到了 100%，实现了对所有子载波调制格式的成功辨识，而所有子载波直到 OSNR 高于 30dB 时才能够较好地恢复出星座图 (图 4.37(b) 和 (c))。

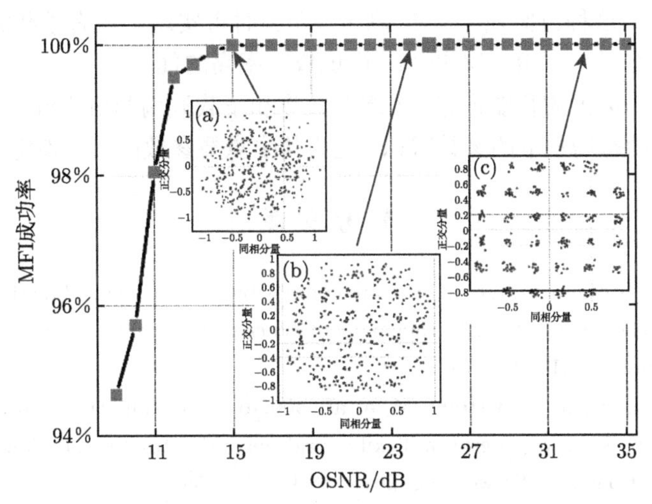

图 4.37 在不同 OSNR 下，本书所提方案对 OFDM-EON 系统的子载波调制格式辨识成功率，在 (a) OSNR 为 15dB；(b) OSNR 为 24dB；(c) OSNR 为 33dB 时 X 偏振第 16 个子载波进行 32QAM 调制后的接收星座图

4.4.2.3 结论

从仿真结果可以看出，这种基于 BPSK 训练符号的子载波调制格式辨识方案具有实现简单、对 OSNR 容忍度高、辨识成功率高的优点，在 OSNR 高于 15dB 时，均能实现 100%的辨识成功率。

4.5 本 章 小 结

参数的智能辨识是 OFDM-EON 正确解调和相干接收的基础。4.1 节首先介绍了带宽的基本概念及目前的参数辨识研究现状。4.2 节详细阐述了我们提出的 OFDM-EON 智能带宽辨识方案，并分析了采样点数及窗口宽度对辨识性能的影响，仿真及实验结果表明：本方案对 CD 具有良好的容忍度，子载波数量和频偏也不会影响带宽辨识精度；该方案的 EAA 可达 95%以上，最高分辨率为 39MHz；在几乎相同的辨识精度下，所提方案的采样点数仅为基于循环平稳特性方法的 1/16。4.3 节提出了基于四阶循环累积量的 OFDM-EON 系统子载波数量盲辨识方案，仿真和实验结果说明：这种子载波数量盲辨识方案具有对 OFDM-EON 系统的传输速率、调制格式、PMD、相位噪声和频率偏移的较高容忍度，鲁棒性好。在 4.4 节我们首先提出并验证了一种基于信号 MMS 值的 OFDM-EON 系统子载波调制格式辨识方案，这种方案具有实现简单的优点，并对系统频偏和 PMD 有较强容忍性；另外还进行了基于 BPSK 训练符号的 OFDM-EON 子载波调制格式辨识初步研究，仿真结果表明，这种方案在 OSNR 高于 15dB 时可实现对所有子载波调制格式的正确辨识，具有对 OSNR 容忍度高、辨识成功率高的优点。

总之，本书提出的智能带宽、子载波数量和子载波调制格式辨识方案，适用于 OFDM-EON 动态场景下的参数辨识，也为其余重要参数的估计奠定了良好基础。

参 考 文 献

[1] Yu F, Li M, Stojanovic N, et al. Bitrate-compatible adaptive coded modulation for software defined networks [C] // European Conference on Optical Communications (ECOC), Cannes, France, 2014: P. 3. 5.

[2] Pagano A, Riccardi E, Bertolini M, et al. 400Gb/s real-time trial using rate-adaptive transponders for next-generation flexible-grid networks [Invited] [J]. Journal of Optical Communications and Networking, 2015, 7(1): A52-A58.

[3] Dupas A, Layec P, Dutisseuil E, et al. Elastic optical interface with variable baudrate: architecture and proof-of-concept [J]. Journal of Optical Communications and Networking, 2017, 9(2): A170-A175.

[4] Proietti R, Qin C, Guan B, et al. Elastic optical networking by dynamic optical arbitrary waveform generation and measurement [J]. Journal of Optical Communications and Networking, 2016, 8(7): A171-A179.

[5] Gerstel O, Jinno M, Lord A, et al. Elastic optical networking: a new dawn for the optical layer? [J]. IEEE Communications Magazine, 2012, 50(2): s12-s20.

[6] Xu H, Feng Y, Yuan J, et al. Intelligent bandwidth-estimation technique for orthogonal frequency division multiplexing-based elastic optical networking [J]. Journal of Optical Communications and Networking, 2016, 8(12): 938-946.

[7] Wikipedia. Bandwidth (signal processing) [EB/OL]. https://en.wikipedia.org/wiki/Bandwidth_(signal_processing).

[8] Liu M, Li B, Yang Q, et al. Blind joint estimation for OFDM time-frequency parameters[J]. Circuits, Systems, and Signal Processing, 2013, 32(6): 2999-3012.

[9] Ionescu M V, Erkilinc M S, Paskov M, et al. Novel baud-rate estimation technique

for M-PSK and QAM signals based on the standard deviation of the spectrum [C] // 39th European Conference and Exhibition on Optical Communication (ECOC 2013), London, 2013: 1-3.

[10] Ionescu M, Sato M, Thomsen B. Cyclostationarity-based joint monitoring of symbol-rate, frequency offset, CD and OSNR for Nyquist WDM superchannels [J]. Optics Express, 2015, 23(20): 25762-25772.

[11] Jinno M. Elastic optical networking: roles and benefits in beyond 100-Gb/s era [J]. Journal of Lightwave Technology, 2017, 35(5): 1116-1124.

[12] Sambo N, Castoldi P, Errico A D, et al. Next generation sliceable bandwidth variable transponders [J]. IEEE Communications Magazine, 2015, 53(2): 163-171.

[13] Xiang M, Zhuge Q, Qiu M, et al. Modulation format identification aided hitless flexible coherent transceiver [J]. Optics Express, 2016, 24(14): 15642-15655.

[14] Isautier P, Mehta K, Stark A J, et al. Robust architecture for autonomous coherent optical eceivers [J]. Journal of Optical Communications and Networking, 2015, 7(9): 864-874.

[15] Khan F N, Zhou Y D, Sui Q, et al. Non-data-aided joint bit-rate and modulation format identification for next-generation heterogeneous optical networks [J]. Optical Fiber Technology, 2014, 20(2): 68-74.

[16] Liu J, Zhong K, Dong Z, et al. Signal power distribution based modulation format identification for coherent optical receivers [J]. Optical Fiber Technology, 2017, 36(Supplement C): 75-81.

[17] Mai X, Liu J, Wu X, et al. Stokes space modulation format classification based on non-iterative clustering algorithm for coherent optical receivers [J]. Optics Express, 2017, 25(3): 2038-2050.

[18] Chen P, Liu J, Wu X, et al. Subtraction-clustering-based modulation format identification in Stokes space [J]. IEEE Photonics Technology Letters, 2017, 29(17): 1439-1442.

[19] Adles E J, Dennis M L, Johnson W R, et al. Blind optical modulation format identification from physical layer characteristics [J]. Journal of Lightwave Technology, 2014, 32(8): 1501-1509.

[20] Inoshita K, Hama Y, Kishikawa H, et al. Noise tolerance in optical waveguide circuits for recognition of optical 16 quadrature amplitude modulation codes [J]. Optical Engineering, 2016, 55(12): 126105.

[21] Welch P D. The use of fast Fourier transform for the estimation of power spectra: a method based on time averaging over short, modified periodograms [J]. IEEE Transactions on Audio and Electroacoustics, 1967, 15(2): 70-73.

[22] Parhi K K, Ayinala M. Low-complexity welch power spectral density computation [J]. IEEE Transactions on Circuits and Systems I: Regular Papers, 2014, 61(1): 172-182.

[23] Huang N E, Shen Z, Long S R, et al. The empirical mode decomposition and the Hilbert

spectrum for nonlinear and non-stationary time series analysis [J]. Proceedings of the Royal Society of London A: Mathematical, Physical and Engineering Sciences, 1998, 454(1971): 903-995.

[24] Dallaglio M, Giorgetti A, Sambo N, et al. Routing, spectrum, and transponder assignment in elastic optical networks [J]. Journal of Lightwave Technology, 2015, 33(22): 4648-4658.

[25] Lopez V, de la Cruz B, Gonzalez de Dios O, et al. Finding the target cost for sliceable bandwidth variable transponders [J]. Optical Communications and Networking, IEEE/OSA Journal of, 2014, 6(5): 476-485.

[26] Zhao L, Xu H, Bai C. Blind identification of the number of sub-carriers for orthogonal frequency division multiplexing-based elastic optical networking [J]. Optics Communications, 2018, 411: 101-107.

[27] 张贤达, 保铮. 非平稳信号分析与处理 [M]. 北京: 国防工业出版社, 1998.

[28] Zhao L, Xu H, Bai S, et al. Modulus mean square-based blind hybrid modulation format recognition for orthogonal frequency division multiplexing-based elastic optical networking [J]. Optics Communications, 2019, 445: 284-290.

第5章 基于EKF的弹性光网络损伤联合均衡技术

作为弹性光网络 (EON) 物理层的关键技术，弹性收发机采用偏振复用 (PDM)、高阶调制和先进的相干接收 DSP 处理技术充分挖掘光载波每一维度的潜力以增加信道传输容量 [1]。在给定 OSNR 条件下，弹性收发机还应支持调制格式及带宽的自适应配置以达到弹性光路中传输距离、频谱效率和健壮性之间的较好平衡 [2]。从目前的研究进展来看，由于 PDM 技术可同时利用光载波的两个正交偏振传递信息，已研制的弹性收发机均采用了这种技术，典型调制格式如 PDM-QPSK 和 PDM-16QAM[3−6]，尽管 PDM 技术实现了比特率翻倍的目的，但它对光纤链路中各种偏振相关损伤 (包括 PDL、RSOP 及 PMD 等) 更加敏感，这些偏振损伤对 EON 信号的传输造成了严重影响，现有 DSP 技术已经无法有效均衡这些损伤，必须开发专门的 DSP 技术加以处理。这种偏振损伤均衡 (也被称为偏振解复用) 算法在 EON 信号的相干接收处理中占据着非常关键的地位，只有取得良好的偏振均衡效果，才有可能为下一步的频偏估计、相位恢复及符号解码等 DSP 流程奠定良好基础。

此外，对于 EON 相干接收信号，DSP 流程进行了偏振损伤联合均衡后，下一步的关键问题是如何从光载波中完整地将发射端加载的幅度、相位等信息恢复出来。由于发射端光源和本振光源为两个独立运行的激光器，尽管中心波长被调谐至同一数值，但这两个激光器无法进行精确的频率锁定，导致接收信号中始终存在最高可达 5GHz 的载波频率偏移 (Carrier Frequency Offset，CFO)，这将引起星座图随时间的整体旋转。另外，发射激光器和接收激光器的固有线宽也将导致载波相位的随机变化，被称为载波相位噪声 (Carrier Phase Noise，CPN)，CPN 将造成星座点围绕理想位置的随机展宽。CFO 和 CPN 这两种载波损伤都会引起接收符号的错误判决和严重误码。目前使用的 CFO 估计和 CPN 恢复算法表现出计算复杂度高，收敛速度慢等缺陷，必须采用新的 DSP 技术以适应 EON 相干接收系统实时处理、快速收敛的要求。

本章充分利用并挖掘扩展卡尔曼滤波器 (Extended Kalman Filter, EKF) 具有的收敛速度快、计算复杂度低的特点，提出并验证多种进行偏振损伤联合均衡、CFO 估计和 CPN 恢复的方案。内容安排如下：5.1 节为研究背景，主要介绍 EON 偏振损伤均衡、CFO 估计和 CPN 恢复的研究现状；5.2 节重点介绍基于 EKF 的参数估计原理；5.3 节阐述并验证一种可进行 PDL、RSOP 及一阶 PMD 等偏振损伤联合均衡和相位噪声恢复的方案；5.4 节提出并实验验证一种基于两阶段 PMD 补偿矩阵的 RSOP、一阶 PMD 和二阶 PMD 的联合偏振损伤均衡方案；5.5 节主要研究基于 EKF 的 CFO 估计和 CPN 恢复方案；5.6 节提出并验证一种三阶段线性动态损伤一体化均衡方案；最后 5.7 节为本章总结。

5.1 研究背景

在本节中，我们主要介绍 EON 偏振损伤均衡、CFO 估计及 CPN 恢复的背景知识。

5.1.1 EON 偏振损伤的相关研究背景

这部分内容中，我们主要介绍 EON 偏振损伤均衡的相关背景知识，包括偏振损伤的来源、分析，以及目前的偏振损伤均衡研究现状等。

本书讨论的偏振损伤包括 PDL、RSOP 及 PMD 等，其中 PDL 损伤来源于光隔离器和耦合器等光学器件的插入损耗变化。由 3.1.4 小节的分析，PDL 将使 PDM 信号在斯托克斯空间的中心对称平面沿 s_1 方向平移，相对来说，PDL 这种静态损伤的补偿可通过将对称平面平移至原始理想位置实现 [7]。而 RSOP 和 PMD 均被看作动态损伤，光纤弯曲、环境温度、压力、机械振动及极端天气等因素都会造成它们的急剧变化。据文献报道 [8]，由机械扰动造成的最快 RSOP 速度为每秒 45000 次旋转，约为 282.6krad/s，此外，由于法拉第效应，闪电可导致光缆中最少几百 krad/s 的 RSOP[9]，极端情形下由闪电造成的光纤复合地线 (OPGW) 中的 RSOP 最快可达 5.1Mrad/s[10]，此时在庞加莱球上观察到的最大偏振态偏转角度将超过 180°。此外，由光纤残余双折射导致的 PMD 矢量 $\boldsymbol{\tau} = \Delta\tau\,\hat{\boldsymbol{p}}$，其大小等于快慢轴偏振主态之间的 DGD，方向指向慢轴偏振主态 [11]，快速 RSOP 将引起 PMD 矢量方向的剧烈变化。假设光纤链路中已补偿 PDL，以下内容将详细分析 PMD 矢量与快速 RSOP 之间的相互作用对 EON 光接收信号的影响。

首先，仅考虑一阶 PMD 时，DGD 与 RSOP 之间的相互作用造成了 PDM 信号相位的急剧变化。根据 3.1.5 节中的 PMD 级联模型，由 PMD 导致的相位旋转表示为 $\varphi = \omega\Delta\tau$，假定光载波中心波长为 1550nm，光纤链路中的 DGD 为 50ps 时，如果 RSOP 在 1μs 内产生 (对应闪电电流的典型转换时间)，即 RSOP 速度为 1Mrad/s，我们可计算出对应的相位变化为 61Grad/s，由此导致的信号频率变化为 9.71GHz。如果 EON 系统相干接收机的偏振均衡算法不能跟踪这种快速的相位和频率变化，而将其留给后续载波频偏和相位估计处理，将无法正确恢复信号并产生大量误码。其次，如图 3.9 所示，PMD 模型可等价于多个双折射分段的级联，如果 PDM-EON 信号经前一双折射分段输出后，由闪电引入的 RSOP 将改变它与后一级联分段之间的偏振对准，这也将导致前后两个双折射分段传输引起的相位差不能保持一致。如果偏振均衡算法不能快速跟踪这种变化，也将导致严重的频率偏移和相位噪声。因此，DGD 与 RSOP 之间的相互作用要求弹性收发机的偏振损伤均衡算法必须能够快速收敛，一方面需要跟踪这种相互作用导致的 EON 信号的快速相位和频率变化，另一方面需要适配弹性收发机的硬件再配置时间 ($<$ 450μs) 及波长切换时间 ($<$ 150ns) 的要求 [4,12,13]。

此外，当前基于电域 DSP 技术的 PMD 补偿主要集中在一阶 PMD，即 DGD 补偿上，而忽略了更高阶 PMD 效应。由于激光器总存在一定的线宽，输出的光脉冲中包含许多波长成分，这样 PMD 矢量关于波长的相关性将进一步造成光脉冲的展宽，由此导致的二阶 PMD 对信号传输也造成了严重损伤。进行偏振损伤均衡时，若只进行一阶 PMD 补偿而忽略对二阶 PMD 的均衡，PDM-EON 系统的 PMD 容忍度将被高估 10%～20%[14]。特别是当 RSOP 与二阶 PMD 共同作用时，输入光信号的偏振态将围绕偏振主态分散，极大地降低了信号的偏振度，并造成频谱去偏振效应。因此，在一些极端应用场景下，必须在偏振均衡的 DSP 技术中对二阶 PMD 效应加以缓解。

针对上述偏振损伤均衡问题，国内外提出的解决方案大体可分为三大类。

1) 基于 MIMO 结构的偏振解复用方案

目前这种最常用的均衡方案包括针对 mPSK 调制采用的 CMA 算法 [15]、高阶 QAM 调制采用的 MMA 算法 [16]，以及针对 CMA/MMA 表现出的奇异性问题进行相应改进的算法等 [17,18]。它的中心思想为：利用基于 MIMO 结构的数字蝶形滤波器追踪链路中偏振态的快速变化，以进行信道传递矩阵的估计，达到一次性补偿所有偏振损伤的目的，最终恢复出两个原始正交偏振的发射信号。这种方案的缺点在于易出现奇异性问题，并且最大只能够跟踪 2Mrad/s 左右的 RSOP，且收敛速度较慢。

2) 基于斯托克斯空间的偏振解复用方案

已提出的基于斯托克斯空间的偏振解复用方案，具体包括适用于单载波系统与相干光正交频分复用 (Coherent Optical-Orthogonal Frequency Division Multiplexing, CO-OFDM) 系统中的 PDL 监测与补偿方案 [7,19]，利用几何方法自适应地跟踪采样点拟合平面的法向量方案 [20]，自适应计算偏振态的反旋矩阵进行偏振恢复 [21]，以及使用梯度下降最优方法进行联合偏振和相位跟踪 [22] 等。在斯托克斯空间进行偏振解复用时，首先需要在斯托克斯空间进行数据拟合以寻找到最优拟合平面，其后将该拟合平面移动至原始的理想位置。这种方案需要解决的问题包括参数调节困难、所需信号样值数量过多、难以收敛等。

3) 基于卡尔曼滤波器的偏振损伤均衡方案

这种方案根据使用的卡尔曼滤波器类型又可细分为三类：① 半径指向线性卡尔曼滤波器 (RDLKF) 方案，该方案适用于将光纤信道模型视为线性传递函数系统中的 RSOP 跟踪和信道均衡，如果信道中存在 PMD 效应，此时信道模型为非线性传递函数，这种方案不再适用 [23,24]；② 扩展卡尔曼滤波器 (EKF) 方案，基于在联合进行 RSOP 跟踪及 PMD 补偿时，对应光纤信道传递函数为非线性模型的特点，这类 EKF 方案通过求偏导和一阶泰勒近似运算，可将这种非线性系统的参数估计问题转化为线性模型估计问题，因此 EKF 方案非常适合于信道为非线性传递函数模型的偏振损伤均衡。已提出的许多基于 EKF 的偏振均衡方案，包括进行偏振跟踪 [25−27]、一阶 PMD 补偿 [26,27]、频偏估计 [28,29]、载波相位恢复 [29−32] 及非线性信道损伤缓解 [28,33]，以及结合 LKF 和 EKF 优点的串联卡尔曼滤波用于偏振态跟踪及相位估计 [34]，均取得了良好效果；③ 无迹卡尔曼滤波器 (UKF) 方案，UKF 通过计算多个西格玛点 (Sigma Point) 准确地捕获未知参数概率密度函数的所有矩，其后将它们送入实际模型而不是线性化的近似模型进行参数估计，以进一步提高参数的估计精度。目前已提出多种基于 UKF 进行偏振跟踪和相位噪声缓解的方案 [35,36]，使用 UKF 的缺陷在于计算复杂度更高。

如果我们将上述三大类方案作一下比较，可以发现，基于卡尔曼滤波器的均衡方案与前两类方案最大的不同在于：一方面，卡尔曼滤波器并不需要估计 FIR 滤波器的系数，而是直接对损伤模型参数的精确值进行实时估计；另一方面，这类方案充分利用了卡尔曼滤波器的优点，每次状态的更新均利用前一次估计值和当前的输入样值计算，因此只需存储前一次估计结果，极大地减少了运算复杂度，更有利于在弹性收发机中的硬件实现。此外，有些卡尔曼滤波器方案结合了斯托克斯空间解复用的优点 [20]，在斯托克斯空间中利用卡尔曼滤波器进行信号偏振态样值的最佳拟合平面的递归估计，相对于斯托克斯空间解复用方案具有更稳健、收敛速度更快的优点。

5.1.2 CFO 估计及 CPN 恢复的相关研究背景

如 3.2.5 小节及 3.2.6 小节所述，频率偏移将引起接收信号星座点的整体旋转，载波相位噪声将导致星座点向四周无规律扩散，这些现象均将造成相干接收时解调和符号判决的错误，必须使用相应的 DSP 技术加以有效处理。

目前广泛使用的 CFO 估计算法为 3.2.5 小节所述的 m 次方前馈式算法，即将接收信号进行 m 次方处理以去除相位调制信息后再进行频偏补偿。这种算法只适用于 mPSK 调制信号，而对高阶 QAM 信号来说，m 次方操作无法直接去除调制信息，不能应用于高阶 QAM 的 CFO 估计。研究学者针对这一问题提出的典型解决方案包括：改进的 m 次方 (IMP) 算法 [37,38]，即利用 16QAM/32QAM 星座图上类似 QPSK 的圆环进行 CFO 估计，该方案的缺陷为估计器的性能对更高阶 QAM 格式 (比如 64QAM) 显著降低，因为这些调制格式的理论星座图上仅有少量可用的类似 QPSK 符号；基于 FFT 的频域 CFO 估计方案 [39]，即通过将接收信号 4 次方后，进行 FFT 变换并在该频谱上搜寻所有离散频率的最大值以实现频偏补偿，这种方案计算复杂度较高；基于数字导频的频偏估计方案 [40]，通过在发射端频域添加数字导频，并在接收端将其检测出来作为 CFO 指示器，实现频偏补偿，这种方案具有实现简单、CFO 估计范围大等优点，不足之处在于会降低频谱利用效率。

在 CPN 恢复方面，目前使用的典型算法可分为三类：① 盲 CPN 恢复方案，比如在 3.2.6 小节详细讨论的 VVPE 算法和 BPS 算法，以及改进的 CPN 恢复方案 [41] 和多阶段 CPN 恢复方案 [42]，这种方案尽管恢复效果较好，但计算复杂度太高；② 数据辅助的 CPN 恢复方案，如基于单边带调制的电导频 CPN 恢复方案 [43]，以及利用光导频的 Nyquist PDM-QPSK CPN 恢复方案 [44,45]，这种方法要占用一定的频谱资源，降低了频谱利用率；③ 基于卡尔曼滤波器的 CPN 恢复 [36]，已提出利用无迹卡尔曼滤波器 (UKF) 进行偏振跟踪和 CPN 缓解，但该方案的计算复杂度较高。

需要注意的是，上述 CFO 估计和 CPN 恢复方案需要分阶段进行，每一阶段中为精确计算当前时刻的频偏值或 CPN 值，均需要输入当前时刻前后的多个符号参与平均运算。这种平均处理明显增加了 DSP 技术的复杂度，无法满足 EON 相干接收系统实时处理、快速收敛的要求。

在简要介绍了本章研究背景的基础上，为解决 EON 信号相干接收中的偏振损伤及载波损伤联合均衡问题，本章提出多种基于 EKF 的均衡方案，并与现有方案进行对比分析。此外，我们还将详细阐述并验证一种基于 EKF 的 CFO 估计和 CPN 恢复方案。

5.2 EKF 参数估计原理

由于以下各节提出的多种损伤均衡方案充分利用了扩展卡尔曼滤波器的特点，因此本节将重点介绍 EKF 的基本原理。自从 1960 年卡尔曼 (R.E. Kalman) 发表《一种线性滤波和预测问题的新方法》论文以来 [46]，卡尔曼滤波器估计理论已被成功应用于航天自主导航、信号处理、计量经济学、机器人控制、电机控制等领域 [47]。卡尔曼滤波器利用一系列随时间变化的测量结果 (包含统计噪声及其他误差)，以及贝叶斯准则和对每一时间帧上变量的联合概率分布，实现对未知变量的最优估计。作为卡尔曼滤波器的一种特例，为便于理解，下述内容将首先给出 EKF 理论的基本概念，其后再详细介绍它的工作原理。

5.2.1　EKF 理论的基本概念

EKF 理论将预测系统未来特性所需要的、与系统以前状态有关的最少变量组合称为“状态”，并用向量 $\boldsymbol{x}(n) \in \mathbf{R}^n$ 表示这一组合。对于待预测的非线性系统，前后两个时刻 $k-1$ 和 k 之间的离散状态可用过程方程表示为

$$\boldsymbol{x}_k = f(\boldsymbol{x}_{k-1}, \boldsymbol{u}_{k-1}, \boldsymbol{w}_{k-1}) \tag{5-1}$$

同时，定义观测向量 $\boldsymbol{z}(n) \in \mathbf{R}^m$，观测方程表示为

$$\boldsymbol{z}_k = h(\boldsymbol{x}_k, \boldsymbol{v}_k) \tag{5-2}$$

上述公式中，$\boldsymbol{w}_k$ 及 $\boldsymbol{v}_k$ 分别表示过程噪声和观测噪声，均假定为零均值且互不相关的高斯白噪声，对应的协方差分别为 $\boldsymbol{Q}_k$ 和 $\boldsymbol{R}_k$，即 $\boldsymbol{w}_k \sim N(0, \boldsymbol{Q}_k)$，$\boldsymbol{v}_k \sim N(0, \boldsymbol{R}_k)$；$\boldsymbol{u}_k$ 为输入控制函数；$f(\cdot)$ 表示在过程方程中前后两个状态之间的非线性转换函数；$h(\cdot)$ 为测量方程中状态向量和观测向量之间的非线性转换关系。

假设当前为第 k 时刻，在已知之前状态的条件下，将当前时刻对状态向量 $\boldsymbol{x}_k$ 的先验状态估计记为 $\hat{\boldsymbol{x}}_k^-$；同理，在第 k 时刻已经获知测量向量 $\boldsymbol{z}_k$ 时对状态向量 $\boldsymbol{x}_k$ 的后验状态估计记为 $\hat{\boldsymbol{x}}_k$。此外，将先验估计误差的协方差 $\boldsymbol{P}_k^-$ 及后验估计误差的协方差 $\boldsymbol{P}_k$ 表示为

$$\begin{cases} \boldsymbol{P}_k^- = E\left[(\boldsymbol{x}_k - \hat{\boldsymbol{x}}_k^-)(\boldsymbol{x}_k - \hat{\boldsymbol{x}}_k^-)^{\mathrm{T}}\right] \\ \boldsymbol{P}_k = E\left[(\boldsymbol{x}_k - \hat{\boldsymbol{x}}_k)(\boldsymbol{x}_k - \hat{\boldsymbol{x}}_k)^{\mathrm{T}}\right] \end{cases} \tag{5-3}$$

式中，$E[\cdot]$ 为取数学期望运算。

5.2.2　EKF 的工作原理

EKF 在进行未知参数跟踪时，其基本原理为采用反馈控制的方法实现对状态向量 $\boldsymbol{x}_k$ 的最佳估计。我们可将每次 EKF 的递归操作分为两个部分 [48]：时间更新 (也称预测) 及测量更新 (也称校正)。相应的工作原理框图如图 5.1 所示。

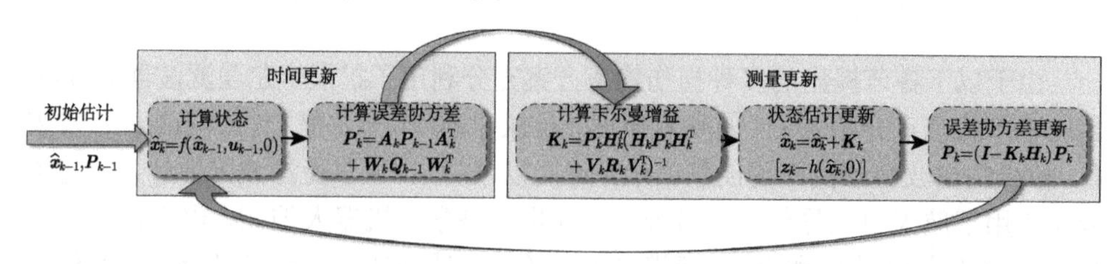

图 5.1　EKF 工作原理框图

如图 5.1 所示，EKF 进行参数估计时首先进行时间更新，此时利用前一时刻 (即第 $k-1$ 时刻) 的状态向量估计值 $\hat{\boldsymbol{x}}_{k-1}^-$ 和误差协方差矩阵 $\boldsymbol{P}_{k-1}$，估算出当前第

k 时刻的状态向量和误差协方差矩阵的估计值，分别记为 $\hat{\boldsymbol{x}}_k^-$ 和 $\boldsymbol{P}_k^-$。这一步骤的目的为计算出状态向量 $\boldsymbol{x}_k$ 的先验估计 $\hat{\boldsymbol{x}}_k^-$，得到的结果仍然具有不确定性，具体对应的时间更新方程为

$$\begin{cases} \hat{\boldsymbol{x}}_k^- = f\left(\hat{\boldsymbol{x}}_{k-1}, \boldsymbol{u}_{k-1}, 0\right) \\ \boldsymbol{P}_k^- = \boldsymbol{A}_k \boldsymbol{P}_{k-1} \boldsymbol{A}_k^T + \boldsymbol{W}_k \boldsymbol{Q}_{k-1} \boldsymbol{W}_k^{\mathrm{T}} \end{cases} \tag{5-4}$$

式中，$\boldsymbol{A}_k$ 和 $\boldsymbol{W}_k$ 表示 $f\left(\hat{\boldsymbol{x}}_{k-1}, \boldsymbol{u}_{k-1}, 0\right)$ 分别对状态向量 $\boldsymbol{x}$ 和过程噪声 $\boldsymbol{w}$ 求一阶偏导的雅可比 (Jacobi) 矩阵，具体形式为

$$\begin{cases} \boldsymbol{A}_{ij} = \dfrac{\partial f_i\left(\hat{\boldsymbol{x}}_{k-1}, \boldsymbol{u}_{k-1}, 0\right)}{\partial \boldsymbol{x}_j} \\ \boldsymbol{W}_{ij} = \dfrac{\partial f_i\left(\hat{\boldsymbol{x}}_{k-1}, \boldsymbol{u}_{k-1}, 0\right)}{\partial \boldsymbol{w}_j} \end{cases} \tag{5-5}$$

其后，EKF 在测量更新步骤中，一旦观察到当前测量的结果 $\boldsymbol{z}_k$ (这种结果必然受到随机噪声误差在内的一定破坏)，则将先验估计 $\hat{\boldsymbol{x}}_k^-$ 和当前测量结果 $\boldsymbol{z}_k$ 结合，以实现对后验状态估计 $\hat{\boldsymbol{x}}_k$ 和后验估计误差的协方差 $\boldsymbol{P}_k$ 更为精确的估计校正。这一步骤具体对应的测量更新方程为

$$\begin{cases} \boldsymbol{K}_k = \boldsymbol{P}_k^- \boldsymbol{H}_k^{\mathrm{T}} \left(\boldsymbol{H}_k \boldsymbol{P}_k^- \boldsymbol{H}_k^{\mathrm{T}} + \boldsymbol{V}_k \boldsymbol{R}_k \boldsymbol{V}_k^{\mathrm{T}}\right)^{-1} \\ \hat{\boldsymbol{x}}_k = \hat{\boldsymbol{x}}_k^- + \boldsymbol{K}_k \left[\boldsymbol{z}_k - h\left(\hat{\boldsymbol{x}}_k^-, 0\right)\right] \\ \boldsymbol{P}_k = \left(\boldsymbol{I} - \boldsymbol{K}_k \boldsymbol{H}_k\right) \boldsymbol{P}_k^- \end{cases} \tag{5-6}$$

式中，$\boldsymbol{K}_k$ 为卡尔曼增益，目的是尽量减小后验概率估计误差的协方差 $\boldsymbol{P}_k$；$\boldsymbol{I}$ 为单位矩阵；$\boldsymbol{H}_k$ 与 $\boldsymbol{V}_k$ 表示 $h\left(\hat{\boldsymbol{x}}_k^-, 0\right)$ 分别对状态向量 $\boldsymbol{x}$ 和观测噪声 $\boldsymbol{v}$ 求一阶偏导的雅可比矩阵，它们的具体计算公式为

$$\begin{cases} \boldsymbol{H}_{ij} = \dfrac{\partial h_i\left(\hat{\boldsymbol{x}}_k^-, 0\right)}{\partial \boldsymbol{x}_j} \\ \boldsymbol{V}_{ij} = \dfrac{\partial h_i\left(\hat{\boldsymbol{x}}_k^-, 0\right)}{\partial \boldsymbol{v}_j} \end{cases} \tag{5-7}$$

当测量更新方程计算完毕后，将第 k 时刻得到的状态后验估计 $\hat{\boldsymbol{x}}_k$ 和误差协方差矩阵 $\boldsymbol{P}_k$ 作为输入，再继续进行下一个时刻 (即第 $k+1$ 时刻) 的时间更新和测量更新计算，一直进行这种递归操作直至系统不再输入新的测量值为止。

从上述对 EKF 理论的描述中，我们发现 EKF 相对于线性卡尔曼滤波器的重要优点在于：如果通过非线性模型 $h(\cdot)$ 发现观测向量 $\boldsymbol{z}_k$ 不能够逐一对应状态向量 $\boldsymbol{x}_k$，则 EKF 利用雅克比矩阵 $\boldsymbol{H}_k$ 改变卡尔曼增益 $\boldsymbol{K}_k$，使得新息 $\left[\boldsymbol{z}_k - h\left(\hat{\boldsymbol{x}}_k^-, 0\right)\right]$ 中真正对状态量起作用的部分权重增加，从而将有用新息向下一时刻传递。此外，

这种 EKF 递归过程只需使用前一时刻的估计结果、当前的输入测量值及误差协方差矩阵，得到的参数估计结果更为准确，便于在弹性收发机中 DSP 技术的实时运行和硬件实现。

5.3　偏振损伤联合均衡及相位噪声恢复方案

众所周知，PDM 技术使用相互正交的两个偏振平面传递数据，以达到传输速率翻倍的目的。然而这种技术非常容易受到多种偏振效应 (比如 RSOP、PMD 和 PDL 等) 的影响，这些偏振效应的联合作用严重破坏了两偏振态的正交性。如前所述，传统偏振解复用算法比如 CMA 和 MMA，无法对快速 RSOP 作用下的偏振联合损伤效应进行有效均衡。此外，由光发射机激光器和本振激光器之间的波长并不能保持绝对一致导致的频率偏移，以及由激光器线宽引起的相位噪声，这也是相干接收 DSP 处理中亟待解决的关键问题，目前广泛使用的 4 次方频偏估计 (FFOE) 算法以及 BPS 算法往往表现出计算复杂度高、收敛速度慢的缺陷。为解决以上问题，在本节内容中，我们提出了一种基于 EKF 的可联合进行偏振损伤均衡及相位噪声估计的方案 [27]，并给出了该方案的仿真结果。

5.3.1　基于 EKF 的偏振损伤联合均衡及相位噪声恢复方案

根据我们在第 2、3 章激光器、光纤信道损伤及偏振效应内容的介绍，EON 发射信号 $\boldsymbol{s}(t)$ 在传输过程中，将分别受到激光器的频偏 $\Delta\omega$ 和线宽影响，链路中的加性高斯白噪声 $\eta(t)$，以及 RSOP、一阶 PMD 与 PDL 等偏振损伤的联合作用，这种 EON 信号的传输模型如图 5.2 所示。可将传输后接收到的双偏信号 $\boldsymbol{r}(t)$ 表示为

$$\boldsymbol{r}(t)=\boldsymbol{K}\mathcal{F}^{-1}\left\{\boldsymbol{M}_{\omega}\mathrm{e}^{\frac{1}{2}\mathrm{j}\beta_2 L\omega^2}\mathcal{F}\left\{\boldsymbol{J}_{\alpha,\varphi}\boldsymbol{s}(t)\,\mathrm{e}^{\mathrm{j}(\Delta\omega t+\theta)}\right\}\right\}+\boldsymbol{\eta}(t) \tag{5-8}$$

式中，$\boldsymbol{K}$ 为 PDL 的琼斯矩阵；$\boldsymbol{M}_{\omega}$ 为一阶 PMD 的琼斯矩阵频域形式；β_2 为群速度色散系数；L 为光纤传输距离；ω 为光角频率；$\boldsymbol{J}_{\alpha,\varphi}$ 为 RSOP 的琼斯矩阵；θ 为载波相位噪声；$\mathcal{F}\{\cdot\}$ 和 $\mathcal{F}^{-1}\{\cdot\}$ 分别表示进行傅里叶变换和傅里叶逆变换运算。

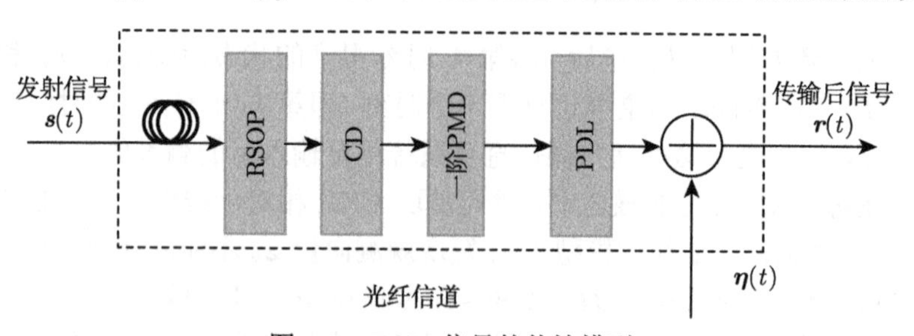

图 5.2　EON 信号的传输模型

我们按照图 5.2 所示各种损伤出现的顺序依次给出相应的数学表示形式。首先将 RSOP 的琼斯矩阵形式 $\boldsymbol{J}_{\alpha,\delta}$ 表示为

$$\boldsymbol{J}_{\alpha,\delta}=\boldsymbol{\Phi}(\delta)\,\boldsymbol{A}(\alpha)=\begin{bmatrix}\exp(-\mathrm{j}\delta/2) & 0\\ 0 & \exp(\mathrm{j}\delta/2)\end{bmatrix}\begin{bmatrix}\cos\alpha & -\sin\alpha\\ \sin\alpha & \cos\alpha\end{bmatrix} \tag{5-9}$$

由于 CD 是一种静态损伤，与偏振无关，本部分内容主要考虑偏振损伤及相位噪声均衡，故在此假设已经采用频域方法进行了完全的 CD 补偿。

一阶 PMD 的琼斯矩阵 $\boldsymbol{M}_\omega$ 可表示为

$$\boldsymbol{M}_\omega=\cos(\omega\tau)\,\boldsymbol{I}+\frac{\sin(\omega\tau)}{\tau}\boldsymbol{N} \tag{5-10}$$

式中，$\boldsymbol{I}$ 为单位矩阵；τ 是 PMD 矢量 $\boldsymbol{\tau}=(\tau_1,\tau_2,\tau_3)^{\mathrm{T}}$ 的模，在数值上等于一半的 DGD，其计算公式为 $\tau=\sqrt{\tau_1^2+\tau_2^2+\tau_3^2}$；$\boldsymbol{N}$ 为泡利矩阵，其计算公式为

$$\boldsymbol{N}=\begin{bmatrix}\tau_1 & \tau_2-j\tau_3\\ \tau_2+j\tau_3 & -\tau_1\end{bmatrix} \tag{5-11}$$

此外，为便于 EKF 在时域进行未知参数跟踪，需要将一阶 PMD 的琼斯矩阵 $\boldsymbol{M}_\omega$ 从频域转换至时域。根据公式 (5-10)，可得到一阶 PMD 的时域形式 $p(t)$ 为

$$\begin{aligned}p(t)&=\mathcal{F}^{-1}\left\{\boldsymbol{M}_\omega\boldsymbol{U}(\omega)\right\}\\&=\mathcal{F}^{-1}\left\{\cos(\omega\tau)\,\boldsymbol{I}\boldsymbol{U}(\omega)+\frac{\sin(\omega\tau)}{\tau}\boldsymbol{N}\boldsymbol{U}(\omega)\right\}\\&=\left(\frac{1}{2}-\mathrm{j}\frac{N}{2\tau}\right)u(t+\tau)+\left(\frac{1}{2}+\mathrm{j}\frac{N}{2\tau}\right)u(t-\tau)\end{aligned} \tag{5-12}$$

式中，$\boldsymbol{U}(\omega)$ 为不含 PMD 损伤的双偏 EON 信号的频域形式，时域信号 $u(t)$ 为 $\boldsymbol{U}(\omega)$ 的傅里叶逆变换形式，$\boldsymbol{U}(\omega)$ 的定义可表示为

$$\boldsymbol{U}(\omega)=\mathrm{e}^{\frac{1}{2}\mathrm{j}D_\omega\omega^2}\mathcal{F}\left\{\boldsymbol{J}_{\alpha,\varphi}\boldsymbol{s}(t)\,\mathrm{e}^{\mathrm{j}(\Delta\omega t+\theta)}\right\} \tag{5-13}$$

在上述基础上，根据公式 (5-12) 可将 $u(t)$ 表示为 $p(t)$ 的形式

$$u(t)=\left(\frac{1}{2}+\mathrm{j}\frac{N}{2\tau}\right)p(t+\tau)+\left(\frac{1}{2}-\mathrm{j}\frac{N}{2\tau}\right)p(t-\tau) \tag{5-14}$$

最后，PDL 的琼斯矩阵 $\boldsymbol{K}$ 可表示为

$$\boldsymbol{K}=\boldsymbol{R}^{-1}\begin{bmatrix}\sqrt{1+\rho} & 0\\ 0 & \sqrt{1+\rho}\end{bmatrix}\boldsymbol{R} \tag{5-15}$$

式中，ρ 表示 PDL 器件中两个偏振主态主轴间归一化后损耗差的一半，取值范围为 $[-1,1]$，$\boldsymbol{R}$ 为旋转矩阵，定义为

$$\boldsymbol{R}=\begin{bmatrix}\cos\beta & -\sin\beta\\ \sin\beta & \cos\beta\end{bmatrix} \tag{5-16}$$

其中，β 为 PDL 本征向量与实验室坐标系之间的夹角。

在公式 (5-8) 建立的 EON 信号的传输模型基础上，我们将对模型中的所有损伤进行均衡。由于假设已经采用频域方法进行了完全的 CD 补偿，即可设置 $\beta_2=0$。其后，为求解出发射端的 EON 时域信号，将公式 (5-8) 的 $\mathcal{F}\{\cdot\}$ 中的信号表示为 $z(t)=\boldsymbol{\Phi}(\delta)\,\boldsymbol{s}(t)\,\mathrm{e}^{\mathrm{j}(\Delta\omega t+\theta)}+\boldsymbol{\eta}'(t)$，利用 IFFT 运算，可求得

$$\begin{aligned}\boldsymbol{z}(t)&=\boldsymbol{A}^{-1}\mathcal{F}^{-1}\left\{\boldsymbol{M}_{\omega}^{-1}\mathcal{F}\left\{\boldsymbol{K}^{-1}\boldsymbol{r}(t)\right\}\right\}\\&=\frac{1}{2\tau}\boldsymbol{A}^{-1}(\tau\boldsymbol{I}+\mathrm{j}\boldsymbol{N})\,\boldsymbol{K}^{-1}\left[\boldsymbol{r}(t+\tau)-\boldsymbol{r}(t-\tau)\right]\end{aligned} \tag{5-17}$$

式中，$\boldsymbol{I}$ 表示单位矩阵。

由于公式 (5-17) 为模拟信号形式，经数字相干接收后，利用 $t=kT_{\mathrm{s}}$ 进行离散化处理后 (T_{s} 为采样间隔)，将公式 (5-17) 表示为数字形式

$$z(k)=\frac{1}{2dT_{\mathrm{s}}}A_k^{-1}(dT_{\mathrm{s}}\boldsymbol{I}+\mathrm{j}\boldsymbol{N})\,\boldsymbol{K}_k^{-1}\left[\boldsymbol{r}_{k+d}-\boldsymbol{r}_{k-d}\right] \tag{5-18}$$

式中，$d=\mathrm{round}(\tau/T_s)$，表示对归一化后的 τ 取最接近的、不为零的整数。

根据 $z(t)=\Phi(\delta)s(t)\mathrm{e}^{\mathrm{j}(\Delta\omega t+\theta)}+\eta'(t)$，我们可以发现 z 中包含 RSOP 的相位角旋转矩阵 $\boldsymbol{\Phi}$、频偏 $\Delta\omega$ 以及载波相位噪声 θ，这些未知参数只会改变 EON 信号的相位，引起星座点的扩散或整体旋转，而不会导致幅度变化。而公式 (5-18) 的右边，包括 RSOP 的方位角、一阶 PMD 及 PDL 等损伤，都将引起信号星座图的幅度变化。因此，我们提出的两阶段偏振损伤均衡和相位恢复方案的核心在于：第 1 阶段首先利用 EKF 进行 PDL 补偿、RSOP 中的方位角 α 的跟踪以及一阶 PMD 补偿，使得输出信号的星座点都能汇聚到理想星座图的圆环上，达到了补偿上述偏振损伤的目的，其后第 2 阶段进行 RSOP 中的相位角 φ 的跟踪以及载波相位恢复。这一方案的流程图如图 5.3 所示。

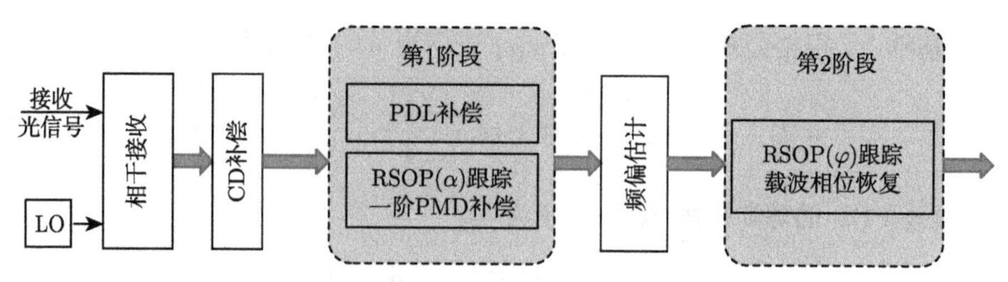

图 5.3 两阶段偏振损伤均衡及相位噪声联合估计流程图

5.3.1.1 第 1 阶段基于 EKF 的偏振损伤均衡

本阶段首先进行 PDL 补偿。根据图 3.6 的仿真结果，我们知道 PDL 将造成斯托克斯空间中信号拟合平面的整体移动，假设此时拟合平面的重心位置为 (x_k, y_k, z_k)，再根据 3.2.4 小节中基于斯托克斯空间的偏振解复用方案，按照 "s_1 轴 $\Rightarrow$ s_2 轴 $\Rightarrow$ s_3 轴" 的平移顺序将信号拟合平面进行三步平移操作，可以计算出公式 (5-15) 及公式 (5-16) 中的未知参数 ρ 与 β 分别为

$$\begin{cases} \rho = \sqrt{x_k^2 + y_k^2 + z_k^2} \\ \beta = \dfrac{1}{2}\arctan\left(\dfrac{y_k}{x_k}\right) \end{cases} \tag{5-19}$$

根据以上公式计算出 ρ 与 β 后，就可求出 PDL 损伤的琼斯逆矩阵 $\boldsymbol{K}^{-1}$，实现了 PDL 补偿的目的。

此后，为进行 RSOP 方位角 α 的跟踪及一阶 PMD 补偿，可将需要跟踪的未知参数表示为状态参量 $[\alpha \quad \tau_1 \quad \tau_2 \quad \tau_3]^{\mathrm{T}}$。利用 EKF 进行偏振损伤均衡的关键问题之一是寻找到适合于这种特殊应用场景的观测量。如果在斯托克斯空间中使用 EKF 进行未知参数的跟踪，由于接收信号在斯托克斯空间的团簇数量与调制格式紧密相关，比如 QPSK 信号在斯托克斯空间表现为位于同一对称平面的 4 个团簇，而 16QAM 信号在斯托克斯空间表现为位于多个平面的 60 个团簇 ……，不同调制格式在斯托克斯空间具有不同特征，无疑在这种空间中很难寻找到合适的观测量。而在琼斯空间 (即星座图空间) 中，经过偏振损伤联合均衡后，接收信号的所有星座点将收敛至一个圆环 (QPSK 格式) 或多个圆环 (mQAM 格式) 上。通过对比，本方案将在琼斯空间进行基于 EKF 的偏振损伤联合均衡，使用的观测模型 $[W_{x,k} \quad W_{y,k}]^{\mathrm{T}}$ 如后文中公式 (5-30) 所示。显然，这种观测模型可适用于任何 mQAM 调制格式，并对激光器相位噪声和频偏不敏感。

由于观测模型和未知状态参量 $[\alpha \quad \tau_1 \quad \tau_2 \quad \tau_3]^{\mathrm{T}}$ 之间为非线性关系，需利用雅可比矩阵对各未知参量求一阶偏导数，其计算公式为

$$\boldsymbol{H}_k = \begin{bmatrix} \dfrac{\partial W_{x,k}}{\partial \alpha} & \dfrac{\partial W_{x,k}}{\partial \tau_1} & \dfrac{\partial W_{x,k}}{\partial \tau_2} & \dfrac{\partial W_{x,k}}{\partial \tau_3} \\ \dfrac{\partial W_{y,k}}{\partial \alpha} & \dfrac{\partial W_{y,k}}{\partial \tau_1} & \dfrac{\partial W_{y,k}}{\partial \tau_2} & \dfrac{\partial W_{y,k}}{\partial \tau_3} \end{bmatrix} \tag{5-20}$$

此外，第 k 时刻的新息 $\boldsymbol{\alpha}_{k_1}$、卡尔曼增益 $\boldsymbol{K}_{k_1}$、误差协方差矩阵 $\boldsymbol{P}_{k_1}$、状态估计 $\hat{\boldsymbol{x}}_{k_1}$ 以及下一时刻的误差协方差矩阵 $\boldsymbol{P}^{-}_{(k+1)_1}$ 按照后文中公式 (5-32) 及公式 (5-33) 进行计算，即可实现 RSOP 中的方位角 α 的跟踪以及一阶 PMD 补偿。

5.3.1.2　第 2 阶段基于 EKF 的相位估计

利用 EKF 进行第 1 阶段的偏振损伤联合均衡后，通过对公式 (5-8) 的观察，可发现仍有激光器频偏 $\Delta\omega$、RSOP 相位角 φ 以及载波相位噪声 θ 为未知量。相对于激光器频偏，可将外腔激光器的频偏视为相对缓慢的变化过程，我们可利用经典的 m 次方算法进行前馈式频偏估计 (如 3.2.5 小节所述)，也可利用卡尔曼滤波器进行频偏估计 (将在 5.5 节及 5.6 节进行详细介绍)。在此，我们假设已经对 $\Delta\omega$ 进行了精确估计，第 2 阶段将使用另一 EKF 进行 RSOP 相位角 φ 的跟踪以及载波相位噪声 θ 的估计。

这一阶段采用的状态量表示为 $[\varphi_k \quad \theta_k]^{\mathrm{T}}$。由于本方案主要使用 16QAM 调制格式验证方案效果，此处借鉴基于 QPSK 分割的 16QAM 载波相位恢复思想，我们依据 16QAM 星座图的三个圆环具有不同半径的特点，可将 16QAM 星座图划分为三类：最内层及最外层的 QPSK 星座图，以及中间圆环的 8PSK 星座图。为便于计算，本方案忽略中间圆环的影响，利用最内层和最外层的 QPSK 的 8 个星座点进行 16QAM 接收信号的载波相位估计。

进行相位估计时，由于理想 QPSK 的星座点将落在星座图 4 个象限的对角线上，此时信号实部与虚部具有相等的模值，即满足 $\mathrm{Re}\{q_n\}^2-\mathrm{Im}\{q_n\}^2=0$。基于这一性质，第 2 阶段中 EKF 使用的观测模型 $W'_{\mathrm{QPSK},k}$ 可表示为

$$W'_{\mathrm{QPSK},k}=\begin{bmatrix}\mathrm{Re}\{r_{\mathrm{QPSK},x,k}\}^2-\mathrm{Im}\{r_{\mathrm{QPSK},x,k}\}^2\\ \mathrm{Re}\{r_{\mathrm{QPSK},y,k}\}^2-\mathrm{Im}\{r_{\mathrm{QPSK},y,k}\}^2\end{bmatrix}\tag{5-21}$$

式中，$\mathrm{Re}\{\cdot\}$ 和 $\mathrm{Im}\{\cdot\}$ 分别表示进行取实部与虚部运算；$r_{\mathrm{QPSK},x,k}$ 及 $r_{\mathrm{QPSK},y,k}$ 分别表示在第 k 时刻 16QAM 星座图上，X 和 Y 偏振处于最内层和最外层 QPSK 星座图的星座点。

在得到观测模型的基础上，为使位于最内层、最外层 QPSK 信号的实部和虚部模值相等，这一阶段 EKF 采用的新息矢量 $\boldsymbol{\alpha}_{k2}$ 的计算公式为

$$\boldsymbol{\alpha}_{k2}=\begin{bmatrix}0\\0\end{bmatrix}-\begin{bmatrix}\mathrm{Re}\{r_{\mathrm{QPSK},x,k}\}^2-\mathrm{Im}\{r_{\mathrm{QPSK},x,k}\}^2\\ \mathrm{Re}\{r_{\mathrm{QPSK},y,k}\}^2-\mathrm{Im}\{r_{\mathrm{QPSK},y,k}\}^2\end{bmatrix}\tag{5-22}$$

同样，第 k 时刻的卡尔曼增益 $\boldsymbol{K}_{k_2}$、误差协方差矩阵 $\boldsymbol{P}_{k_2}$、状态估计 $\hat{\boldsymbol{x}}_{k_2}$ 以及下一时刻的误差协方差矩阵 $\boldsymbol{P}^-_{(k+1)_2}$ 按照以下公式进行计算，即可实现 RSOP 相位角 φ 的跟踪以及载波相位噪声 θ 的估计。

$$\begin{cases}\boldsymbol{\alpha}_k=[0\quad 0]^{\mathrm{T}}-[W_{x,k}\quad W_{y,k}]^{\mathrm{T}}\\ \boldsymbol{K}_k=\boldsymbol{P}_k^-\boldsymbol{H}_k^{\mathrm{T}}/\left(\boldsymbol{H}_k\boldsymbol{P}_k^-\boldsymbol{H}_k^{\mathrm{T}}+\boldsymbol{R}_k\right)\\ \boldsymbol{P}_k=(\boldsymbol{I}-\boldsymbol{K}_k\boldsymbol{H}_k)\,\boldsymbol{P}_k^-\end{cases}\tag{5-23}$$

$$\begin{cases} \hat{\boldsymbol{x}}_k = \hat{\boldsymbol{x}}_k^- + \boldsymbol{K}_k\boldsymbol{\alpha}_k \\ \boldsymbol{P}_{k+1}^- = \boldsymbol{A}_{k+1}\boldsymbol{P}_k\boldsymbol{A}_{k+1}^{\mathrm{T}} + \boldsymbol{Q}_k \end{cases} \tag{5-24}$$

5.3.2 仿真系统配置

为验证本方案的联合均衡及相位估计效果，我们利用 Matlab 及 VPI 9.3 搭建了 Nyquist 脉冲成型的 PDM-16QAM EON 信号发射及传输仿真系统，其系统框图如图 5.4 所示。在发射端，AWG 产生每偏振态符号率为 28GBaud 的 PDM-16QAM 信号，系统总比特率为 224Gbit/s，Nyquist 脉冲成型的滚降系数为 0.1，激光器线宽设定为 100kHz，频偏设为 100MHz。在光纤信道进行传输时，首先利用一个 RSOP 模拟器使偏振态的方位角 α 周期性地从 0 逐步递增至 π，相位角 φ 周期性地从 −π 逐步递增至 π；光纤的 CD 系数设置为 16.75ps/(nm·km)；其后根据 3.1.5 小节所述，采用 7 段随机分布的一阶 PMD 级联模型来模拟一阶 PMD 的影响，并取这种级联模型的平均 DGD 值作为一阶 PMD 的真实值；此后采用一个旋转角度固定的 PDL 矩阵模拟 PDL 的变化；最后利用 ASE 噪声源在光纤链路中加入可调节的 ASE 噪声。

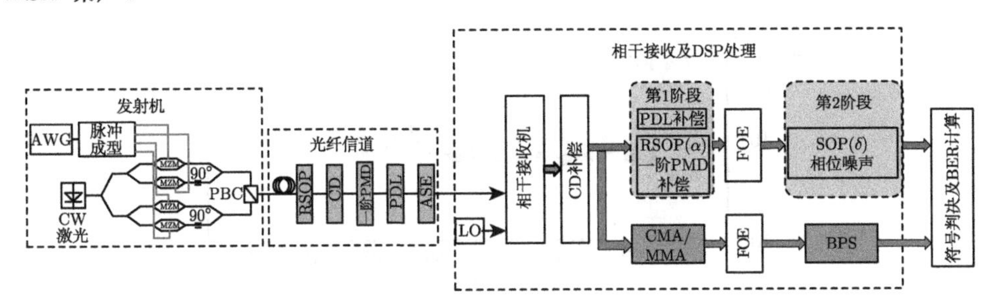

图 5.4 Nyquist 脉冲成型的 PDM-16QAM EON 信号发射及传输仿真系统框图

在相干接收端，首先将接收信号与线宽 100kHz 的本振光源进行混频；此后经光电转换，利用每通道 80GS/s 采样率的高速 ADC 进行接收信号采集，每次得到 32768 个符号，共采集 50 次，以进行离线 DSP 处理。详细的 DSP 处理流程为：首先在频域进行 CD 补偿，其后分别利用“两阶段 EKF+ 频偏估计 (FOE)”和“CMA/MMA+FOE+BPS”两种方案进行损伤均衡和信号恢复，最后通过符号判决并计算 BER 以衡量这两种方案的性能。如前所述，卡尔曼滤波器参数选择对算法的最终性能影响较大。经大量参数优化后，本方案中第 1 阶段 EKF 选用 $\boldsymbol{Q}_1 = \mathrm{diag}\left[10^{-6} \quad 10^{-8} \quad 10^{-8} \quad 10^{-8}\right]$，$\boldsymbol{Q}_2 = \mathrm{diag}\left[500 \quad 500\right]$，第 2 阶段 EKF 使用的参数为 $\boldsymbol{Q}_1 = \mathrm{diag}\left[10^{-5} \quad 10^{-3}\right]$，$\boldsymbol{Q}_2 = \mathrm{diag}\left[10 \quad 10\right]$，此处 $\mathrm{diag}\left[a_1 \quad a_2 \quad \cdots \quad a_n\right]$ 表示 $n \times n$ 对角矩阵。CMA 及 MMA 的阶数均为 35 阶，步长分别为 10^{-4} 及 10^{-6}，FOE 均采用 3.2.5 小节所述的 4 次方频偏估计算法，BPS 的测试相位数量为 32。

5.3.3 仿真结果

5.3.3.1 联合均衡效果

我们首先在 OSNR 为 23dB 条件下，对本方案的联合均衡效果进行了详细研究。图 5.5 给出了当 RSOP 的相位角变化速率 φ 固定设置为 224krad/s，而方位角变化速率 α 逐渐递增时，在三种不同的 DGD 及 PDL($0.1T_0+2$dB、$0.2T_0+4$dB、$0.3T_0+6$dB，此处 T_0 代表符号周期，下同) 条件下，本方案对 RSOP 方位角 α 的跟踪能力。从中可以看出，本方案在对这三种组合的方位角跟踪后，BER 曲线的变化一直较稳定，均位于 7%FEC 阈值以下，直至 α 超过 110Mrad/s 才超过这一阈值。说明本方案表现出了优良的方位角跟踪性能。

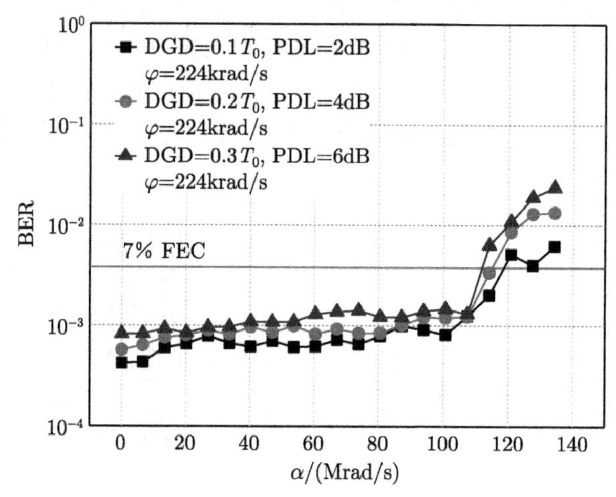

图 5.5　在三种不同的 DGD 及 PDL 条件下，RSOP 的 φ 固定时，本方案对 α 的跟踪性能

与之类似，图 5.6 给出了当 RSOP 的方位角变化速率 α 固定设置为 224krad/s，而相位角变化速率 φ 逐渐递增时，在三种不同的 DGD 及 PDL 条件 ($0.1T_0+2$dB、$0.2T_0+4$dB、$0.3T_0+6$dB) 下，本方案对 RSOP 相位角变化速率 φ 的跟踪能力。从图中可以发现，本方案可追踪的最大相位角变化速率约为 1200krad/s。

在三种不同的 DGD 及 RSOP ($0.1T_0$+ 相位角变化速率 268krad/s+ 方位角变化速率 2684krad/s、$0.2T_0$+相位角变化速率 537krad/s+方位角变化速率 5369krad/s、$0.3T_0$+ 相位角变化速率 805krad/s+ 方位角变化速率 8053krad/s) 条件下，图 5.7 给出了本方案对 PDL 的补偿性能仿真结果。从图中可以看出，当 PDL 从 0dB 逐渐增至 10dB 时，本方案对这三种 DGD+RSOP 组合的均衡效果一直处于 7%FEC 阈值以下。这一结果表明，本方案对 DGD、RSOP 和 PDL 的联合均衡效果较好，可最大补偿至 10dB 的 PDL，PDL 补偿范围较大。

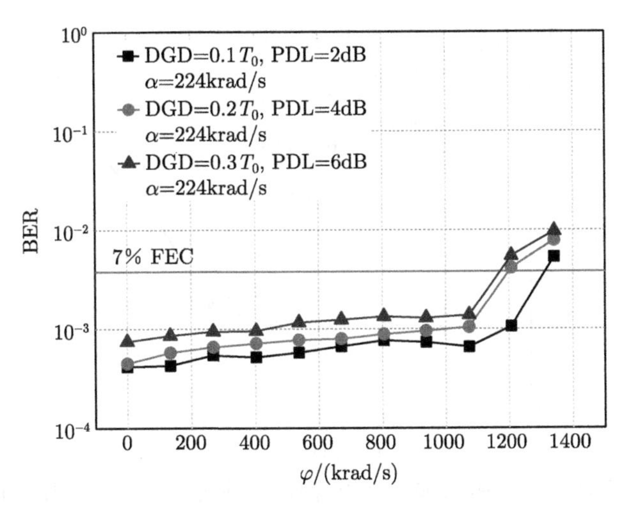

图 5.6 在三种不同的 DGD 及 PDL 条件下，RSOP 的方位角变化速率 α 固定时，本方案对相位角变化速率 φ 的跟踪性能

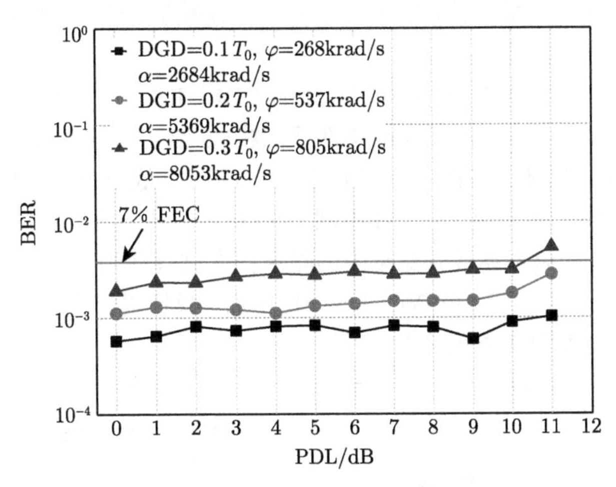

图 5.7 在三种不同的 DGD 及 RSOP 条件下，本方案对 PDL 的补偿性能

我们还研究了在四种不同的 PDL 及 RSOP (2dB PDL+ 相位角变化速率 268krad/s+ 方位角变化速率 2684krad/s、4dB PDL+ 相位角变化速率 537krad/s+ 方位角变化速率 5368krad/s、6dB PDL+ 相位角变化速率 805krad/s+ 方位角变化速率 8053krad/s、8dB PDL+ 相位角变化速率 1074krad/s+ 方位角变化速率 10737krad/s) 条件下，本方案对一阶 PMD 的补偿能力，仿真结果如图 5.8 所示。从中可以看出，利用本方案对这四种 "PDL+RSOP+ 一阶 PMD" 组合均具有良好的偏振损伤联合均衡效果，能够容忍的最大 DGD 约为 $0.5T_0$，即符号周期的一半。

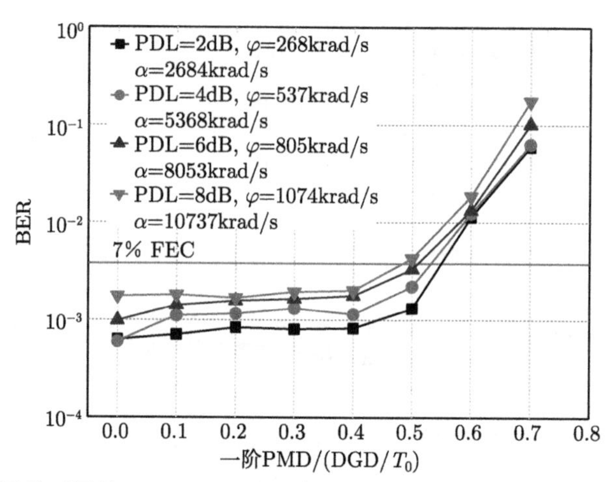

图 5.8　在四种不同的 PDL 及 RSOP 条件下，本方案对一阶 PMD 的补偿性能

5.3.3.2　本方案与 CMA/MMA 方案的均衡性能对比

下面，我们将本方案与经典的 CMA/MMA 均衡方案进行损伤均衡性能的详细对比。

首先，在光纤链路存在 14ps DGD、4dB PDL，RSOP 方位角及相位角变化速率分别为 500krad/s 及 400krad/s 的条件下，图 5.9 给出了这两种方案随 OSNR 变化的均衡性能对比结果。从图中可以看出，当 OSNR 低于 21dB 时，CMA/MMA 方案略优于本方案。为方便比较，在不同 OSNR 条件下，本方案的过程噪声 Q 均被设置为同一值，如果根据接收数据中的噪声程度进行适当优化，本方案完全可以取得更好的均衡性能；而当 OSNR 高于 21dB 后，我们提出方案的 BER 更低，具有比 CMA/MMA 更优的均衡效果。

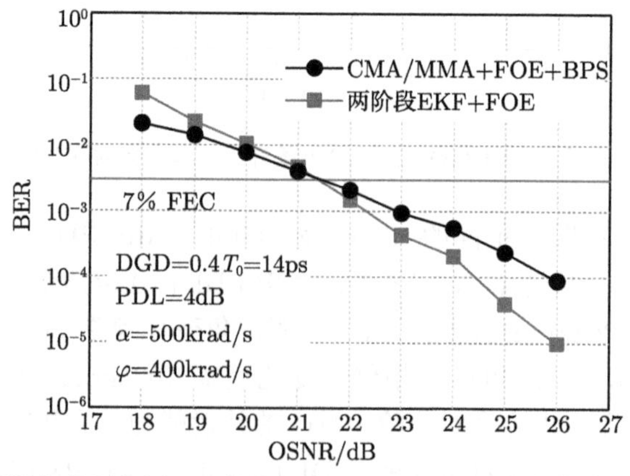

图 5.9　在一定偏振损伤共同作用下，本方案与 CMA/MMA 随 OSNR 变化的联合均衡性能对比

当 OSNR 固定为 23dB 时，在 11ps DGD、6dB PDL 及相位角变化速率为 224krad/s 的 RSOP 等偏振损伤的联合作用下，我们比较了这两种方案对 RSOP 方位角变化速率的跟踪性能，结果如图 5.10 所示。从中可以看出，在这些偏振损伤的联合作用下，“CMA/MMA+FOE+BPS” 方案对 RSOP 方位角变化速率的跟踪能力十分有限，最大只可跟踪约 500krad/s 的 RSOP 方位角变化速率，而我们提出的 “两阶段 EKF+FOE” 方案可追踪约 112Mrad/s 的 RSOP 方位角变化速率，其性能远远优于 CMA/MMA 方案。

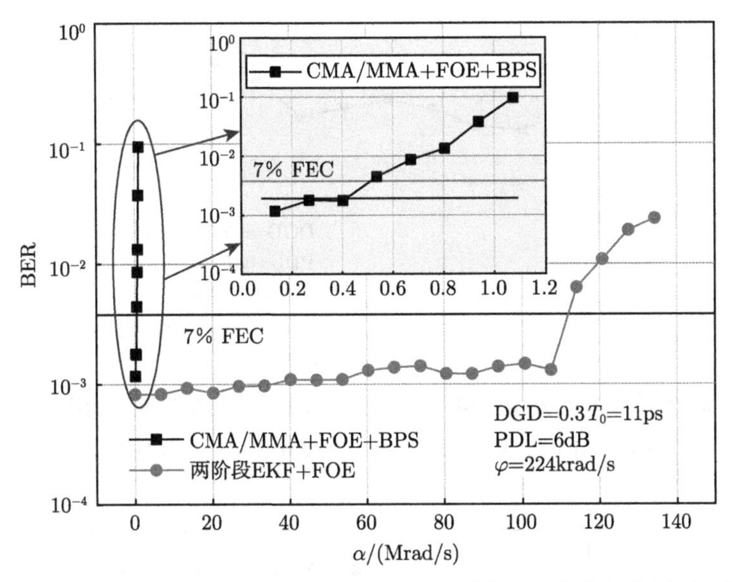

图 5.10 在 DGD、PDL 及 RSOP 相位角变化速率等偏振损伤共同作用下，本方案与 CMA/MMA 方案对 RSOP 方位角的跟踪性能比较

同样，当 OSNR 固定为 23dB 时，在 11ps DGD、6dB PDL 及方位角变化速率为 224krad/s 的 RSOP 等偏振损伤的联合作用下，我们还比较了上述两种方案对 RSOP 相位角变化速率的跟踪性能，结果如图 5.11 所示。从中可以发现，CMA/MMA 最大可追踪约 870krad/s 的相位角变化速率，而本方案的这一跟踪能力可达到约 1170krad/s 的相位角变化速率，为 CMA/MMA 方案的 1.34 倍。

当 OSNR 固定为 23dB 时，在 11ps DGD，RSOP 方位角及相位角变化速率分别为 8053krad/s 及 805krad/s 等偏振损伤的联合作用下，我们比较了这两种方案对 PDL 的最大均衡能力，结果如图 5.12 所示。从中可以发现，CMA/MMA 最大只能补偿约 4dB 的 PDL，而本方案可补偿约 10dB 的 PDL，这一指标也远优于 CMA/MMA 方案。

最后，图 5.13 给出了当 OSNR 固定为 23dB 时，在 4dB PDL，RSOP 方位角及相位角变化速率分别为 5368krad/s 及 537krad/s 等偏振损伤的联合作用下，这两种方案对一阶 PMD 的补偿性能对比结果。从中可以看出，本方案的一阶 PMD 容忍度略优于 CMA/MMA 方案，约为 0.5 个符号周期，而当一阶 PMD 继续增大时，两种方案的均衡性能均下降明显。

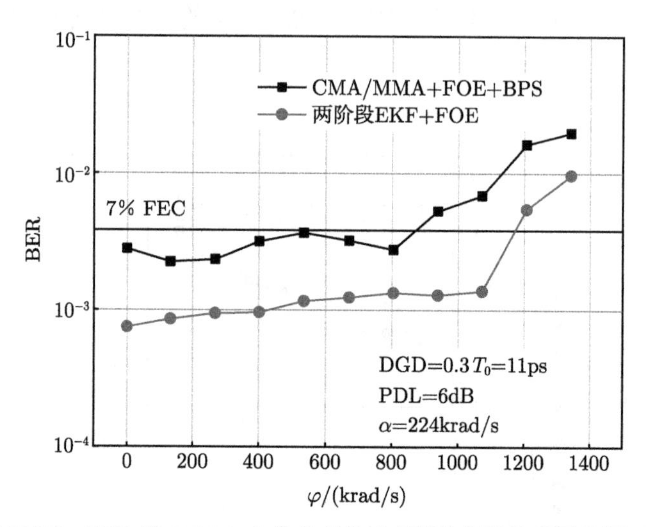

图 5.11　在 DGD、PDL 及 RSOP 方位角变化速率等偏振损伤共同作用下，本方案与 CMA/MMA 方案对 RSOP 相位角变化速率的跟踪性能比较

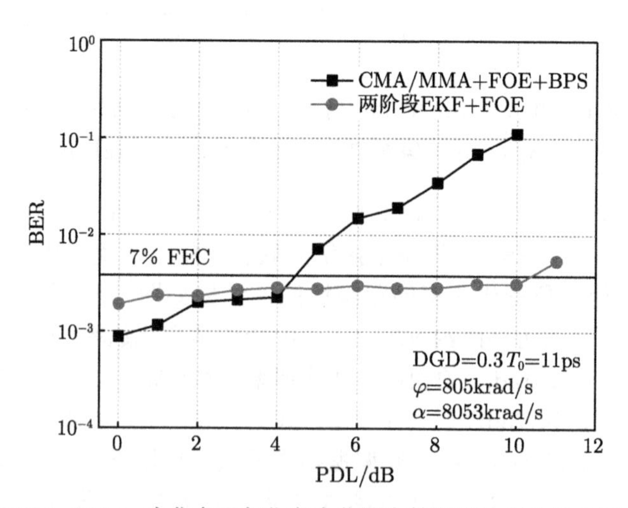

图 5.12　在 DGD、RSOP 方位角及相位角变化速率等偏振损伤共同作用下，本方案与 CMA/MMA 方案对 PDL 的均衡性能比较

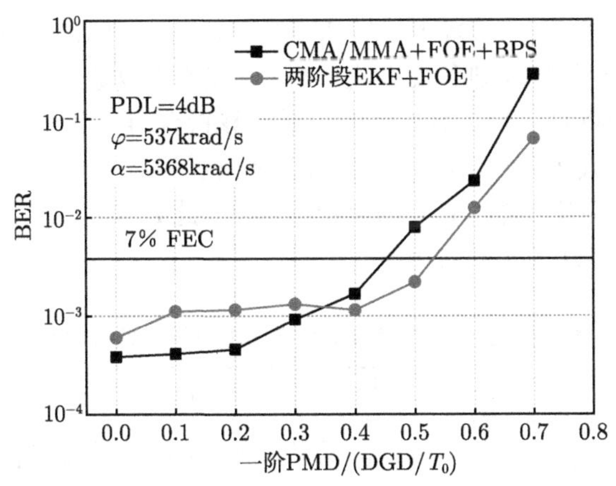

图 5.13 在 PDL 及 RSOP 等偏振损伤共同作用下，本方案与 CMA/MMA 方案对一阶 PMD 的补偿性能比较

5.3.3.3 收敛速度及计算复杂度分析

收敛速度和计算复杂度是评价偏振损伤联合均衡算法的两个非常重要的指标。在本部分我们针对这两个指标进行详细分析。

首先，当 OSNR 设置为 22dB 时，在 14ps DGD、4dB PDL，RSOP 方位角及相位角变化速率均设置为 500krad/s 等偏振损伤的联合作用下，我们给出了基于两阶段 EKF 的 RSOP 方位角及相位角的收敛曲线，如图 5.14 所示。从图 5.14(a)、(b) 可以看出，这种两阶段 EKF 方案具有非常快的收敛速度，对于方位角，在大约 200 个符号后即可跟踪上理论方位角的变化，而对于相位角，在大约 100 个符号后即可跟踪上理论相位角的变化。

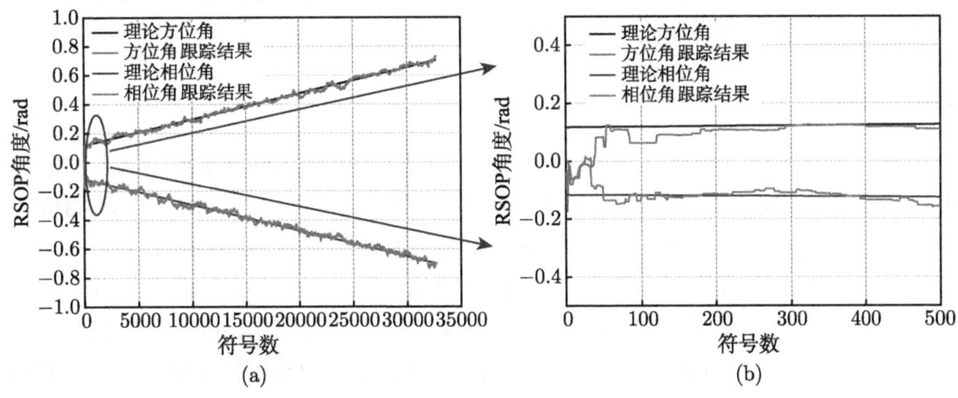

图 5.14 OSNR 为 22dB 时，在一阶 PMD、PDL 及 RSOP 等偏振损伤联合作用下，本方案对 RSOP 方位角及相位角的收敛曲线 (扫描封底二维码查看彩图)

(a) 对所有符号的收敛曲线；(b) 前 500 个符号的收敛曲线

其后，我们将这种“两阶段 EKF+FOE”方案与“CMA/MMA+FOE+BPS”方案进行了计算复杂度比较。进行复杂度分析时，我们将复数运算均转换为相应的实数运算操作，比如将对二阶实数矩阵的求逆运算折合为 7 次实数乘法和 1 次实数加法运算，将复指数运算利用级数展开为正余弦运算后折合为 2 次查找表 (LUT) 操作。由于这两种方案中的 FOE 均为相同算法，此处将其忽略，得到的这两种方案的每符号计算复杂度如表 5.1 所示。

表 5.1　本方案与 CMA/MMA 方案中每符号的计算复杂度对比

	PDL 补偿	第 1 阶段 EKF	第 2 阶段 EKF	EKF 总计	CMA/MMA	BPS	CMA/MMA+BPS 总计
实数乘法	47	231	157	435	$36\times\text{tap}_1+36\times\text{tap}_2-4$	$(55L\times B+2L)\times P$	$36\times\text{tap}_1+36\times\text{tap}_2-4+(55L\times B+2L)\times P$
实数加法	34	217	108	359	$24\times\text{tap}_1+24\times\text{tap}_2+8$	$(54L\times B-B+2L+22)\times P$	$24\times\text{tap}_1+24\times\text{tap}_2+8+(54L\times B-B+2L+22)\times P$
比较	0	0	2	2	3	$(16L\times B+B)\times P$	$3+(16L\times B+B)\times P$
查找表	6	2	13	21	0	$(2B+2)\times P$	$(2B+2)\times P$

在表 5.1 中，tap_1 及 tap_2 分别表示使用 CMA 和 MMA 的阶数；L 为 BPS 中使用的平滑滤波器长度；B 为 BPS 测试相位角个数；P 为接收信号的偏振态数量，单偏时 $P=1$，双偏时对应 $P=2$。在上述仿真结果中，将使用的各系数 $\text{tap}_1=\text{tap}_2=35$，$L=65$，$B=32$，$P=2$ 代入后计算可得，“CMA/MMA+BPS”方案每符号的总计算复杂度为 231576 次实数乘法运算，226568 次实数加法运算，66627 次比较运算，132 次查找表运算，而我们提出的两阶段 EKF 方案仅需 435 次实数乘法运算，359 次实数加法运算，2 次比较运算，13 次查找表运算。可以看出，这种方案的计算复杂度要远低于“CMA/MMA+BPS”方案。

5.3.4　结论

本节主要阐述并验证了一种基于 EKF 的两阶段损伤均衡方案，该方案能够进行 PDL、RSOP 及一阶 PMD 等偏振损伤的联合均衡，并同时实现对相位噪声的恢复。仿真结果表明：这种方案最大可补偿约 10dB 的 PDL，并可实现对 DGD、RSOP 的联合均衡，远优于 CMA/MMA 方案；在 RSOP 跟踪方面，本方案具有优秀的 RSOP 跟踪能力，最大可追踪 112Mrad/s 的 RSOP 方位角变化速率，为 CMA/MMA 方案的 224 倍，对 RSOP 相位角变化速率跟踪能力可达到约 1170krad/s，为 CMA/MMA 方案的 1.34 倍；在一定的 PDL 和 RSOP 作用下，本方案对一阶 PMD 的容忍度约为 0.5 个符号周期，略优于 CMA/MMA 方案；此外，这种方案收敛速度非常快，在 100~200 个符号后即可跟踪上 RSOP 的变化；最后，这种两阶段 EKF 方案的计算复杂度远低于 “CMA/MMA+BPS” 方案。从原理上而言，只要寻找到合适的观测量，这种方案就容易被扩展到更高阶的调制格式。

5.4 RSOP、一阶及二阶 PMD 偏振损伤联合均衡技术

我们在 5.1.1 小节已经讨论过，必须在 DSP 技术中考虑并缓解二阶 PMD。首先，为直观说明 RSOP、DGD 和二阶 PMD 对 PDM-EON 信号的影响，我们利用 Matlab 和 VPI Transmission Marker 9.0 软件搭建了 28GBaud PDM-16QAM 仿真系统，发射端中心波长为 1550nm，线宽 100kHz，频偏 100MHz，OSNR 设为 26dB，共采集 16384 个符号。当不加入任何 RSOP、DGD 及二阶 PMD 等损伤时，从图 5.15(a) 可以看出此时 X 偏振星座图为理想的 3 个圆环，PDM 信号在斯托克斯空间为 60 个清晰的团簇。而当在光纤链路添加 11ps DGD、48ps^2 二阶 PMD 以及不同 RSOP 时，图 5.15(b)~(d) 分别给出了 X 偏振星座图及斯托克斯空间随不同 RSOP 变化的仿真结果。可以发现，随着 RSOP 速率的提高，如当 RSOP 从 179krad/s 递增至 1.79Mrad/s 及 5.37Mrad/s 时，接收信号的星座图及斯托克斯空间团簇向中心越发汇聚，信号劣化程度越来越严重。如果不采取适当的偏振均衡算法，将无法实现对接收信号的有效恢复，这对相干接收端的 DSP 均衡提出了很高要求。

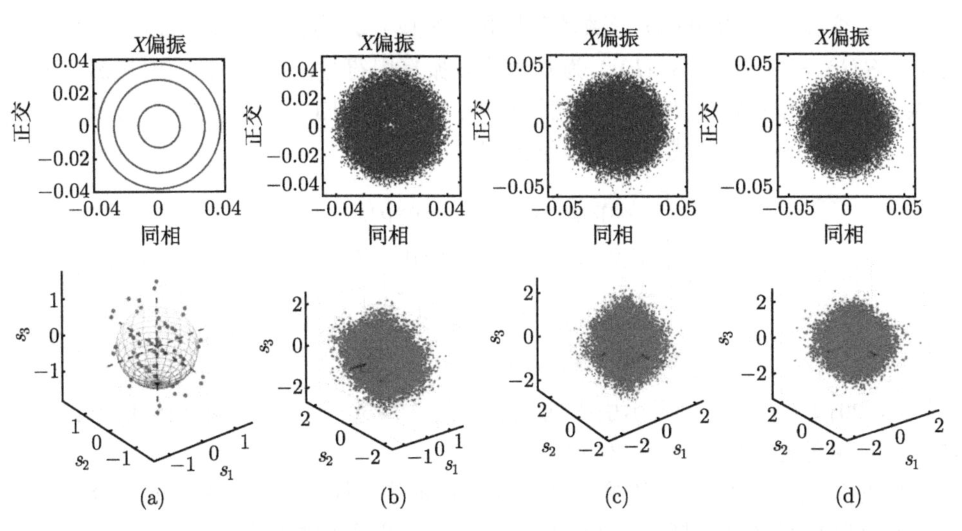

图 5.15 RSOP 及 PMD 损伤对 28GBaud PDM-16QAM 信号星座图及斯托克斯空间的影响

(a) 未加任何 RSOP、DGD 及二阶 PMD；在 11ps DGD 和 48ps^2 二阶 PMD 的共同作用下：(b) RSOP 为 179krad/s；(c)RSOP 为 1.79Mrad/s；(d)RSOP 为 5.37Mrad/s

在 5.3 节利用 EKF 进行 PDL、RSOP 和一阶 PMD 联合均衡的基础上，本节主要提出并实验验证了一种新颖的基于 EKF 的 RSOP、一阶和二阶 PMD 的偏振损伤联合均衡方案 [49,50]。该方案的主要思想是利用类同于光域 PMD 补偿器结构的两阶段补偿矩阵，进行 RSOP、一阶 PMD 和二阶 PMD 的联合均衡，并采用 EKF 进行补偿矩阵中未知参数的逐符号跟踪和更新。在以下内容中，我们将首先详细介绍所提方案的工作原理，其次讨论基于 EKF 的未知参数更新过程，随后在对 EKF 参数优化的基础上，利用单载波 PDM-QPSK 和 PDM-16QAM EON 系统分别对 RSOP 跟踪、PMD 补偿及联合均衡的效果进行实验验证，最后对本方案的收敛速度和计算复杂度进行分析。

5.4.1　基于 EKF 的 RSOP 及 PMD 偏振损伤联合均衡原理

为便于建立及分析 EKF 参数估计中的数学模型，我们利用 2.5 节和 3.1 节所述内容，首先给出 EON 系统光纤信道的传输模型。假设光纤中的传输信号受到来源于 EDFA 的 ASE 噪声、光纤损耗、CD、RSOP、PMD、激光器频偏及相位噪声的共同影响，在相干接收和数字采样后，典型弹性接收机的接收信号 $\boldsymbol{r}(k)$ 可被表示为

$$\boldsymbol{r}(k)=\alpha\cdot\mathscr{F}^{-1}\left\{\boldsymbol{R}\cdot\mathrm{e}^{\mathrm{j}\omega^2\beta_2 L}\cdot\mathscr{F}\left\{\boldsymbol{J}\cdot\boldsymbol{S}(k)\cdot\mathrm{e}^{\mathrm{j}[\Delta\omega k+\theta(k)]}\right\}\right\}+\boldsymbol{n}(k) \tag{5-25}$$

式中，k 为数字采样的索引号；j 代表虚部运算符；α 为损耗因子；ω 为光载波角频率；β_2 为群速度色散常数；L 为光纤传输长度；$\mathscr{F}\{\cdot\}$ 及 $\mathscr{F}^{-1}\{\cdot\}$ 分别表示 FFT 及 IFFT 变换；$\boldsymbol{R}$ 为 PMD 导致的琼斯传输矩阵；$\boldsymbol{J}$ 为由 RSOP 造成的时变琼斯矩阵；$\boldsymbol{S}(k)=[S_x(k)\quad S_y(k)]^{\mathrm{T}}$ 为发射的偏振复用符号；$\Delta\omega$ 为光发射机激光器与本振之间的频偏；$\theta(k)$ 为激光器相位噪声；$\boldsymbol{n}(k)$ 为 EDFA 导致的 ASE 噪声。我们将 $\boldsymbol{J}$ 和 $\boldsymbol{R}$ 的计算公式重写为以下形式：

$$\boldsymbol{J}=\begin{bmatrix}\exp(\mathrm{j}\alpha)\cos\kappa & -\exp(\mathrm{j}\beta)\cdot\sin\kappa\\ \exp(-\mathrm{j}\beta)\cdot\sin\kappa & \exp(-\mathrm{j}\alpha)\cdot\cos\kappa\end{bmatrix} \tag{5-26}$$

$$\boldsymbol{R}=\begin{bmatrix}\exp(-\mathrm{j}\varphi/2) & -\boldsymbol{p}_\omega\Delta\omega\sin(\varphi/2)/2\\ \boldsymbol{p}_\omega\Delta\omega\sin(\varphi/2)/2 & \exp(\mathrm{j}\varphi/2)\end{bmatrix} \tag{5-27}$$

公式 (5-26) 中，参量 κ 表示引入的幅度信息；参量 α 及 β 表示相位信息。公式 (5-27) 中各变量的含义同式 (3-39)。

针对公式 (5-25) 光纤传输模型中的各种损伤，根据 2.5.1 小节的内容，利用 EDFA 可以补偿光纤损耗，并且静态损伤 CD 可采用频域方法进行均衡。由于这两种均衡属于静态损伤，本部分内容主要讨论由 RSOP 和 PMD 引起的动态损伤均衡，在此我们假设光纤损耗和 CD 已经被完全补偿。

我们知道，在单偏振直接检测系统中，通常利用多阶段串联式 PMD 补偿器实现光域 RSOP 跟踪及 PMD 补偿 [51]。在这一结构中，每一阶段的 PMD 补偿器均由 1 个偏振控制器 (PC) 和 1 段可变时延线组成，它可被 3 个自由度控制，其中 2 个自由度控制 1 个 PC，1 个自由度控制时延线，逻辑控制单元则使用优化算法和反馈信号偏振度实现对每一段 PMD 补偿器的控制。已经证明，一阶段 PMD 补偿器只能补偿一阶 PMD，两阶段 PMD 补偿器 (结构如图 5.16 所示) 可补偿一阶 PMD 和二阶 PMD 中的去偏振分量，三阶段 PMD 补偿器可完全补偿一阶 PMD 和二阶 PMD。根据 3.15 小节的分析，去偏振分量在二阶 PMD 中占主导地位，在进行二阶 PMD 补偿时可以只考虑去偏振分量而忽略 PCD 分量的影响，再考虑到计算性能与复杂度的平衡，我们在所提方案中使用一种类似于二阶段 PMD 补偿器的补偿矩阵级联结构。

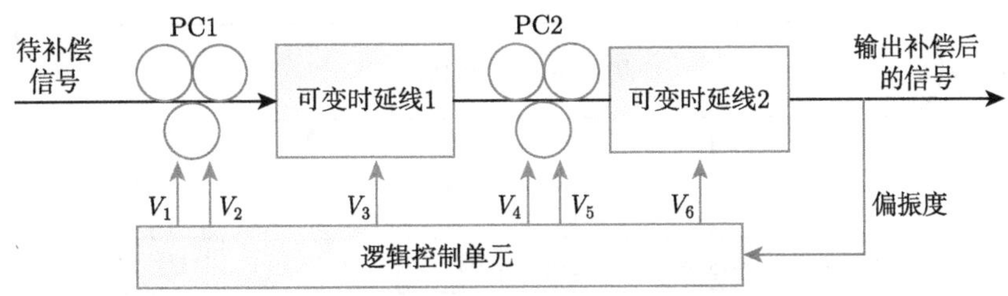

图 5.16　二阶段光域 PMD 补偿器原理框图 [52]

受图 5.16 的启发，我们借鉴这种两阶段光域补偿器结构的思想，将其应用于 PDM-EON 相干系统的 RSOP 和 PMD 联合均衡中。为在 DSP 数字域应用这种光域补偿器结构，在所提出的方案中我们将每个光域补偿器转换为相应的 2×2 琼斯矩阵。如 3.1.1 小节所述，可以利用 2×2 琼斯矩阵代表偏振器件效应。具体来说，偏振控制器可看作是 1 个偏振旋转器和 1 个相位延迟器的串联，对应矩阵分别为 $\begin{bmatrix} \cos\alpha & -\sin\alpha \\ \sin\alpha & \cos\alpha \end{bmatrix}^{\mathrm{T}}$ 及 $\begin{bmatrix} \exp(-\mathrm{j}\delta/2) & 0 \\ 0 & \exp(\mathrm{j}\delta/2) \end{bmatrix}^{\mathrm{T}}$，这里，$\alpha$ 为旋转角度，δ 为相位延迟角度；此外，利用矩阵 $\begin{bmatrix} \exp(\mathrm{j}\varphi/2) & 0 \\ 0 & \exp(-\mathrm{j}\varphi/2) \end{bmatrix}^{\mathrm{T}}$ 仿真时延线的作用，这里，$\varphi=\omega\Delta\tau$ 表示由 $\Delta\tau$ 引起的相位延迟。

经过上述转换，我们提出的弹性接收机 DSP 处理中的两阶段偏振损伤联合均衡方案如图 5.17 所示，它由一种数字域的二阶段“虚拟”补偿器组成，具体为“旋转器 1 (α_1)+ 延迟器 1 (δ_1)+ 时延线 1 (φ_1)+ 旋转器 2 (α_2)+ 延迟器 2 (δ_2)+ 时延线 2 (φ_2)”，这种结构等价于图 5.16 所示的二阶段光域 PMD 补偿器。

根据图 5.17，将每一虚拟偏振器件的琼斯矩阵代入后，可推导出所提方案的输出信号 $\boldsymbol{U}(k)$ 与输入信号 $\boldsymbol{r}(k)$ 之间的关系为

$$
\begin{aligned}
&\boldsymbol{U}(k)=[\boldsymbol{M}_{c2}\cdot\boldsymbol{M}_{c1}]^{-1}\cdot\boldsymbol{r}(k)\\
&=\left\{\left(\left(\begin{bmatrix}\exp(\mathrm{j}\varphi_2/2) & 0\\ 0 & \exp(-\mathrm{j}\varphi_2/2)\end{bmatrix}\times\begin{bmatrix}\exp(-\mathrm{j}\delta_2/2) & 0\\ 0 & \exp(\mathrm{j}\delta_2/2)\end{bmatrix}\right.\right.\right.\\
&\quad\left.\times\begin{bmatrix}\cos\alpha_2 & -\sin\alpha_2\\ \sin\alpha_2 & \cos\alpha_2\end{bmatrix}\right)\times\left(\begin{bmatrix}\exp(\mathrm{j}\varphi_1/2) & 0\\ 0 & \exp(-\mathrm{j}\varphi_1/2)\end{bmatrix}\right.\\
&\quad\left.\left.\times\begin{bmatrix}\exp(-\mathrm{j}\delta_1/2) & 0\\ 0 & \exp(\mathrm{j}\delta_1/2)\end{bmatrix}\times\begin{bmatrix}\cos\alpha_1 & -\sin\alpha_1\\ \sin\alpha_1 & \cos\alpha_1\end{bmatrix}\right)\right\}^{-1}\times\begin{bmatrix}r_x(k)\\ r_y(k)\end{bmatrix}
\end{aligned}
\tag{5-28}
$$

式中，$\boldsymbol{M}_{c1}$ 及 $\boldsymbol{M}_{c2}$ 分别表示本方案中第 1 阶段和第 2 阶段的琼斯转换矩阵；未知参数 $\alpha_1, \delta_1, \varphi_1, \alpha_2, \delta_2$ 及 φ_2 分别表示每一阶段中虚拟旋转器、延迟器、时延线的可调角度，均为实数。

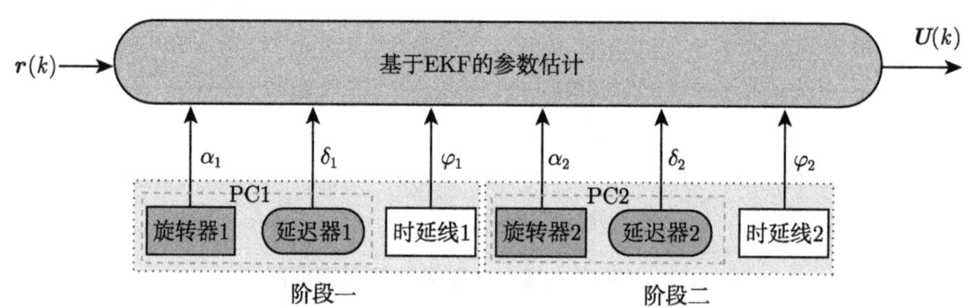

图 5.17　弹性接收机 DSP 处理中两阶段偏振损伤联合均衡方案原理框图

下面我们阐述基于两阶段补偿器进行联合快速 RSOP 跟踪、一阶和二阶 PMD 补偿的原理 [52]。假设 $\boldsymbol{\tau}_f=\Delta\tau_f\hat{\boldsymbol{p}}_f$ 表示光纤中的一阶 PMD 矢量，$\boldsymbol{\tau}_{\omega f}=\Delta\tau_f\hat{\boldsymbol{p}}_{\omega f}$ 表示二阶 PMD 的去偏振矢量，$\boldsymbol{A}$、$\boldsymbol{B}$ 分别表示补偿器中第 1 阶段和第 2 阶段的补偿矢量，经两阶段补偿器后，总的一阶 PMD 矢量的模 $|\boldsymbol{\tau}_{\mathrm{tot}}|$ 和二阶 PMD 矢量的模 $|\boldsymbol{\tau}_{\omega\mathrm{tot}}|$ 可计算为

$$
\begin{cases}
|\boldsymbol{\tau}_{\mathrm{tot}}|=|\boldsymbol{\tau}_f+\boldsymbol{A}+\boldsymbol{B}|\\
|\boldsymbol{\tau}_{\omega\mathrm{tot}}|=|\Delta\tau_f\hat{\boldsymbol{p}}_{\omega f}+(\boldsymbol{A}+\boldsymbol{B})\times\boldsymbol{\tau}_f+(\boldsymbol{A}\times\boldsymbol{B})|
\end{cases}
\tag{5-29}
$$

为便于理解上述补偿过程，我们利用 3 个正交单位矢量 $(\hat{\boldsymbol{p}}_f, \hat{\boldsymbol{p}}_{\omega f}, \hat{\boldsymbol{p}}_f\times\hat{\boldsymbol{p}}_{\omega f})$ 建立的空间如图 5.18 所示，这里 $\hat{\boldsymbol{p}}_f$ 表示一阶 PMD 单位矢量，$\hat{\boldsymbol{p}}_{\omega f}$ 为二阶 PMD 的去偏振单位矢量。从图 5.18 中可以看出，一阶 PMD 矢量 $\boldsymbol{\tau}_f$ 与 $\hat{\boldsymbol{p}}_f$ 同方向，只考虑去偏振分量时二阶 PMD 矢量沿 $\hat{\boldsymbol{p}}_{\omega f}$ 方向，如果该补偿器适当调整补偿矢量 $\boldsymbol{A}$、$\boldsymbol{B}$ 的大小及方向，使其位于 $(\hat{\boldsymbol{p}}_f,\hat{\boldsymbol{p}}_{\omega f})$ 平面并满足 $\boldsymbol{A}+\boldsymbol{B}=-\boldsymbol{\tau}_f$，即使它们的矢量和与 $\boldsymbol{\tau}_f$ 大小相等、方向相反，代入公式 (5-29) 后可得 $|\boldsymbol{\tau}_{\mathrm{tot}}|=0$，实现了一阶 PMD 补偿。在此基础上，如果同时又满足 $\boldsymbol{A}\times\boldsymbol{B}=-\Delta\tau_f\hat{\boldsymbol{p}}_{\omega f}$，加上由一阶 PMD 补偿时推导出的 $(\boldsymbol{A}+\boldsymbol{B})\times\boldsymbol{\tau}_f=0$，代入公式 (5-29)，我们可得 $|\boldsymbol{\tau}_{\omega\mathrm{tot}}|=0$，即此

时同时完成了快速 RSOP 跟踪、一阶 PMD 和二阶 PMD 的联合补偿。

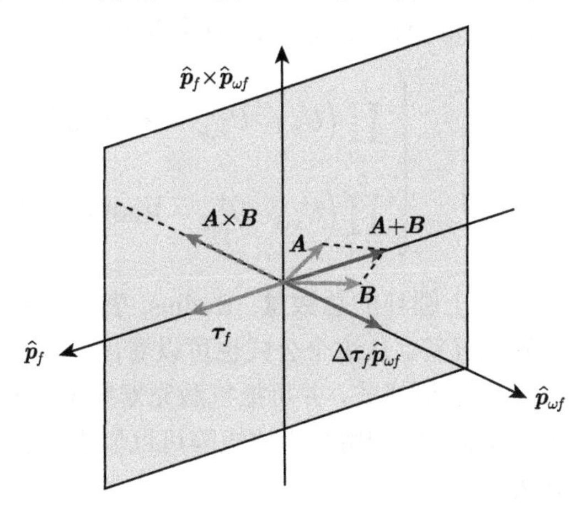

图 5.18 两阶段补偿器进行 RSOP、一阶 PMD 及二阶 PMD 的联合均衡原理示意图

5.4.2 基于 EKF 的未知参数更新

在单偏振直接检测系统的光域 PMD 补偿器中，通常采用偏振度作为反馈信号实时跟踪 PMD 的变化。然而对于相干 PDM-EON 系统，偏振复用信号的偏振度一直为零，不能作为偏振均衡的实时反馈信号。在本方案中考虑到性能与计算复杂度的平衡，根据公式 (5-28) 描述的非线性数学模型，基于 EKF 适于非线性传递函数系统的参数跟踪及估计的特点，我们将未知参数 $(\alpha_1, \delta_1, \varphi_1, \alpha_2, \delta_2, \varphi_2)$ 作为状态向量，取星座图空间作为测量空间，利用 EKF 对这一未知状态向量进行逐符号跟踪和更新，以进行联合 RSOP 跟踪和 PMD 补偿。

基于 EKF 的状态向量更新原理如图 5.19 所示。假设观测向量为 $\boldsymbol{r} = [r_x \quad r_y]^{\mathrm{T}}$，这里 $[\cdot]^{\mathrm{T}}$ 表示矩阵转置运算，待跟踪的状态向量为 $\boldsymbol{X} = [\alpha_1 \quad \delta_1 \quad \varphi_1 \quad \alpha_2 \quad \delta_2 \quad \varphi_2]$。

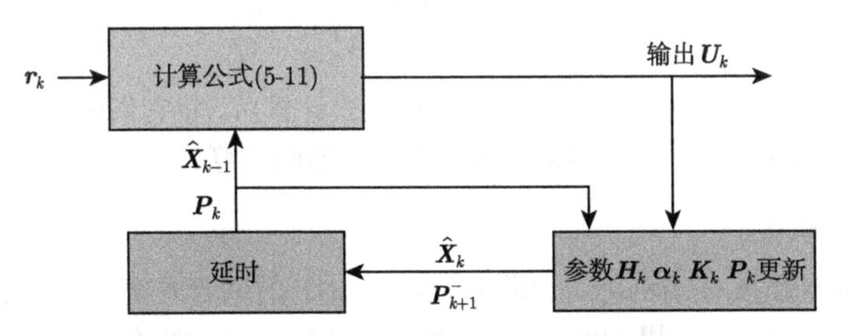

图 5.19 基于 EKF 的状态向量更新原理框图

首先为时间更新过程，在第 k 时刻将接收信号 $\boldsymbol{r}_k$ 及上一时刻状态向量估计值 $\hat{\boldsymbol{x}}_{k-1}$ 代入公式 (5-28) 计算对应的输出 $\boldsymbol{U}_k$；其后进行星座图空间观测，我们知道，

存在激光器线宽和频偏时，进行动态偏振解复用后所有星座点将收敛至一个圆环 (QPSK 格式) 或多个圆环 (mQAM 格式) 上，因此将 EKF 使用的观测模型表示为

$$\begin{bmatrix} W_{x,k} \\ W_{y,k} \end{bmatrix} = \begin{bmatrix} \prod_{i=1}^{L}\left(U_{x,k}\cdot U_{x,k}^{\dagger}-\text{Radius}_i^2\right) \\ \prod_{i=1}^{L}\left(U_{y,k}\cdot U_{y,k}^{\dagger}-\text{Radius}_i^2\right) \end{bmatrix} \tag{5-30}$$

式中，L 为 mQAM 星座图上圆环的总数量；Radius_i 表示理想星座图上第 i 个圆环的半径；$\dagger$ 为共轭转置运算符。从这个公式也可以看出，本方案使用的观测模型方案可适用于任何 mQAM 调制格式，并可抵抗激光器频偏和相位噪声的影响。

此后，根据使用的测量模型，利用雅克比矩阵可近似求出状态向量的一阶偏导矩阵 $\boldsymbol{H}_k$，其具体形式为

$$\boldsymbol{H}_k = \begin{bmatrix} \dfrac{\partial W_{x,k}}{\partial \alpha_1} & \dfrac{\partial W_{x,k}}{\partial \delta_1} & \dfrac{\partial W_{x,k}}{\partial \varphi_1} & \dfrac{\partial W_{x,k}}{\partial \alpha_2} & \dfrac{\partial W_{x,k}}{\partial \delta_2} & \dfrac{\partial W_{x,k}}{\partial \varphi_2} \\ \dfrac{\partial W_{y,k}}{\partial \alpha_1} & \dfrac{\partial W_{y,k}}{\partial \delta_1} & \dfrac{\partial W_{y,k}}{\partial \phi_1} & \dfrac{\partial W_{y,k}}{\partial \alpha_2} & \dfrac{\partial W_{y,k}}{\partial \delta_2} & \dfrac{\partial W_{y,k}}{\partial \varphi_2} \end{bmatrix} \tag{5-31}$$

同样，第 k 时刻用于预测更新的新息 $\boldsymbol{\alpha}_k$、卡尔曼增益 $\boldsymbol{K}_k$ 及误差协方差矩阵 $\boldsymbol{P}_k$ 按以下公式计算：

$$\begin{cases} \boldsymbol{\alpha}_k = [0 \quad 0]^{\mathrm{T}} - [W_{x,k} \quad W_{y,k}]^{\mathrm{T}} \\ \boldsymbol{K}_k = \boldsymbol{P}_k^{-}\boldsymbol{H}_k^{\mathrm{T}} / \left(\boldsymbol{H}_k\boldsymbol{P}_k^{-}\boldsymbol{H}_k^{\mathrm{T}} + \boldsymbol{R}_k\right) \\ \boldsymbol{P}_k = (\boldsymbol{I} - \boldsymbol{K}_k\boldsymbol{H}_k)\,\boldsymbol{P}_k^{-} \end{cases} \tag{5-32}$$

最后，第 k 时刻的状态估计 $\hat{\boldsymbol{x}}_k$ 以及下一时刻的误差协方差矩阵 $\boldsymbol{P}_{k+1}^{-}$ 的计算公式为

$$\begin{cases} \hat{\boldsymbol{x}}_k = \hat{\boldsymbol{x}}_k^{-} + \boldsymbol{K}_k\boldsymbol{\alpha}_k \\ \boldsymbol{P}_{k+1}^{-} = \boldsymbol{A}_{k+1}\boldsymbol{P}_k\boldsymbol{A}_{k+1}^{\mathrm{T}} + \boldsymbol{Q}_k \end{cases} \tag{5-33}$$

式中，转移矩阵 $\boldsymbol{A}_k$ 一般取单位矩阵。完成上式计算后，将它们延迟一个时刻后进行下一时刻 (即第 $k+1$ 时刻)EKF 各个参数的递归计算。

5.4.3　实验验证

为衡量本方案对 RSOP、一阶和二阶 PMD 的联合均衡效果，我们建立了 28GBaud PDM-QPSK 和 10GBaud PDM-16QAM 的 EON 传输平台进行实验验证，其详细框图如图 5.20 所示。EON 光发射机激光器及接收机本振 (LO) 均使用线宽 100kHz 的外腔激光器，中心波长为 1550nm，采样率 65GS/s 的 AWG 输出 4 路 RF 信号驱动 PDM-IQ 调制器，以产生实验所需的 PDM-mQAM 信号。根据光

纤链路条件，计算机快速调整射频信号的波特率及调制格式以仿真 EON 的动态场景。此外，我们利用光调制信号产生软件 (型号为 Keysight 81195A)，在 AWG 的 DSP 预处理部分通过公式 (5-26) 及公式 (5-27) 计算琼斯矩阵 $\boldsymbol{J}$ 和 $\boldsymbol{R}$，实现在光纤链路中插入可控快速 RSOP 和 PMD 的目的。此后，输出的 EON 发射信号经 EDFA 放大送入一盘长度为 50km 的单模光纤中，它的衰减系数为 0.20dB/km，色散系数为 17.6ps/(nm·km)，利用 ASE 噪声源和可调光衰减器 (VOA) 改变光纤链路中的 OSNR。在弹性接收机端，首先利用带宽 0.8nm 的光带通滤波器 (BPF) 进行光滤波，其后送入电带宽为 42GHz 的偏振分集相干接收机中，经 90° 混频和平衡光电检测 (Balanced Photoelectric Detection，BPD) 后，使用每通道 80GS/s 采样率的实时示波器进行数据采集，最终每次记录 131072 个样值送入 DSP 模块进行后续离线处理。

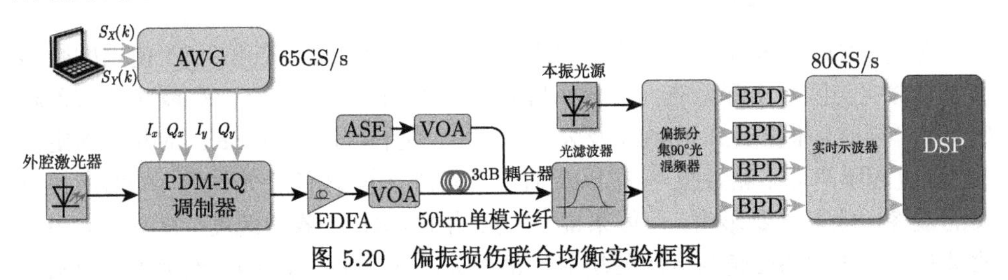

图 5.20　偏振损伤联合均衡实验框图

DSP 模块的详细处理流程如图 5.21 所示。首先，将每偏振信号重采样为 2 样值/符号，并进行归一化、正交化及 CD 补偿，每一 DSP 部分的算法已在 3.2 节进行了详细介绍，在此不再赘述。其后，我们采用传统 MIMO 均衡算法 (包括 CMA 和 MMA) 与本方案进行性能对比。为在计算复杂度和均衡效果之间取得平衡，经参数优化后，用于 PDM-QPSK 均衡的 CMA 最佳参数为：35 阶，5 次迭代，步长 5×10^{-4}；进行 PDM-16QAM 均衡时，先利用 10 次迭代、15 阶的 CMA 进行预均衡，其后采用 50 次迭代、35 阶、步长为 10^{-5} 的 MMA 进行后均衡。对这两种调制格式，均采用 4 次方算法进行频偏估计。此后，分别对 PDM-QPSK 和 PDM-16QAM 使用 VVPE 和 BPS 算法进行载波相位恢复。最后经符号判决，我们利用 5 次独立实验，每次使用 16384 个符号，计算得到 Q 因子均值，对传统 MIMO 方案和所提方案进行性能对比。Q 因子按以下公式计算 [28,30,35,36,53]：

$$\begin{cases} \mathrm{BER}_{\mathrm{QPSK}} = \dfrac{1}{2}\cdot\mathrm{erfc}\left[1/\left(\sqrt{2}\cdot\mathrm{EVM}\right)\right] \\ Q\left(\mathrm{dB}\right)_{\mathrm{QPSK}} = 20\lg\left[\sqrt{2}\mathrm{erfc}^{-1}\left(2\cdot\mathrm{BER}\right)\right] \\ \mathrm{BER}_{16\mathrm{QAM}} = \dfrac{3}{8}\cdot\mathrm{erfc}\left[1/\left(\sqrt{10}\cdot\mathrm{EVM}\right)\right] \\ Q\left(\mathrm{dB}\right)_{16\mathrm{QAM}} = 20\lg\left[\sqrt{10}\mathrm{erfc}^{-1}\left(\dfrac{8}{3}\cdot\mathrm{BER}\right)\right] \end{cases} \tag{5-34}$$

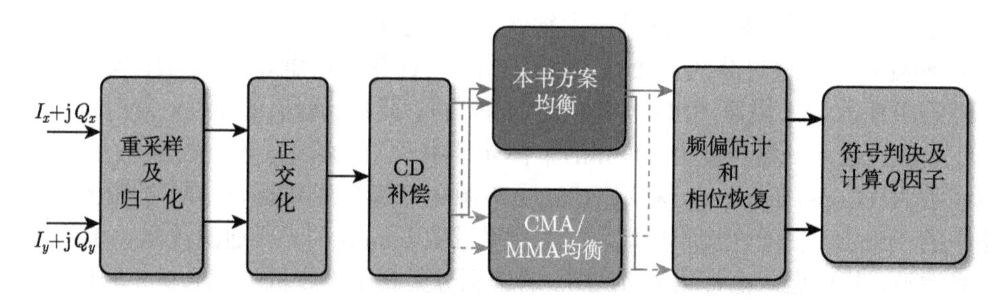

图 5.21　EON 接收机偏振损伤联合均衡的 DSP 流程图

5.4.3.1　EKF 参数优化

若使 EKF 的参数估计性能达到最佳，需同时满足以下条件：① 使用的数学模型能够完美匹配实际系统；② 输入噪声为互不相关的白噪声；③ 噪声协方差精确可知。同时，根据公式 (5-32) 及公式 (5-33)，我们可以发现 EKF 的几个固定参数，如过程噪声 $\boldsymbol{Q}$、测量噪声 $\boldsymbol{R}$ 以及估计误差协方差 $\boldsymbol{P}$ 的初始值等，均对所提方案的最终性能有重要影响。一般来说，$\boldsymbol{R}$ 影响了 EKF 的收敛速度，$\boldsymbol{R}$ 越大，EKF 收敛越慢；$\boldsymbol{P}$ 的初始值与卡尔曼增益紧密相关。由于过程噪声 $\boldsymbol{Q}$ 表示了当前实验数据中的噪声程度，它需要根据调制格式、RSOP 速度及 OSNR 等条件的改变进行适当优化，因此在以下内容中，我们重点讨论在 $\boldsymbol{R}$ 和 $\boldsymbol{P}$ 固定 ($\boldsymbol{R}$ 对角元素值取 300，$\boldsymbol{P}$ 的对角元素初始值取 0.1) 的情况下，$\boldsymbol{Q}$ 参数对所提方案性能的影响。

对于 “RSOP+ 一阶 PMD+ 二阶 PMD” 的偏振损伤组合，在利用本书方案进行偏振损伤联合均衡后，图 5.22 给出了 $\boldsymbol{Q}$ 的不同对角元素值与最终取得的 Q 因子之间的关系曲线。在后续内容中，我们利用均方根 (Root-Mean-Square，RMS) DGD 代表一阶 PMD 的幅度，用 $\langle\Delta\tau\rangle$ 表示。当 OSNR 设为 17dB，$\langle\Delta\tau\rangle=3\text{ps}$，二阶 PMD 为 105ps^2 时，图 5.22(a) 表明对 28GBaud PDM-QPSK 信号，当 $\boldsymbol{Q}$ 的对角元素值从 10^{-7} 增加至 10^{-3} 时，获得的 Q 因子均高于 PDM-QPSK 的 7%FEC 阈值 8.53dB，它先从 9.83dB 增加至最大值 18.65dB，其后又减小至 9.40dB，因此，对 PDM-QPSK 来说，可发现 $\boldsymbol{Q}$ 的最优对角元素值为 10^{-2}。这一点也可从图 5.22(a) 不同 $\boldsymbol{Q}$ 值对应的偏振解复用后的星座图中清晰看出。同样地，当 OSNR 为 23dB 时，对 PDM-16QAM 而言，$\boldsymbol{Q}$ 的最优对角元素值为 10^{-9}，对应最高 Q 因子为 20.22dB，这一数值比 PDM-16QAM 的 7%FEC 阈值 (15.20dB) 要高出约 5dB，图 5.22(b) 中 ② 处的星座图也可证实这一结论。经过上述 EKF 参数优化，寻找到的最优参数值将被应用于以下研究中以获取最佳均衡性能。

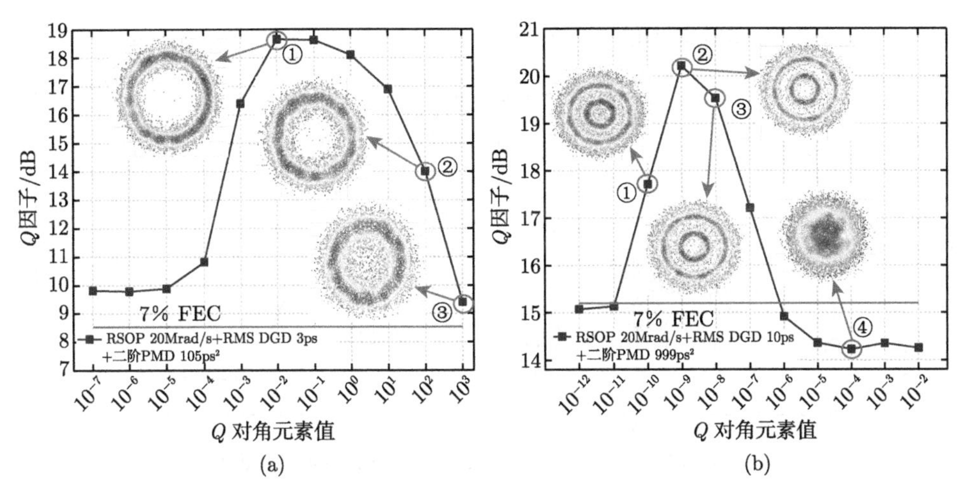

图 5.22 利用本方案得到的不同 Q 对角元素值与取得 Q 因子曲线

(a)28GBaud PDM-QPSK EON 信号，OSNR=17dB，20Mrad/s RSOP+3ps RMS DGD+105ps^2 二阶 PMD；(b)10GBaud PDM-16QAM EON 信号，OSNR=23dB，20Mrad/s RSOP+10ps RMS DGD+999ps^2 二阶 PMD；(a) 和 (b) 中的插图均为两种信号偏振解复用后的星座图

5.4.3.2 RSOP 跟踪性能

首先，我们在不考虑 PMD 的情况下研究本方案的 RSOP 跟踪性能。对于 28GBaud PDM-QPSK 和 10GBaud PDM-16QAM 信号，使用 4 种 RSOP，分别为 1.05Mrad/s、9.78Mrad/s、19.57Mrad/s 及 40.64Mrad/s 测试跟踪性能。

当 OSNR 从 14dB 增加至 20dB 时，图 5.23(a) 给出了 PDM-QPSK 信号在不同 OSNR 下，本书方案及 CMA 跟踪 4 种 RSOP 后得到的 Q 因子曲线。可以看出：两种方法均可跟踪 1.05Mrad/s 的 RSOP，但是本方案的 Q 因子要高于 CMA 2~5dB，此外 CMA 不能跟踪另外 3 种 RSOP，而本方案这 4 种 RSOP 均可跟踪，获得的 Q 因子从 9.67dB 增加至 20.34dB，均高于 PDM-QPSK 的 7%FEC 阈值。图 5.23(b) 给出了 OSNR 为 17dB 时，两种方案对 PDM-QPSK EON 信号的 RSOP 跟踪能力对比曲线，可以看出 CMA 最大可跟踪约 3.40Mrad/s 的 RSOP，而本方案可跟踪的 RSOP 高达 120Mrad/s，此时 Q 因子为 14.09dB，远高于 FEC 阈值。因此，本方案的 RSOP 跟踪能力约为 CMA 的 35 倍。

对 PDM-16QAM 信号，当 OSNR 从 18dB 增加至 26dB 时，图 5.23(c) 给出了本方案与 CMA/MMA 的 RSOP 跟踪对比结果。可以发现 CMA/MMA 只能跟踪 1.05Mrad/s RSOP，相比之下本方案这 4 种 RSOP 均能跟踪，相应最差 Q 因子 (跟踪 40.61Mrad/s RSOP 时) 从 16.22dB 增加至 19.15dB，此时仍然高于 PDM-16QAM 的 7%FEC 阈值。此外，从 5.23(d) 中我们看出，在 OSNR 23dB 时 CMA/MMA 最大只能跟踪约 2.20Mrad/s 的 RSOP，而本方案可跟踪的最大 RSOP 为 110Mrad/s，

约为 CMA/MMA 跟踪能力的 50 倍。

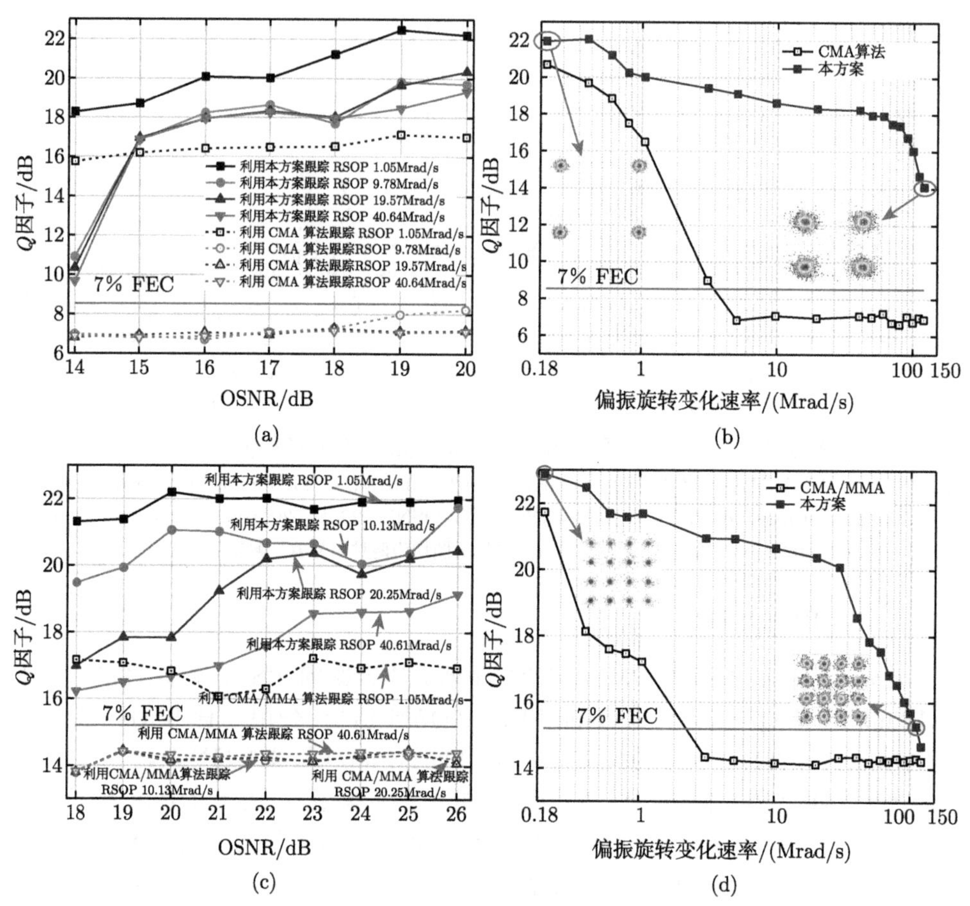

图 5.23 本方案与 CMA/MMA 的 RSOP 跟踪性能对比

(a) 28GBaud PDM-QPSK EON 信号，在 4 种 RSOP 下的 Q 因子-OSNR 曲线；(b) OSNR 为 17dB 时，PDM-QPSK EON 信号 Q 因子-RSOP 曲线；(c) 10GBaud PDM-16QAM EON 信号在 4 种 RSOP 下的 Q 因子-OSNR 曲线；(d) OSNR 为 23dB 时，PDM-16QAM EON 信号 Q 因子-RSOP 曲线；图 (b) 和 (d) 中的插图均为相位恢复后的星座图

5.4.3.3 PMD 补偿性能

我们在不考虑 RSOP 的情况下，研究本方案对一阶 PMD 和二阶 PMD 的补偿性能。图 5.24(a) 给出了在 OSNR 17dB 时，对 28GBaud PDM-QPSK EON 信号进行 PMD 补偿时，CMA 和所提方案的详细 PMD 补偿范围，图中 T_s 表示符号周期。可以看出 CMA 可至少补偿 35.71ps ($1.0T_\mathrm{s}$) DGD 及 915ps^2 二阶 PMD，所提方案最大可补偿 28.57ps ($0.8T_\mathrm{s}$) DGD 及 793ps^2 二阶 PMD。从图 5.24(b) 可得到类似结论，本方案最大可同时补偿 50ps ($0.5T_s$) DGD 和 4836ps^2 二阶 PMD, 而

CMA/MMA 的最大补偿范围为 90ps ($0.9T_s$) DGD 及 8029ps^2 二阶 PMD。然而，本方案的优势在于 RSOP 和 PMD 的联合均衡上，它的计算复杂度要远低于 CMA 和 MMA，这些内容将在下面加以讨论。

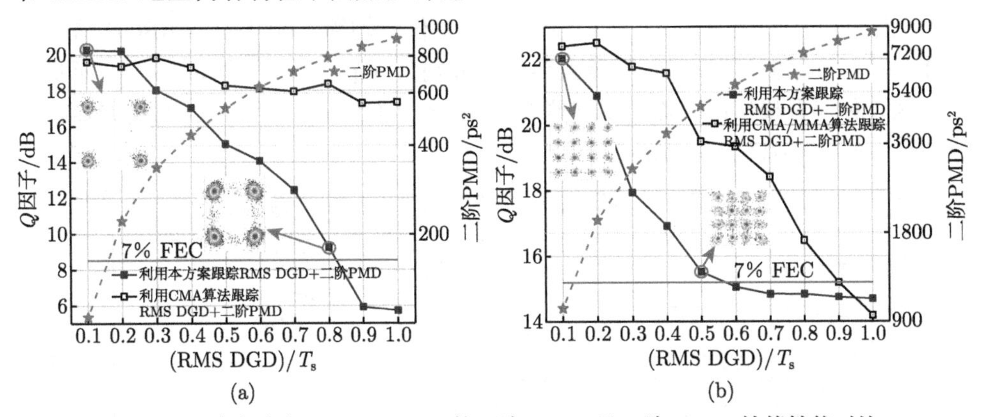

图 5.24 本方案与 CMA/MMA 的一阶 PMD 及二阶 PMD 补偿性能对比

(a) OSNR 为 17dB 时，28GBaud PDM-QPSK EON 信号的 Q 因子曲线；(b) OSNR 为 23dB 时，10GBaud PDM-16QAM EON 信号的 Q 因子曲线；(a) 和 (b) 中的插图均为相位恢复后的星座图

5.4.3.4 RSOP 跟踪、一阶 PMD 和二阶 PMD 补偿的联合均衡

如前所述，RSOP 跟踪和 PMD 补偿的联合均衡为本方案主要解决的问题。

对于 28GBaud PDM-QPSK EON 信号，当一阶 PMD 和二阶 PMD 分别设为 10.96ps ($0.3T_s$) 及 337ps^2 时，我们利用三种 RSOP 对本方案和 CMA 进行性能对比，分别为 1.00Mrad/s、10.00Mrad/s 及 20.02Mrad/s。当 OSNR 从 14dB 变化至 20dB 时，图 5.25(a) 表明 CMA 只能均衡 “1.00Mrad/s RSOP+$0.3T_s$ DGD+337ps^2 二阶 PMD” 这种组合，取得的 Q 因子在 16dB 附近浮动。相比之下，本方案对这种组合取得的 Q 因子从 18.20dB 增至 21.57dB，对另外两种组合也取得了良好的偏振均衡效果，对应 Q 因子从 12.37dB 变化至 19.02dB，均在 PDM-QPSK 的 7%FEC 阈值以上。当 OSNR 固定为 17dB 且 DGD 从 3.39ps($0.1T_s$) 增至 35.17ps($1.0T_s$) 时，图 5.25(b) 给出了三种 RSOP+ 一阶 PMD+ 二阶 PMD 下的 Q 因子对比结果，这三种 RSOP 分别为 1.00Mrad/s、10.00Mrad/s 及 20.02Mrad/s。从中可以看出，CMA 只能处理 1.00Mrad/s RSOP 这种组合，而本方案对这三种组合均取得了良好的均衡效果，对应 DGD 和二阶 PMD 的最大容忍度分别为 28.57ps ($0.8T_s$) 和 793ps^2。

对于 10GBaud PDM-16QAM EON 信号，图 5.25(c) 给出了三种 RSOP+30ps ($0.3T_s$) DGD+2963ps^2 二阶 PMD 损伤组合的均衡结果，三种 RSOP 分别为 1.00Mrad/s、10.00Mrad/s 及 20.02Mrad/s。从中可以发现，仅当 OSNR 大于 18dB

时，CMA/MMA 才能均衡 1.00Mrad/s RSOP 这种组合，取得的 Q 因子高于 7%FEC 阈值，然而它不能均衡另外两种组合；相比之下，本方案对这三种组合取得的 Q 因子均高于 CMA/MMA 的结果，并且都在 7%FEC 阈值以上。此外，从图 5.25(d) 看出，当 OSNR 固定为 23dB 时，CMA/MMA 仅能均衡 1.00Mrad/s RSOP 这一种组合，对 DGD 和二阶 PMD 的最大容忍度分别为 40ps ($0.4T_\mathrm{s}$) 和 3915ps^2，而本方案对这 3 种偏振损伤组合均可实现联合均衡，对 DGD 和二阶 PMD 的最大容忍度分别为 50ps ($0.5T_\mathrm{s}$) 及 4836ps^2。

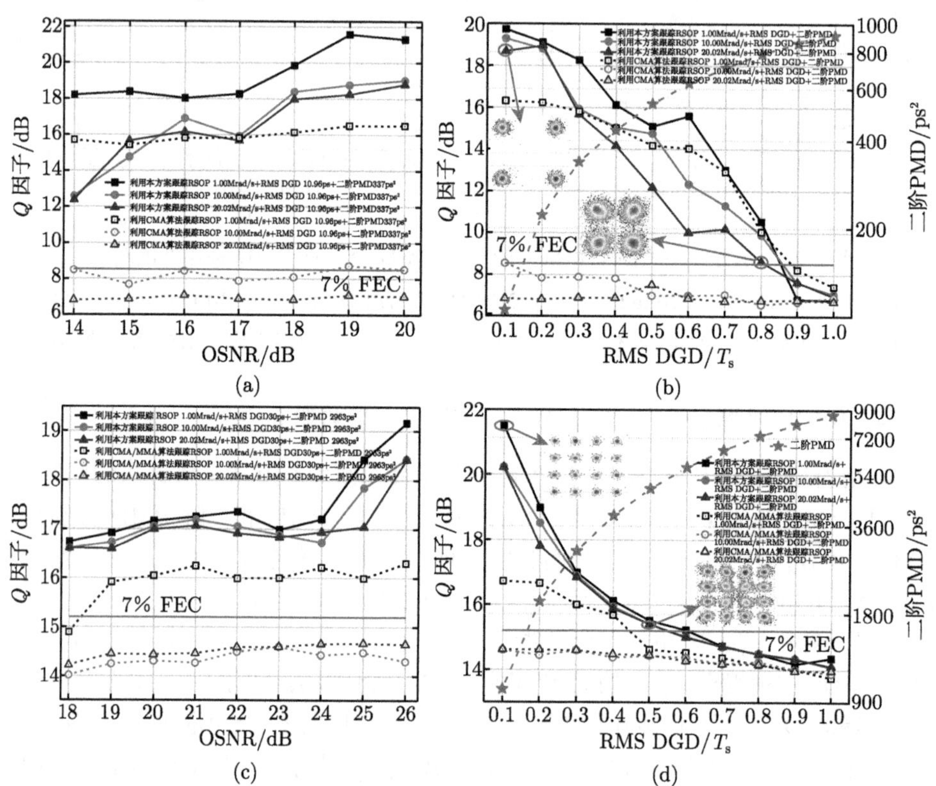

图 5.25　本方案与 CMA/MMA 进行 RSOP 和 PMD 的联合均衡时性能对比

(a) 28GBaud PDM-QPSK EON 信号在三种 RSOP+ 一阶 PMD+ 二阶 PMD 组合下的 Q 因子-OSNR 曲线；(b) OSNR 为 17dB 时，PDM-QPSK 在三种不同 RSOP 下得到的 Q 因子–一阶 PMD 及二阶 PMD 容忍度曲线；(c) 10GBaud PDM-16QAM EON 信号在三种 RSOP+ 一阶 PMD+ 二阶 PMD 组合下 Q 因子-OSNR 曲线；(d) OSNR 为 23dB 时，PDM-16QAM EON 信号在三种不同 RSOP 下得到的 Q 因子–一阶 PMD 及二阶 PMD 容忍度曲线；(b) 和 (d) 中的插图为相位恢复后的星座图

5.4.3.5　收敛速度和计算复杂度分析

如前所述，由 RSOP 及 PMD 共同导致的快速相位和频率变化，以及弹性收发机硬件配置时间的要求，都需要偏振损伤联合均衡算法具有较快的收敛速度和

较低的计算复杂度。在本部分内容我们针对这两个指标进行详细分析。

1) 收敛速度分析

以 10GBaud PDM-16QAM EON 信号为例，在 OSNR 为 23dB 时，当利用本方案进行 10.00Mrad/s RSOP+10ps DGD+999ps^2 二阶 PMD 的联合均衡时，图 5.26(a) 给出了总数为 16384 个符号时，待估计参数 $(\alpha_1, \delta_1, \varphi_1, \alpha_2, \delta_2, \varphi_2)$ 的收敛曲线，(b) 为 (a) 的前 200 个符号的收敛曲线。从图 5.26(b) 中可以看出，本方案在大约 50 个符号后就可达到收敛，这一速度在 80GS/s 的采样率下对应约为 5ns，完全可以跟踪目前观察到的最快 5.1Mrad/s 的 RSOP[9]，并满足弹性收发机的硬件再配置时间 ($<$ 450μs) 及波长切换时间 ($<$ 150ns) 的要求 [4,12,13]。相比之下，CMA/MMA 不能均衡这一偏振损伤组合，取得的 Q 因子为 14.61dB，比 PDM-16QAM 的 7%FEC 阈值要小 0.6dB。

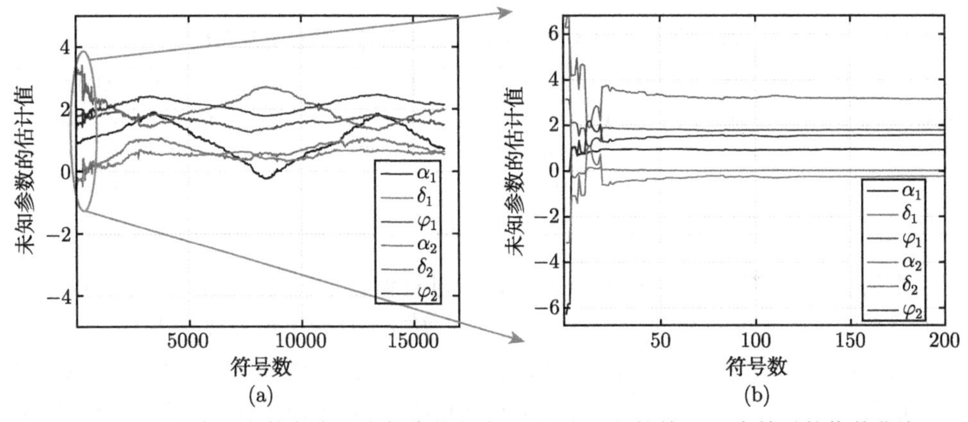

图 5.26 (a) 本方案的各未知参数收敛曲线；(b) 为 (a) 的前 200 个符号的收敛曲线
(扫描封底二维码查看彩图)

从理论上分析，本方案与 CMA/MMA 收敛速度不同的关键在于收敛机制的区别。假设进行偏振损伤均衡时接收符号总数为 N_{sym}，CMA/MMA 的阶数为 tap，迭代次数为 N，则 CMA/MMA 在第 i 次迭代对第 n 个符号进行均衡时，利用索引号为 $[n-(\text{tap}+1)/2, n+(\text{tap}-1)/2]$ 之内的符号进行 FIR 滤波器未知参数的更新。因此，CMA/MMA 在更新迭代时，对每一符号的运算最少需前后共 tap 个符号参与运算，最多需计算 $N \times N_{\text{sym}} \times \text{tap}$ 个符号才能达到收敛。

与 CMA/MMA 方案相比，我们提出的联合均衡方案充分利用了 EKF 的优点。由于 EKF 被看作从随机状态空间模型推导出的、对近似线性动态系统状态的最小二乘估计，它以逐符号的方式进行未知状态向量的更新。在每次递归迭代中，EKF 只需使用前一时刻的估计结果和当前时刻的符号计算未知的状态向量。此外，EKF 可根据当前观测值自适应地调整等价于 CMA/MMA 步长的卡尔曼增益，以修正每次更新中状态空间的步长。因此，这种均衡方案在达到收敛时，参与运算的符号个数最小为 1，最多需要 $N_{\rm sym}$ 个符号，其收敛速度要远快于 CMA/MMA。

2) 计算复杂度分析

计算复杂度是评价方案性能的另一重要指标。我们将所提方案与 CMA/MMA 的计算复杂度进行了分析与比较。通过对本方案和 CMA/MMA 的分析，大体可将这两种方法的计算过程分为 4 类：比较、实 (复) 数乘法、实 (复) 数加法以及查找表运算。为有效衡量和比较这两种方案的计算复杂度，我们将复数运算均转换为相应的实数运算操作。具体来说，基于最优实现的思想，可将 1 次复数乘法看作包含 4 次实数乘法和 2 次实数加法的运算，1 次复数加法看作两次实数加法，以及 1 次指数运算看作 2 次查找表运算。最终得到两种方案中每符号的计算复杂度对比结果如表 5.2 所示，表中 $\rm tap_1$ 及 $\rm tap_2$ 分别表示 CMA 和 MMA 的阶数。

表 5.2 本方案与 CMA/MMA 方案中每符号的计算复杂度对比

	本方案用于PDM-QPSK	CMA	本方案用于 PDM-16QAM	CMA/MMA
实数乘法	556	$36\times{\rm tap}_1-8$	566	$36\times{\rm tap}_1+36\times{\rm tap}_2-4$
实数加法	363	$24\times{\rm tap}_1$	367	$24\times{\rm tap}_1+24\times{\rm tap}_2+8$
比较	0	0	0	3
查找表	32	0	32	0

根据表 5.2，对 PDM-QPSK EON 信号进行偏振均衡时，$\rm tap_1$ 为 35，可计算出 CMA 进行每符号更新时需要计算 1252 次实数乘法及 840 次实数加法，而本方案仅需 556 次实数乘法、336 次实数加法及 32 次查找表运算。进行 PDM-16QAM 的偏振解复用时，$\rm tap_1$ 及 $\rm tap_2$ 分别为 15 和 35，可得 CMA/MMA 进行每符号更新时需要 1796 次实数乘法、1208 次实数加法及 3 次比较运算，而本方案仅需 566 次实数乘法、367 次实数加法及 32 次查找表运算。我们还可以发现：尽管调制格式从 QPSK 到 16QAM 变得更加复杂，而本方案的计算复杂度基本保持不变。由于查找表运算的复杂度远低于实数乘法或加法运算，可得到如下结论：对 PDM-QPSK 及 PMD-16QAM，本方案的每符号计算复杂度分别仅约为 CMA 的 44%，以及 CMA/MMA 的 31%。因此，本方案的计算复杂度远小于 CMA/MMA。

此外，如前所述，本方案在大约 50 个符号后达到收敛，我们可知：对 PDM-QPSK 进行偏振损伤联合均衡时，它一共需要约 27800 次实数乘法、18150 次实数加法及 1600 次查找表运算达到收敛；对 PDM-16QAM 信号达到收敛时，本方案一共需要约 28300 次实数乘法、18350 次实数加法及 1600 次查找表运算达到收敛。

5.4.4 结论

本节主要阐述了我们提出的基于 EKF 的两阶段偏振损伤联合均衡方案。该方案通过在弹性接收机的 DSP 数字域构建两阶段补偿矩阵，并利用 EKF 进行未知参数的更新，以达到对 RSOP、一阶和二阶 PMD 等偏振损伤联合均衡的目的。应用本方案时，需要对 EKF 的参数进行优化，以实现跟踪速度和均衡性能之间的平衡。最后，通过 28GBaud PDM-QPSK 及 10GBaud PDM-16QAM EON 信号的传输实验验证了该方案的有效性。

实验结果表明：这种方案对 PDM-QPSK EON 信号可追踪的最大 RSOP 为 120Mrad/s，对 PDM-16QAM EON 信号可追踪的最大 RSOP 为 110Mrad/s，这一性能分别是传统 CMA 方案的 35 倍以及 CMA/MMA 方案的 50 倍；此外，该方案对 PDM-QPSK 进行一阶 PMD 和二阶 PMD 补偿的最大范围分别为 28.57ps(0.8T_s) 和 793ps^2，对于 PDM-16QAM EON 信号，这一范围分别是 50ps(0.5T_s) 及 4836ps^2；更重要的是，该方案对 3 种损伤组合 “RSOP(1.00Mrad/s、10.00Mrad/s 或 20.02Mrad/s)+0.3T_s DGD+337ps^2 二阶 PMD” 均取得了良好的联合均衡效果，当 RSOP 为 1.00Mrad/s、10.00Mrad/s 或 20.02Mrad/s 时，本方案在 PDM-QPSK EON 系统中对 DGD 和二阶 PMD 的最大容忍度分别为 28.57ps(0.8T_s) 和 793ps^2。同样，对于这三种损伤组合 “RSOP(1.00Mrad/s、10.00Mrad/s 或 20.02Mrad/s)+0.3T_s DGD+337ps^2 二阶 PMD”，该方案对 PDM-16QAM EON 信号也获得了比 CMA/MMA 更高的 Q 因子和更好的偏振损伤联合均衡效果，当 RSOP 为上述三种之一时，本方案对 DGD 和二阶 PMD 的最大容忍度分别可达 50ps(0.5T_s) 和 4836ps^2。在收敛速度和计算复杂度方面，由于本方案充分利用了两阶段补偿矩阵的优点及 EKF 的优良性能，其收敛速度约为 50 个符号 (等价于 5ns)，这一速度远快于 CMA/MMA。此外，对这种快速 RSOP、一阶 PMD 和二阶 PMD 的偏振损伤进行联合均衡时，CMA/MMA 需要较大抽头系数才能跟踪和补偿部分偏振损伤，而本方案每个符号的计算复杂度仅为 CMA 的 44%，CMA/MMA 的 31%左右。因此，可在弹性接收机的 DSP 数字域使用这种均衡方案，实现 RSOP、一阶 PMD 和二阶 PMD 等偏振损伤的联合均衡。

5.5 载波损伤均衡技术

为降低 CFO 估计和 CPN 恢复的 DSP 技术复杂度，适应 EON 相干接收系统实时处理、快速收敛的要求，本节将详细介绍我们提出的一种基于 EKF 的载波损伤均衡方案 [29]，能够同时实现 CFO 估计和 CPN 恢复，具有无须去除调制格式、估计精度高、快速收敛等优点。以下将首先重点阐述本方案的工作原理，其次利用 Nyquist-PDM-QPSK 和 Nyquist-PDM-16QAM EON 仿真系统分别对本方案 CFO 估计及 CPN 恢复性能，以及 BER、收敛速度及计算复杂度等各项指标进行了详细分析。

5.5.1 基于 EKF 的 CFO 估计及 CPN 恢复方案

为详细阐述这种基于 EKF 的 CFO 估计和 CPN 恢复方案，首先建立如图 5.27 所示的信号模型。在图 5.27 中，$s(t)$ 为发射信号，$g(t)$ 为加入了 CD 及偏振损伤后的光纤信道等效模型，Δf 表示发射端激光器和接收端本振激光器之间的频偏，$\theta_{\rm n}$ 为相位噪声，$\eta(t)$ 表示加性高斯白噪声，$r(t)$ 为接收到的偏振复用信号。

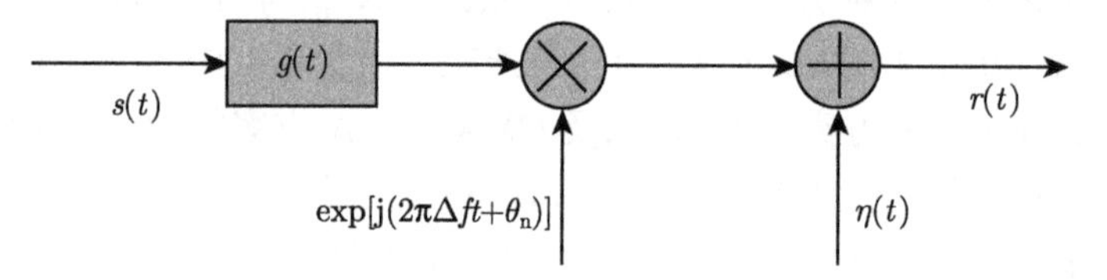

图 5.27　受 CFO 及 CPN 影响的接收信号模型

根据图 5.27，我们可得到接收信号 $r(t)$ 的计算公式为

$$r(t) = s(t) \cdot g(t) \cdot \exp[{\rm j}(2\pi\Delta ft + \theta_{\rm n})] + \eta(t) \tag{5-35}$$

本节内容主要集中在讨论 CFO 估计和 CPN 恢复方案上，我们假设 CD、PMD、RSOP 等光纤信道损伤已得到了完美补偿，即在忽略 $g(t)$ 的影响下，可将接收信号简化为

$$r(t) = s(t) \cdot \exp[{\rm j}(2\pi\Delta ft + \theta_{\rm n})] + \eta(t) \tag{5-36}$$

从上式可以发现，进行基于 EKF 的 CFO 估计和 CPN 恢复时，相当于对接收信号 $r(t)$ 乘以一项 $\exp[-{\rm j}(2\pi\Delta f_{\rm c}t + \theta_{\rm nc})]$，此处，$\Delta f_{\rm c}$ 及 $\theta_{\rm nc}$ 分别为估计出的频偏和相位噪声值，可得到经过 CFO 估计和 CPN 恢复后的信号 $u(t)$，再将 $u(t)$ 进行 ADC 转换及离散化后，可得到其相应的数字形式为

$$u_k = r_k \cdot \exp[-{\rm j}(2\pi\Delta f_{{\rm c}_k}kT_{\rm s} + \theta_{{\rm nc}_k})] + \eta'_k \tag{5-37}$$

式中，k 代表离散时刻；$T_{\rm s}$ 为采样间隔；η'_k 为离散化的加性高斯白噪声。

本方案中，将状态向量 $\boldsymbol{v}_k$ 定义为 $\boldsymbol{v}_k = [\Delta f_{{\rm c}_k} \quad \theta_{{\rm nc}_k}]^{\rm T}$，此处，$[\cdot]^{\rm T}$ 表示矩阵转置运算，$\Delta f_{\rm c}$ 及 $\theta_{\rm nc}$ 分别为使用 EKF 实时跟踪得到的频偏和相位噪声值。另外，测量量也是 EKF 算法中极为关键的参数。当发射端发送 QPSK 调制信号时，我们基于理想的 QPSK 符号均匀分布在星座图 4 个象限对角线上的性质，即 QPSK 信号的实部与虚部具有相等模值，满足 ${\rm Re}\{u_k\}^2 - {\rm Im}\{u_k\}^2 = 0$，本方案使用的观测模型 $\boldsymbol{W}'_k$ 可表示为

$$\boldsymbol{W}'_k = \begin{bmatrix} {\rm Re}\{u_{x,k}\}^2 - {\rm Im}\{u_{x,k}\}^2 \\ {\rm Re}\{u_{y,k}\}^2 - {\rm Im}\{u_{y,k}\}^2 \end{bmatrix} \tag{5-38}$$

式中，$\mathrm{Re}\{\cdot\}$ 和 $\mathrm{Im}\{\cdot\}$ 分别表示进行取实部与虚部运算；$u_{x,k}$ 及 $u_{y,k}$ 分别表示在第 k 时刻接收信号的 QPSK 星座图上，X 和 Y 偏振的星座点。当发射端发送 16QAM 符号时，如果我们舍弃中间圆环的符号，可以将最内层和最外层的接收符号当作 QPSK 调制信号处理，此时公式 (5-38) 仍然成立，即可进行 CFO 估计及 CPN 恢复。以此类推，这种基于 EKF 的 CFO 估计及 CPN 恢复方案，可被推广至具有全部或部分 QPSK 形状星座图的 mQAM 调制信号的接收 DSP 流程中。

在上述观测模型的基础上，EKF 采用的新息矢量 $\boldsymbol{e}_k$ 可表示为

$$\boldsymbol{e}_k=\begin{bmatrix}0\\0\end{bmatrix}-\begin{bmatrix}\mathrm{Re}\{u_{x,k}\}^2-\mathrm{Im}\{u_{x,k}\}^2\\\mathrm{Re}\{u_{y,k}\}^2-\mathrm{Im}\{u_{y,k}\}^2\end{bmatrix} \tag{5-39}$$

如果将式 (5-37) 代入式 (5-39)，我们会发现 $\boldsymbol{W}'_k$ 与待追踪的 v_k 之间存在明显的非线性关系，利用 EKF 求解时需要将这种非线性关系进行一阶泰勒级数展开，此时需要计算 $\boldsymbol{W}'_k$ 对 v_k 的雅克比矩阵。将这一过程表示为

$$\boldsymbol{H}_{ij,k}=\frac{\partial W'_{i,k}}{\partial v_{j,k}},\quad i=1,2\text{ 和 }j=1,2 \tag{5-40}$$

具体来说，我们提出的基于 EKF 的频偏估计和载波相位恢复方案的原理如图 5.28 所示。整个方案分为时间更新、观测及测量更新 3 个阶段。在时间更新阶段，首先需要判断当前时刻 k 是否超过了进行 CFO 估计设定的符号个数阈值 Th_N，若未超过该值，则使用 $\boldsymbol{Q}_1$ 值进行当前时刻的先验估计 $\hat{v}_k^-$ 和误差协方差矩阵 $\boldsymbol{P}_k^-$ 的计算；若超过 Th_N，则使用 $\boldsymbol{Q}_2$ 值进行计算。这一部分的计算公式如式 (5-41) 所示，此处 $\boldsymbol{P}$ 为误差协方差矩阵，$\boldsymbol{Q}_1$ 及 $\boldsymbol{Q}_2$ 均为 n 行 n 列的对角矩阵，实际应用中需要根据调制格式及 OSNR 等条件进行适当优化。

$$\begin{cases}\hat{v}_k^-=\hat{v}_{k-1}\\\boldsymbol{P}_k^-=\boldsymbol{P}_{k-1}+\boldsymbol{Q}_1\quad\text{或}\quad\boldsymbol{P}_k^-=\boldsymbol{P}_{k-1}+\boldsymbol{Q}_2\end{cases} \tag{5-41}$$

在时间更新阶段后，需要按照式 (5-37)、式 (5-38) 及式 (5-40) 分别计算出当前时刻经 CFO 估计和 CPN 恢复的输出信号 $\boldsymbol{u}_k$、观测模型 $\boldsymbol{W}'_k$ 及雅克比矩阵 $\boldsymbol{H}_{ij,k}$。观测阶段主要进行新息矢量 $\boldsymbol{e}_k$ 的计算。在测量更新阶段，主要利用以上各阶段的结果计算当前时刻的卡尔曼增益 $\boldsymbol{G}_k$、状态向量的后验估计 $\hat{v}_k$，以及误差协方差矩阵 $\boldsymbol{P}_k$，其具体计算公式为

$$\begin{cases}\boldsymbol{G}_k=\boldsymbol{P}_k^-\boldsymbol{H}_k^{*\mathrm{T}}\left(\boldsymbol{H}_k\boldsymbol{P}_k^-\boldsymbol{H}_k^{*\mathrm{T}}+\boldsymbol{R}\right)^{-1}\\\hat{v}_k=\hat{v}_k^-+\boldsymbol{G}_k\boldsymbol{e}_k\\\boldsymbol{P}_k=(\boldsymbol{I}-\boldsymbol{G}_k\boldsymbol{H}_k)\,\boldsymbol{P}_k^-\end{cases} \tag{5-42}$$

式中，$\boldsymbol{R}$ 为测量噪声协方差矩阵。最后，此处的计算结果 $\hat{v}_k$ 和 $\boldsymbol{P}_k$ 将被用于下一时刻的 CFO 估计及 CPN 恢复。

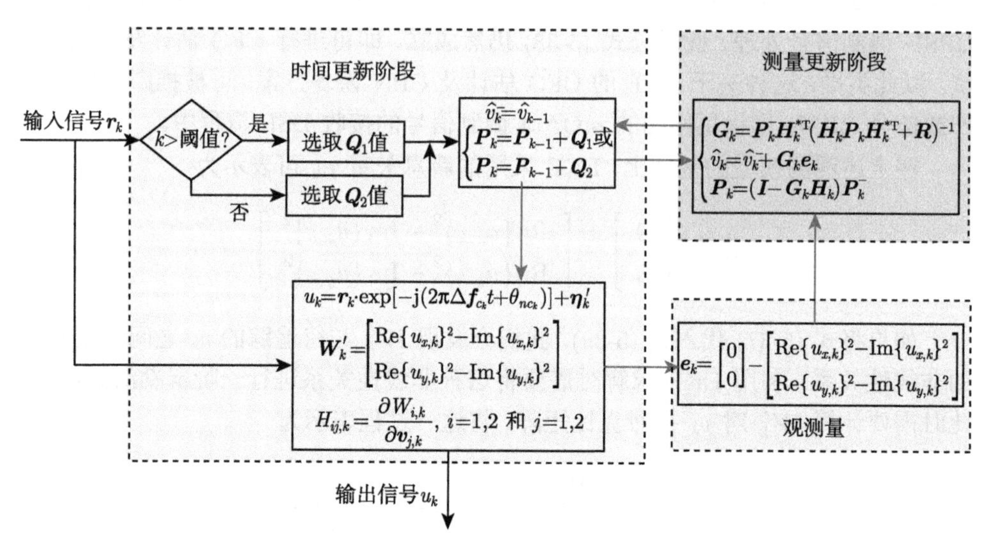

图 5.28　基于 EKF 的联合 CFO 估计及 CPN 恢复方案框图

5.5.2　仿真系统设置

为衡量本方案的性能，我们采用 Matlab 及 VPI 9.3 软件搭建的仿真系统如图 5.29 所示。发射端利用 AWG 分别产生 Nyquist 脉冲成型的 28GBaudPDM-QPSK 及 PDM-16QAM 信号，伪随机比特序列 (Pseudo-Random Bit Sequence，PRBS) 长度均为 2^{15}，使用的升余弦滤波器滚降因子为 0.1，通过参数改变发射端激光器和接收端 LO 的频偏和线宽。经 80km 光纤信道传输后，利用可调 ASE 光源和 3dB 耦合器改变链路中的 OSNR。在相干接收端，首先使用一个 10 阶的高斯带通滤波器对接收信号进行光滤波，对 Nyquist 脉冲成型信号的滤波器带宽设置为 33.6GHz；经 90° 混频和平衡检测后，对每通道模拟信号以 80GS/s 采样率进行高速模数转换 (AD)，最后送入 DSP 模块进行离线处理，并根据发射端和解码判决后的比特计算系统的 BER。

DSP 模块的处理流程如图 5.30 所示。首先对每偏振信号进行重采样、归一化及正交化处理，其后我们采用典型频域 CD 补偿算法进行 CD 完美补偿，以及传统的 MIMO 均衡算法进行了有效的偏振解复用，将得到的信号分别使用两种方案进行 CFO 估计及 CPN 恢复，即本书的 EKF 方案和典型的 IMP+VVPE/BPS 算法，最后计算 BER 并比较这两种方案的性能优劣。

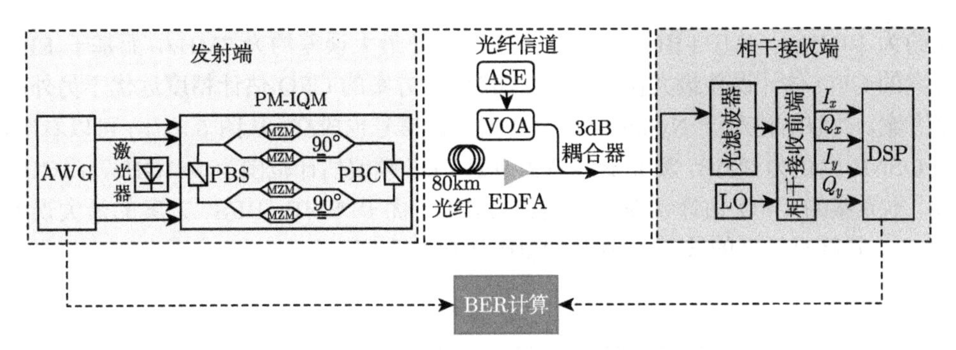

图 5.29 CFO 估计及 CPN 恢复仿真系统框图

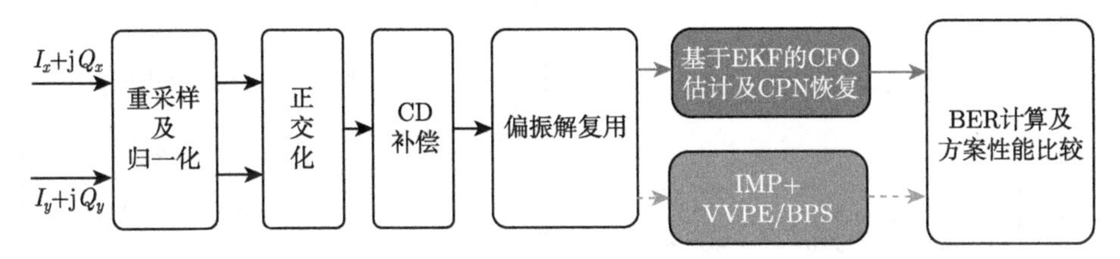

图 5.30 进行 CFO 估计及 CPN 恢复的 DSP 详细流程图

由于 EKF 的工作机制为“逐符号”对未知参数更新，进行 CFO 估计时只需最前面的一部分符号即可达到良好的频偏补偿效果。因此，在下面的仿真验证中，将 EKF 方案进行 QPSK 信号 CFO 估计的符号数量设为 1024，而用于 16QAM 信号 CFO 估计的符号数量设为 2048，同时设定 Δf_c 和 θ_{nc} 的初始值均为 0，挑选出的最优误差协方差矩阵 $\boldsymbol{P}$ 为 diag[0 2]，最佳 $\boldsymbol{Q}_1$ 为 diag[10^{-5} 10^{-3}]，最佳 $\boldsymbol{Q}_2$ 值为 diag[0 10^{-3}]，最优测量噪声协方差矩阵 $\boldsymbol{R}$ 为 diag[1 1]。相对于 EKF 方案，如 3.2.5 小节及 3.2.6 小节所述，IMP、VVPE 及 BPS 算法均进行“逐块”的未知参数更新，在以下仿真中将 IMP 每块的符号数设为 1024，VVPE 的平滑滤波器长度为 12，BPS 测试相位数量设为 32，它的平滑滤波器长度设为 31。

5.5.3 载波损伤均衡结果

下述内容中，我们给出了使用本方案以及“IMP+VVPE”或“IMP+BPS”方案的详细仿真结果对比，包括频偏估计性能、CPN 恢复性能、BER 性能、收敛速度及计算复杂度比较等。

5.5.3.1 频偏估计性能

当 OSNR 固定为 16dB，激光器线宽为 1MHz，频偏估计范围为 [−3.5GHz, +3.5GHz] 时，图 5.31(a) 给出了对 Nyquist-PDM-QPSK 信号使用 3 种频偏估计方案的 CFO 估计结果。可以发现，利用“IMP+VVPE”方案进行 CFO 估计后最大误差约为 10MHz，“IMP+BPS” 方案的 CFO 估计最大误差约为 7MHz，而基于 EKF 方案的 CFO 估计误差最大仅为 2MHz，说明本方案的 CFO 估计精度远优于另外两种方案。类似结论对于 Nyquist-PDM-16QAM 信号也成立，从图 5.31(b) 可以看出，当 OSNR 固定为 20dB，激光器线宽为 0.3MHz，频偏估计范围为 [−1GHz，+1GHz] 时，本方案的 CFO 估计误差最大约为 4MHz，优于 “IMP+BPS” 方案的最大误差 5MHz，其绝对精度的波动也小于 “IMP+BPS” 方案。

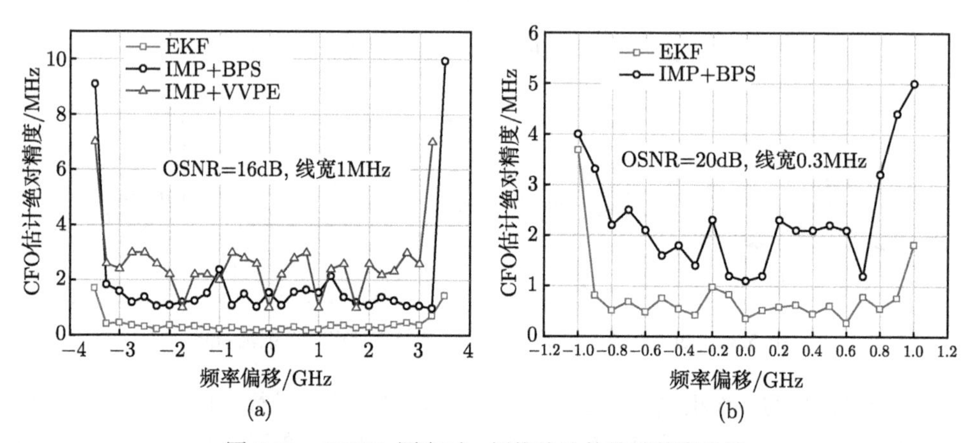

图 5.31 OSNR 固定时，频偏估计的绝对精度曲线

(a) Nyquist-PDM-QPSK 信号；(b) Nyquist-PDM-16QAM 信号

另外，我们还研究了基于 EKF 方案进行 CFO 估计时，符号个数阈值 Th_N 与 CFO 估计绝对精度之间的关系。从图 5.32(a)、(b) 可以看出，在固定频偏和线宽的条件下，利用本方案对不同调制格式的信号进行频偏估计时，阈值 Th_N 越大，得到的 CFO 估计绝对精度越小，当然此时的计算复杂度也越高。采用适当的阈值 Th_N，本方案进行 CFO 估计后的绝对精度可低至 0.5MHz 以内，表现出了优良的 CFO 估计性能。

最后，我们给出了固定 Th_N 和线宽条件下，本方案的 CFO 估计误差随 OSNR 的变化曲线，如图 5.33 所示。从图 5.33(a) 可以发现，对于 Nyquist-PDM-QPSK 信号，在 $\mathrm{Th}_N = 1024$ 及线宽 1MHz 条件下，OSNR 从 14dB 增加至 20dB 后，当 CFO 估计误差低于 1.5MHz 时，本方案的 CFO 估计范围为 [−3.5GHz，+3.5GHz]。同样，对于 Nyquist-PDM-16QAM 信号，在 $\mathrm{Th}_N = 2048$ 及线宽 0.3MHz 条件下，CFO 估计误差也表现出了随 OSNR 增大而逐渐递减的趋势，当 CFO 估计误差低于 1.5MHz 时，本方案的 CFO 估计范围约为 [−0.9GHz，+0.9GHz]。

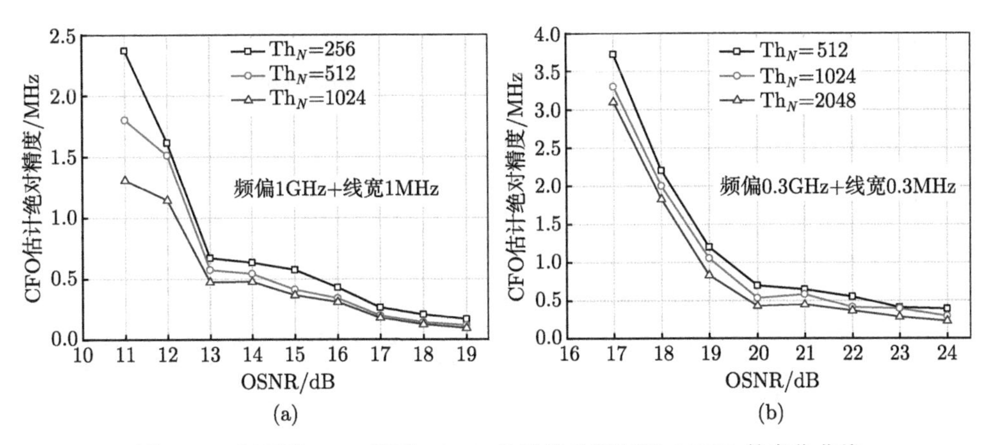

图 5.32 在不同 Th_N 值下，CFO 估计绝对精度随 OSNR 的变化曲线

(a) Nyquist-PDM-QPSK 信号; (b) Nyquist-PDM-16QAM 信号

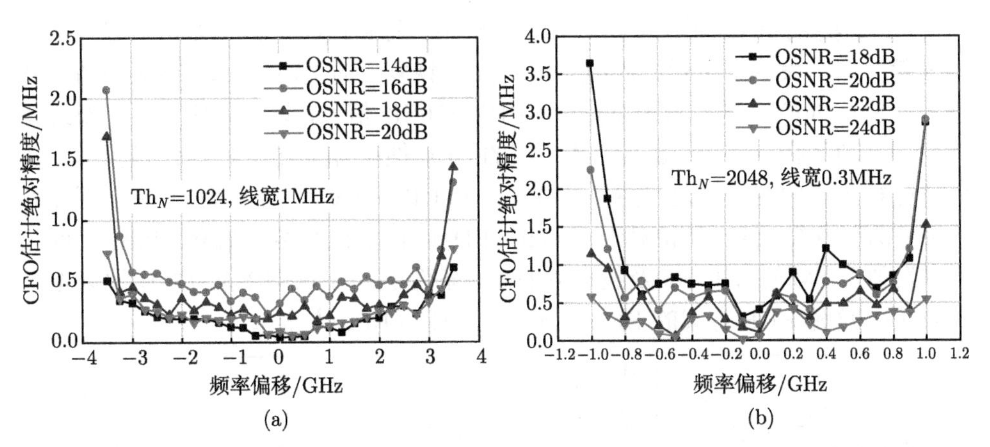

图 5.33 固定 Th_N 和线宽条件下，CFO 估计绝对精度随 4 种 OSNR 的变化曲线

(a) Nyquist-PDM-QPSK 信号; (b) Nyquist-PDM-16QAM 信号

5.5.3.2 CPN 恢复性能

这一部分主要研究 EKF 方案的 CPN 恢复性能。我们设定频偏为零时，所得三种方案的 OSNR 代价与线宽和符号间隔乘积结果如图 5.34 所示。从图 5.34(a) 可以发现，在 1dB OSNR 代价下，本方案进行 CPN 恢复后，Nyquist-PDM-QPSK 信号的线宽和符号间隔乘积可达 9×10^{-4}，这一数值优于 “IMP+VVPE” 的 2.4×10^{-4} 和 “IMP+BPS” 方案的 3.3×10^{-4}。同样，图 5.34(b) 表明：利用本方案对 Nyquist-PDM-16QAM 信号进行 CPN 恢复后，线宽和符号间隔乘积可达 3×10^{-4}，这一数值要好于 “IMP+BPS” 方案的 1.6×10^{-4}。

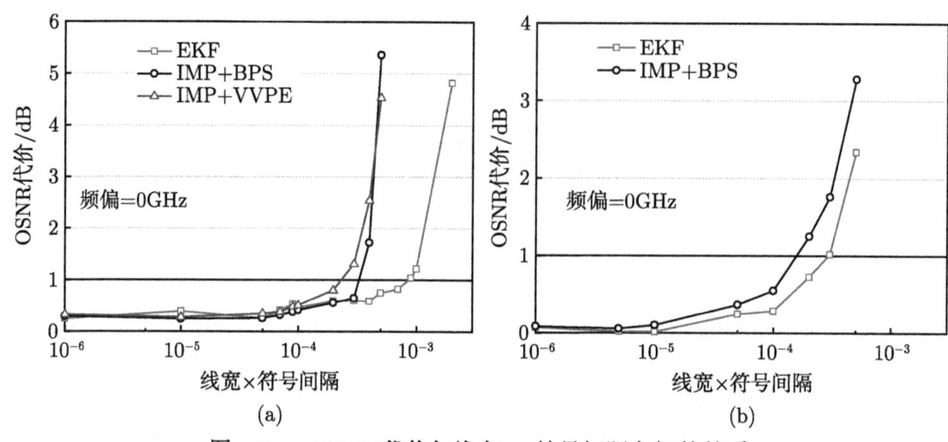

图 5.34　OSNR 代价与线宽 × 符号间隔之间的关系

(a) Nyquist-PDM-QPSK 信号；(b) Nyquist-PDM-16QAM 信号 BER 性能

另外，我们还给出了在不同 OSNR 条件下，采用 EKF、IMP+VVPE 及 IMP+BPS 等 3 种方案联合进行 CFO 估计和 CPN 恢复后的 BER 曲线，结果如图 5.35 所示。图 5.35(a) 表明：对于 Nyquist-PDM-QPSK 信号，设定频偏 1GHz 及线宽 1MHz 后，在 OSNR 小于 13dB 时本方案的 BER 性能与其余两种方案相差不大，其后随着 OSNR 的继续增大，进行 CFO 估计和 CPN 恢复后，本方案的 BER 明显低于另外两种方案。这一结论对于 Nyquist-PDM-16QAM 信号也成立。从图 5.35(b) 可以发现：在频偏 0.3GHz 及线宽 0.3MHz 条件下，当 OSNR 从 17dB 逐渐增至 24dB 时，这种 EKF 方案的 BER 明显低于 IMP+BPS 方案。

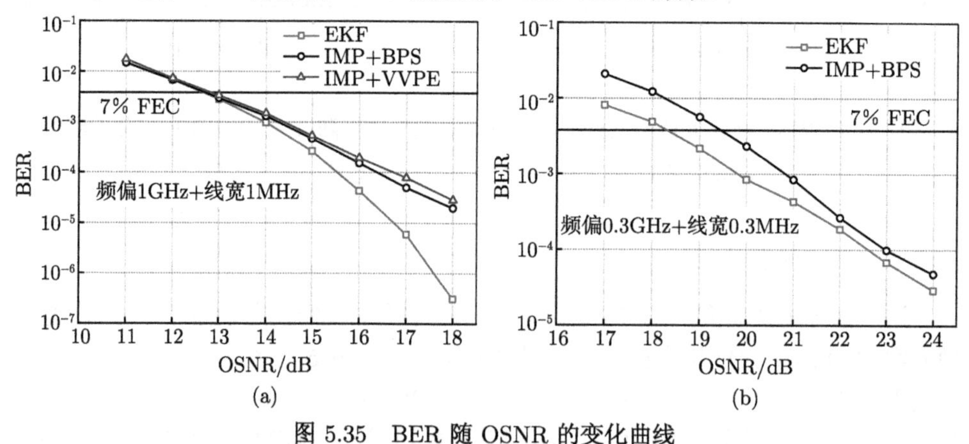

图 5.35　BER 随 OSNR 的变化曲线

(a) Nyquist-PDM-QPSK；(b) Nyquist-PDM-16QAM 调制

5.5.3.3　收敛性能及计算复杂度分析

下面我们将以 Nyquist-PDM-16QAM 信号为例，分析利用 EKF 方案进行 CFO

估计和 CPN 恢复时的收敛性能。当 OSNR 为 20dB 时，设定 $\mathrm{Th}_N = 2048$，频偏为 0.3GHz，线宽 0.3MHz，进行基于 EKF 的 CFO 估计及 CPN 恢复后的收敛曲线分别如图 5.36(a) 和 (b) 所示。可以看出，进行 CFO 估计及 CPN 恢复时，本方案的收敛速度非常快，大约仅需 200 个符号即可实现对频偏和 CPN 的实时跟踪。

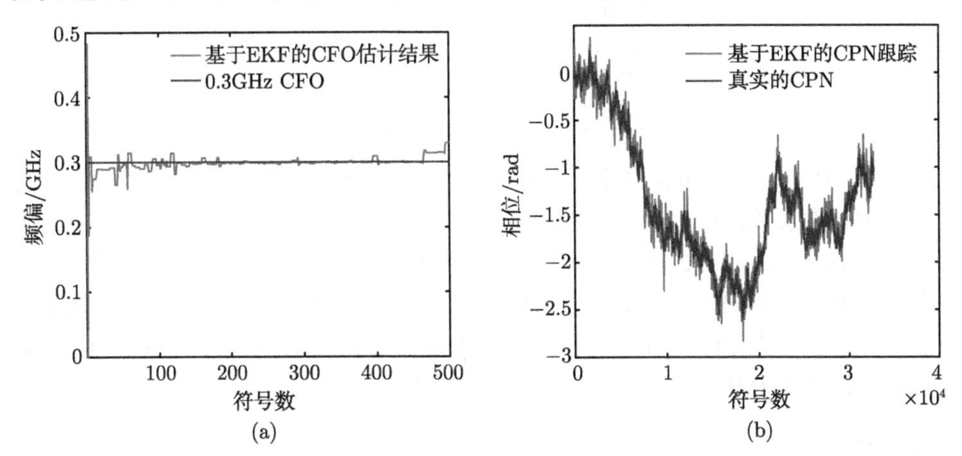

图 5.36 本方案对 Nyquist-PDM-16QAM 信号进行频偏估计和载波相位噪声恢复的收敛曲线(扫描封底二维码查看彩图)

最后，我们进行了本方案和 IMP+VVPE 及 IMP+BPS 方案的计算复杂度分析。众所周知，传统的 IMP+VVPE 及 IMP+BPS 方案也是分阶段进行 CFO 估计和 CPN 恢复的，在第 1 阶段由 IMP 算法利用 N_{IMP} 个符号进行 CFO 估计并补偿，这一过程等同于 EKF 方案的 CFO 估计阶段，第 2 阶段使用 BPS 算法或 VVPE 算法进行 CPN 恢复，此处假设 BPS 的测试相位总数为 B，BPS 及 VVPE 算法使用的符号数分别为 N_{BPS} 和 $N_{\mathrm{V\text{-}V}}$，这一阶段等价于 EKF 方案中的 CPN 恢复阶段。为尽量保证公平，进行计算复杂度对比时，N_{IMP} 取 1024，F 取 500，B 为 32，N_{BPS} 为 31，$N_{\mathrm{V\text{-}V}}$ 为 12，EKF 方案中 Th_N 对 Nyquist-PDM-QPSK 信号取 1024，对 Nyquist-PDM-16QAM 信号取 2048。与 5.4.3.5 小节及 5.3.3.3 小节相同，进行计算复杂度分析时，我们均将复数运算转换为相应的实数运算操作，最终得到的这三种方案的计算复杂度结果如表 5.3 所示。

将上述参数代入后，从表 5.3 可以看出，进行 CFO 估计时，IMP 方案分别需要 2574289 次实数乘法、2054644 次实数加法、499 次比较以及 102400 次查找表运算，而我们提出的 EKF 方案对 QPSK 信号仅需 90112 次实数乘法、57344 次实数加法、2048 次比较以及 2048 次查找表运算，对 16QAM 信号仅需 108224 次实数乘法、114688 次实数加法、4096 次比较以及 4096 次查找表运算，它的计算复杂度远低于 IMP 方案。

表 5.3 进行 CFO 估计和 CPN 恢复时，EKF、IMP+VVPE 及 IMP+BPS 方案的计算复杂度对比

	方案	实数乘法	实数加法	比较	查找表
CFO 估计	IMP	$(12+5F)N_{\mathrm{IMP}}+4F+1$	$(6+4F)N_{\mathrm{IMP}}+F$	$F-1$	$2N_{\mathrm{IMP}}F$
	EKF	$88\mathrm{Th}_N$	$56\mathrm{Th}_N$	$2\mathrm{Th}_N$	$2\mathrm{Th}_N$
CPN 恢复	VVPE	$36N_{\mathrm{V\text{-}V}}+18$	$18N_{\mathrm{V\text{-}V}}+4$	0	8
	BPS	$8+2B(N_{\mathrm{BPS}}+8)+12$	$26B+8$	$2(4B-1)$	6
	EKF	88	56	2	2

另外，从表 5.3 还可计算出，当对每一接收符号进行 CPN 恢复时，VVPE 方案需要 450 次实数乘法、220 次实数加法、0 次比较以及 8 次查找表运算，BPS 方案需要 2516 次实数乘法、840 次实数加法、254 次比较以及 6 次查找表运算，而我们提出的 EKF 方案仅需 88 次实数乘法、56 次实数加法、2 次比较以及 2 次查找表运算。上述结果表明，利用这种 EKF 方案进行 CFO 估计和 CPN 恢复时，其计算复杂度远低于 IMP+VVPE 及 IMP+BPS 方案。

5.5.4 结论

本节详细介绍了一种基于 EKF 的载波损伤均衡方案。这种方案充分利用 EKF 的优点，能够同时进行频偏估计和载波相位恢复。仿真结果表明：在频偏估计和补偿方面，该方案对 Nyquist-PDM-QPSK 信号的 CFO 估计范围约为 [−3.5GHz，+3.5GHz]，估计误差最大仅为 2MHz，对 Nyquist-PDM-16QAM 信号的 CFO 估计范围约为 [−0.9GHz，+0.9GHz]，估计误差最大仅为 4MHz，均优于 IMP+VVPE 和 IMP+BPS 方案；在 CPN 恢复方面，该方案的线宽和符号间隔乘积指标均高于 IMP+VVPE 和 IMP+BPS 方案；另外，在 OSNR 较小时，该方案的 BER 性能与 IMP+VVPE 和 IMP+BPS 方案相差不大，随着 OSNR 的继续增大，该方案进行 CFO 估计和 CPN 恢复后，BER 明显低于另外两种方案；最后，该方案大约仅需 200 个符号即可达到跟踪上频偏和 CPN 的快速变化，收敛速度非常快，并且它的计算复杂度也远低于 IMP+VVPE 及 IMP+BPS 方案。

5.6 三阶段线性动态损伤一体化均衡方案

为充分利用 EKF 收敛速度快、计算复杂度低的优点，适配弹性收发机的硬件再配置时间及波长切换时间的要求，我们在利用 EKF 进行偏振损伤联合均衡，以及 CFO 估计和 CPN 恢复的基础上，又提出了一种三阶段线性动态损伤一体化均衡方案 [54]。这种方案可同时实现多种偏振效应的联合均衡，以及 CFO 估计和 CPN 恢复。本节将首先详细阐述这一方案的工作原理，其次利用 PDM-QPSK EON

仿真平台对该方案进行详细验证，给出 BER 性能、RSOP 跟踪结果、DGD 容忍度、CFO 估计范围、线宽容忍度及收敛速度等仿真结果。

5.6.1 基于 EKF 的三阶段线性动态损伤一体化均衡方案

假设在光纤信道传输过程中 EON 信号受到激光器频偏和线宽影响以及 RSOP、PMD、PDL 等偏振损伤的联合作用，经重采样、归一化、正交化及静态 CD 补偿等 DSP 处理后，接收到的 EON 信号可表示为

$$r(k)=\sqrt{E_{\mathrm{s}}(k)}\cdot \boldsymbol{F}_{\mathrm{RSOP}}(\alpha,\varphi)\cdot \boldsymbol{F}_{\mathrm{PMD}}(\tau_1,\tau_2,\tau_3)\cdot \boldsymbol{F}_{\mathrm{PDL}}(\rho,\beta)\cdot \mathrm{e}^{\mathrm{j}(\Delta\omega k+\phi_{\mathrm{s}}(k)+\theta)}+n(k) \tag{5-43}$$

式中，k 表示在时间间隔 $[kT_{\mathrm{s}},(k+1)T_{\mathrm{s}}]$ 内的第 k 个样值，这里 T_{s} 为采样间隔；$E_{\mathrm{s}}(k)$ 及 $\phi_{\mathrm{s}}(k)$ 分别表示在时刻 kT_{s} 处的幅度调制和相位调制信息；$\boldsymbol{F}_{\mathrm{RSOP}}(\alpha,\varphi)$ 表示 RSOP 造成的线性信道损伤，2α 及 φ 分别表示在斯托克斯空间中 RSOP 的方位角和相位角，根据 RSOP 的两参量模型，将 RSOP 具体形式写为

$$F_{\mathrm{RSOP}}(\alpha,\varphi)=\begin{bmatrix}\exp(-\mathrm{j}\varphi/2) & 0\\ 0 & \exp(\mathrm{j}\varphi/2)\end{bmatrix}\begin{bmatrix}\cos\alpha & -\sin\alpha\\ \sin\alpha & \cos\alpha\end{bmatrix} \tag{5-44}$$

$\boldsymbol{F}_{\mathrm{PMD}}(\tau_1,\tau_2,\tau_3)$ 表示仅考虑一阶 PMD 造成的线性信道损伤，可表示为 [26]

$$\boldsymbol{F}_{\mathrm{PMD}}(\tau_1,\tau_2,\tau_3)=\cos(\omega\tau)\boldsymbol{I}+\frac{\sin(\omega\tau)}{\tau}\boldsymbol{N} \tag{5-45}$$

这里，τ_1,τ_2 及 τ_3 表示在斯托克斯空间中 PMD 矢量的 3 个分量；τ 为 DGD 的一半，计算公式为 $\tau=\sqrt{\tau_1^2+\tau_2^2+\tau_3^2}$；$\boldsymbol{I}$ 为单位阵；$\boldsymbol{N}$ 为 PMD 矢量的 Pauli 矩阵形式，计算公式为 $\boldsymbol{N}=\begin{bmatrix}\mathrm{j}\tau_1 & \mathrm{j}\tau_2+\tau_3\\ \mathrm{j}\tau_2-\tau_3 & \mathrm{j}\tau_1\end{bmatrix}$。$\boldsymbol{F}_{\mathrm{PDL}}(\rho,\beta)$ 表示 PDL 造成的线性信道损伤；ρ 表示 PDL 器件中 2 个偏振主态主轴间归一化后损耗差的一半；β 表示 PDL 本征矢量与实验室坐标系的夹角；$\Delta\omega$ 为激光器频偏；θ 为相位噪声；$n(k)$ 表示 ASE 噪声。

我们提出的动态损伤一体化均衡方案如图 5.37 所示。首先对接收到的 EON 信号进行重采样、正交化及 CD 补偿，其次进行基于 EKF 的一体化损伤均衡，最后进行符号判决和 Q 因子计算。

由于 PDL、RSOP 和 PMD 均可看作是线性损伤，可通过求解信道损伤传递函数的逆矩阵加以补偿。为此，第 1 阶段均衡的任务为首先补偿 PDL 损伤，根据

3.1.4 小节的描述，可将 PDL 损伤的逆矩阵 $\boldsymbol{F}_{\mathrm{PDL}}^{-1}$ 表示为

$$\boldsymbol{F}_{\mathrm{PDL}}^{-1}=\left\{\begin{bmatrix}\cos\beta & -\sin\beta\\ \sin\beta & \cos\beta\end{bmatrix}^{-1}\begin{bmatrix}\sqrt{1+\rho} & 0\\ 0 & \sqrt{1-\rho}\end{bmatrix}\begin{bmatrix}\cos\beta & -\sin\beta\\ \sin\beta & \cos\beta\end{bmatrix}\right\}^{-1} \tag{5-46}$$

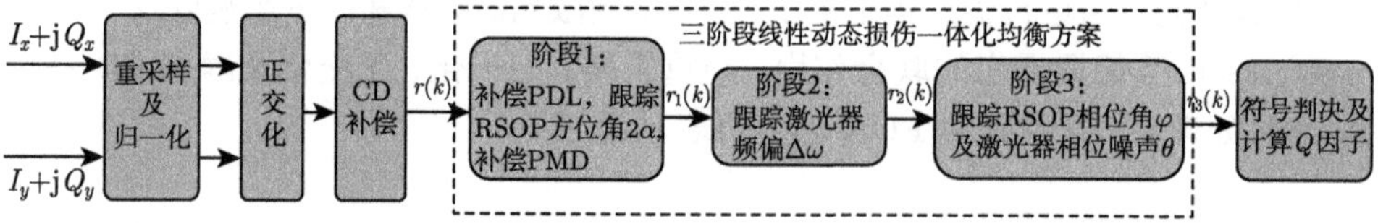

图 5.37 线性动态损伤一体化均衡方案原理框图

同时，第 1 阶段需要跟踪 RSOP 的方位角 2α，将这一部分的逆矩阵 $\boldsymbol{A}^{-1}$ 表示为

$$\boldsymbol{A}^{-1}=\left\{\begin{bmatrix}\cos\alpha & -\sin\alpha\\ \sin\alpha & \cos\alpha\end{bmatrix}\right\}^{-1} \tag{5-47}$$

此外，为便于 EKF 在时域的未知参数跟踪，需要将跟踪损伤的形式统一。根据公式 (5-45)，可推导出 PMD 损伤的时域表达形式为 [27]

$$\begin{aligned}p(t)&=\mathscr{F}^{-1}\left\{\cos(\omega\tau)\boldsymbol{U}(\omega)+\frac{\sin(\omega\tau)}{\tau}\boldsymbol{N}\boldsymbol{U}(\omega)\right\}\\&=\left(\frac{1}{2}-\mathrm{j}\frac{N}{2\tau}\right)u(t+\tau)+\left(\frac{1}{2}+\mathrm{j}\frac{N}{2\tau}\right)u(t-\tau)\end{aligned} \tag{5-48}$$

式中，$\boldsymbol{U}(\omega)$ 为未经过 PMD 损伤的双偏 EON 信号的频域形式；$u(t)$ 为 $\boldsymbol{U}(\omega)$ 的 IFFT 形式。另外，可由式 (5-48) 得到

$$u(t)=\left(\frac{1}{2}+\mathrm{j}\frac{N}{2\tau}\right)p(t+\tau)+\left(\frac{1}{2}-\mathrm{j}\frac{N}{2\tau}\right)p(t-\tau) \tag{5-49}$$

因此，利用式 (5-49) 得到 PMD 损伤补偿的时域形式为

$$\boldsymbol{F}_{\mathrm{PMD}}^{-1}(k)=\frac{1}{2MT_{\mathrm{s}}}(MT_{\mathrm{s}}\boldsymbol{I}+\mathrm{j}\boldsymbol{N})\left[r(k+M)-r(k-M)\right] \tag{5-50}$$

式中，$M=\mathrm{round}(\tau/T_{\mathrm{s}})$。

经过第 1 阶段补偿后，可以得到此阶段的输出 $r_1(k)$ 为

$$\begin{aligned}r_1(k)&=\boldsymbol{F}_{\mathrm{PDL}}^{-1}\boldsymbol{A}^{-1}\boldsymbol{F}_{\mathrm{PMD}}^{-1}(k)\\&=\frac{1}{2MT_{\mathrm{s}}}\left\{\begin{bmatrix}\cos\beta & -\sin\beta\\ \sin\beta & \cos\beta\end{bmatrix}^{-1}\begin{bmatrix}\sqrt{1+\rho} & 0\\ 0 & \sqrt{1-\rho}\end{bmatrix}\begin{bmatrix}\cos\beta & -\sin\beta\\ \sin\beta & \cos\beta\end{bmatrix}\right\}^{-1}\end{aligned}$$

$$\times\begin{bmatrix}\cos\alpha & -\sin\alpha\\ \sin\alpha & \cos\alpha\end{bmatrix}^{-1}(MT_{\mathrm{s}}\boldsymbol{I}+\mathrm{j}\boldsymbol{N})\left[r\left(k+M\right)-r\left(k-M\right)\right] \tag{5-51}$$

根据上式，我们可看出第 1 阶段补偿中有 6 个未知变量待跟踪，用一组状态矢量将其表示为：$\boldsymbol{s}_1=[\rho_k \quad \beta_k \quad \alpha_k \quad \tau_{1k} \quad \tau_{2k} \quad \tau_{3k}]^{\mathrm{T}}$。在存在频偏和相位噪声情况下，由于进行第 1 阶段补偿后所有星座点将收敛至一个圆环 (QPSK 格式) 或多个圆环 (mQAM 格式) 上，因此这一阶段 EKF 使用的观测模型表示为

$$\boldsymbol{h}_1\left(\boldsymbol{s}_1\right)=\prod_{i=1}^{L}\left[r_1\left(\boldsymbol{s}_1\right)\cdot r_1^*\left(\boldsymbol{s}_1\right)-R_i^2\right] \tag{5-52}$$

式中，R_i 为第 i 个圆环半径；L 为理想星座图上的圆环总数。

第 2、3 阶段的任务为进行激光器频偏估计和相位噪声跟踪。由于频偏与相位噪声均会造成星座图的旋转，第 2 阶段专门进行频偏估计。这一阶段 EKF 只有一个未知频偏参量待跟踪，将这一状态矢量写为 $\boldsymbol{s}_2=[\Delta\omega]$。对 PSK 和 QAM 调制格式来说，总有部分星座点位于各象限的角平分线上，因此第 2 阶段采用星座图空间的实轴和虚轴角平分线作为观测量，这一观测模型表示为

$$\boldsymbol{h}_2\left(\boldsymbol{s}_2\right)=\left[\mathrm{Re}\left(r_2^2\left(k\right)\right)-\mathrm{Im}\left(r_2^2\left(k\right)\right)\right] \tag{5-53}$$

假设利用 EKF 算法估计出的频偏为 $\Delta\hat{\omega}$，该阶段的输出表示为

$$r_2\left(k\right)=r_1\left(k\right)\cdot\exp\left(-\mathrm{j}\Delta\hat{\omega}k\right) \tag{5-54}$$

第 3 阶段进行 RSOP 相位角变化速率 φ 及激光器相位噪声 θ 的跟踪。这一阶段的输出 $\boldsymbol{r}_3\left(k\right)$ 可表示为

$$\boldsymbol{r}_3\left(k\right)=\begin{bmatrix}\exp\left(-\mathrm{j}\hat{\varphi}/2\right) & 0\\ 0 & \exp\left(\mathrm{j}\hat{\varphi}/2\right)\end{bmatrix}^{-1}\cdot r_2\left(k\right)\cdot\exp\left(-\mathrm{j}\hat{\theta}\right) \tag{5-55}$$

式中，$\hat{\varphi}$ 及 $\hat{\theta}$ 分别表示 RSOP 相角和相位噪声的 EKF 估计结果。此时，观测模型仍然使用星座图空间的实轴和虚轴的角平分线作为观测量，表达式写为

$$\boldsymbol{h}_3\left(\boldsymbol{s}_3\right)=\left[\left|\mathrm{Re}\left(\boldsymbol{r}_3\left(k\right)\right)\right|-\left|\mathrm{Im}\left(\boldsymbol{r}_3\left(k\right)\right)\right|\right] \tag{5-56}$$

此外，阶段 1~ 阶段 3 的 EKF 新息矢量的计算公式均表示为

$$\boldsymbol{\Delta}\left(\boldsymbol{s}_i\right)=[0\ 0]^{\mathrm{T}}-\boldsymbol{h}_i\left(\boldsymbol{s}_i\right),\quad i=1,2,3 \tag{5-57}$$

5.6.2 仿真验证

我们利用 Matlab 和 VPI 软件搭建了 28GBaud PDM-QPSK EON 传输仿真平台，针对提出的基于 EKF 的三阶段线性动态损伤一体化均衡方案进行验证，仿真系统如图 5.38 所示。光发射机输出 32768 个符号，光发射机激光器中存在一定的频偏和线宽，将信号送入光纤信道后，受到 CD、RSOP、PMD 及 PDL 的联合影响，此后经相干接收，利用每通道 80GS/s 采样率的高速 ADC 进行实时采样，最后进行 DSP 离线处理，详细的 DSP 处理流程如图 5.38 所示。

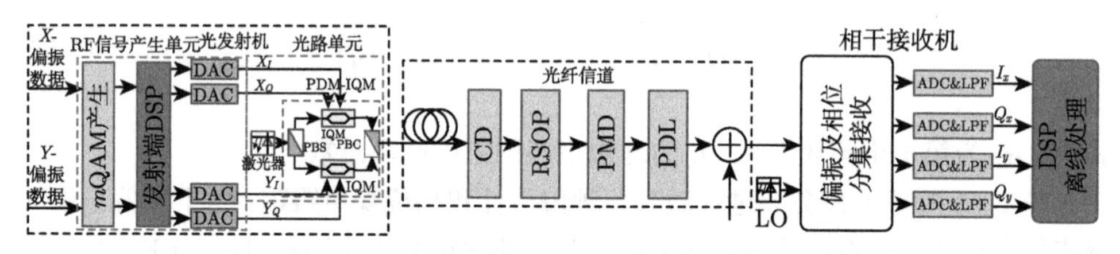

图 5.38　线性动态损伤一体化均衡仿真系统框图

当施加在光纤信道的线性损伤为：RSOP 的方位角和相位角分别设置为 1.34Mrad/s 及 268krad/s，DGD 为 7.1ps，激光器的频偏及线宽分别是 200MHz 和 100kHz 时，对于 2dB PDL 和 4dB PDL 两种情况，本方案首先与经典的 CMA+4 次方频偏估计 (FFOE)+BPS 方案进行了性能对比，结果如图 5.39 所示。可以发现：当 OSNR 从 14dB 增加至 18dB 时，经典的 CMA+FFOE+BPS 方案无法均衡这些联合损伤，最终得到的 BER 均高于 7%的 FEC 判决阈值 (3.8×10^{-3})，而

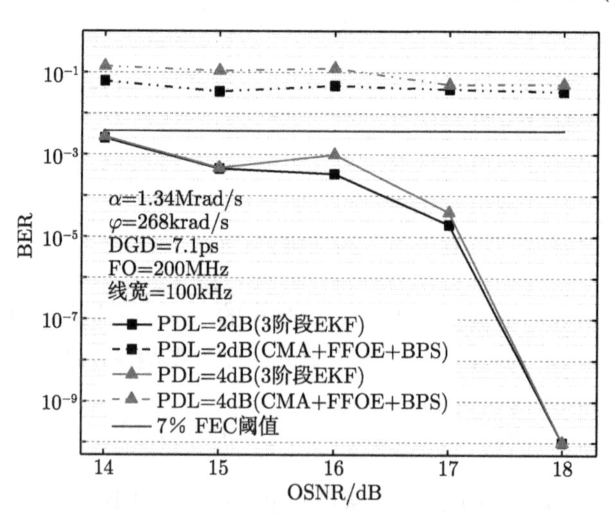

图 5.39　在 PDL、RSOP、DGD、频偏及线宽联合作用下，本方案与经典算法的性能比较曲线

我们提出的 3 阶段 EKF 方案在相同条件下，所取得的 BER 从 2.7×10^{-3} 降低至 10^{-10}，证明了其性能远优于 CMA+FFOE+BPS 方案。

当 OSNR 固定在 16dB，RSOP 的方位角及相位角变化速率分别为 1.34Mrad/s 及 268krad/s，DGD 分别取 7.1ps 和 14.2ps，频偏设置为 200MHz，线宽 100kHz 时，我们分别仿真研究了本方案对 PDL、RSOP、DGD、频偏及线宽的均衡性能，具体结果如图 5.40~图 5.45 所示。从图 5.40 可发现，在 RSOP、频偏及线宽等损伤固定情况下，针对 7.1ps 和 14.2ps 两种不同的 DGD 值，当 PDL 从 0 增大至 10dB 时，这种 3 阶段一体化均衡方案得到的 BER 值均低于 7%FEC 阈值。

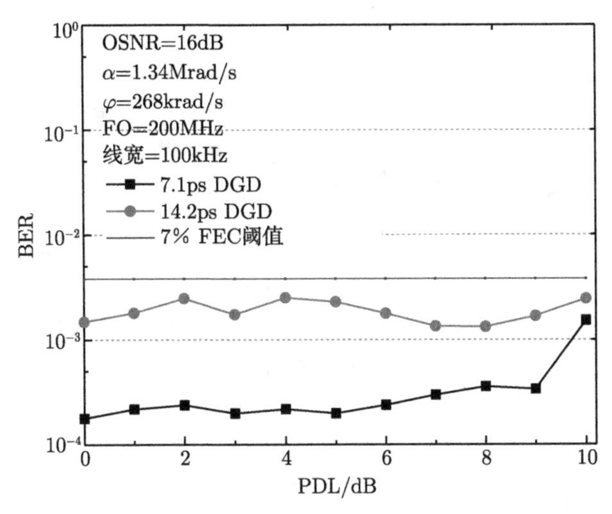

图 5.40 在 RSOP、DGD、频偏及线宽作用下，本方案对不同 PDL 值的联合均衡性能曲线

在 RSOP 相位角变化速率设为 268krad/s，2dB PDL，200MHz 频偏及 100kHz 线宽等固定损伤情况下，针对 7.1ps 和 14.2ps 两种不同的 DGD 值，利用本方案进行联合均衡后，图 5.41 表明这种方案对 RSOP 方位角变化速率的最大容忍能力可达到 10Mrad/s。

在固定 RSOP 方位角变化速率为 1.34Mrad/s，200MHz 频偏及 100kHz 线宽时，本方案进行联合均衡后，对 DGD 的最大容忍能力仿真结果如图 5.42 所示。可以看出：对于 2dB 和 4dB PDL 这两种情况，本方案最大可均衡的 DGD 约为 0.5 倍的符号周期。

此外，图5.43及图5.44分别给出了在固定RSOP方位角变化速率为1.34Mrad/s，2dB PDL 及不同 DGD 情况下，本方案对频偏估计和相位噪声的联合均衡结果。可以看出：对于 7.1ps 和 14.2ps DGD 这两种情况，本方案进行联合均衡后，可估计的频偏偏移最高可达 1GHz，可容忍的激光器线宽最大为 5MHz。

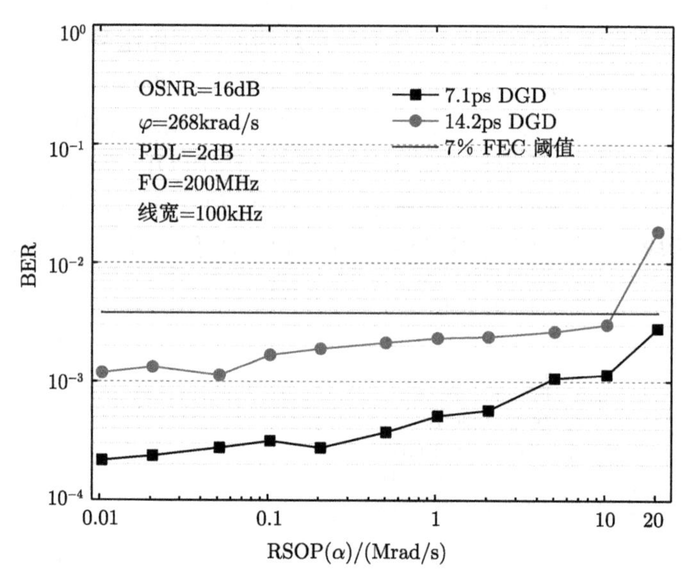

图 5.41　在 DGD、PDL、频偏及线宽作用下，本方案对 RSOP 的不同方位角变化速率的联合均衡结果

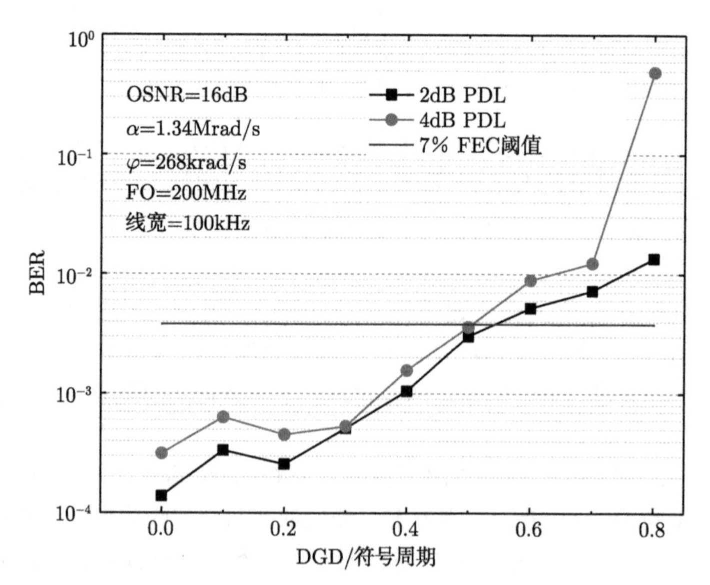

图 5.42　在 RSOP、PDL、频偏及线宽作用下，本方案对不同 DGD 变化的联合均衡结果

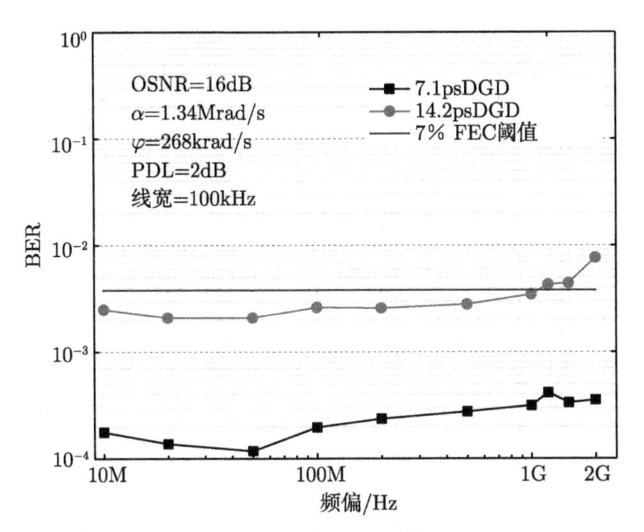

图 5.43　在 RSOP、PDL、DGD 及线宽作用下，本方案对不同频偏变化的联合均衡结果

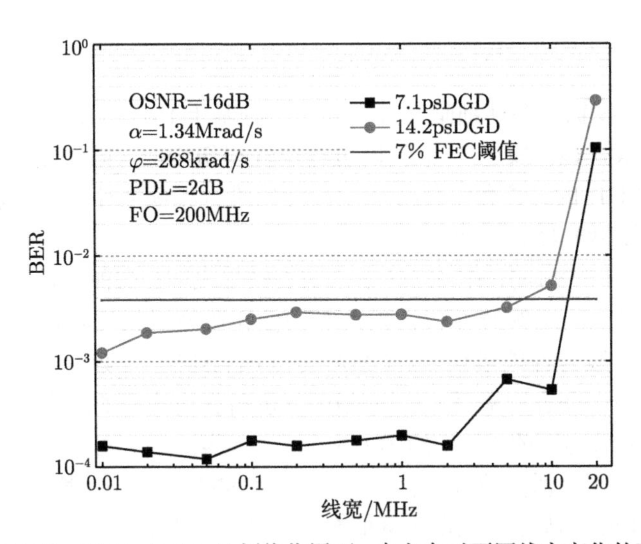

图 5.44　在 RSOP、PDL、DGD 及频偏作用下，本方案对不同线宽变化的联合均衡结果

最后，在固定 RSOP 方位角变化速率为 1.34Mrad/s，7.1ps DGD，2dB PDL、200MHz 频偏及 100kHz 线宽条件下，使用我们的三阶段一体化方案进行联合均衡后，RSOP 方位角及相位角的收敛曲线如图 5.45 所示。可以发现，所提出的这种三阶段方案具有较快的收敛速度，对方位角及相位角分别在大概 2500 个和 500 个符号后就可跟踪至其真实值。

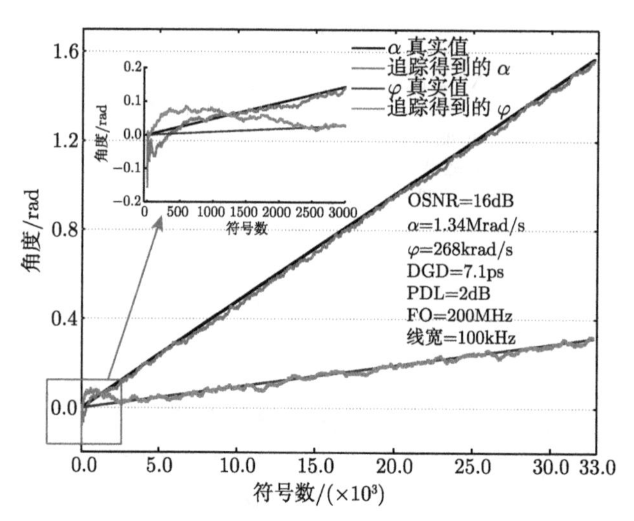

图 5.45　在 RSOP、PDL、DGD、频偏及线宽作用下，本方案进行联合均衡后的收敛曲线 (扫描封底二维码查看彩图)

5.6.3　结论

在本节中，我们主要详细阐述并验证了一种基于 EKF 的三阶段线性动态损伤一体化均衡方案。该方案分 3 个阶段进行线性损伤均衡：第 1 阶段补偿 PDL 损伤，再跟踪 RSOP 的方位角，在第 2 阶段专门进行频偏估计，最后第 3 阶段进行 RSOP 相位角及激光器相位噪声的跟踪。

经 28GBaud PDM-QPSK EON 信号仿真结果表明：这种一体化方案可实现对 PDL、RSOP 及 PMD 等线性损伤以及对频偏和激光器相位噪声的联合均衡。在相同条件下，其联合性能远优于 “CMA+FFOE+BPS” 方案。具体来说，该方案进行线性动态损伤联合均衡后，对 RSOP 方位角变化速率的最大容忍能力可达到 10Mrad/s，最大可均衡的 DGD 约为 0.5 个符号周期，最大可估计的频率偏移可达 1GHz，最大可容忍的激光器线宽为 5MHz；当 OSNR 从 14dB 增加至 18dB 时，该方案取得的 BER 可从 2.7×10^{-3} 降低至 10^{-10}，表明其动态损伤一体化性能远优于 CMA+FFOE+BPS 方案；当 RSOP、频偏及线宽等损伤固定时，在 BER 值低于 7%FEC 阈值条件下，该方案的 PDL 最大容忍度可达 10dB；另外，这种三阶段方案可快速收敛，对 RSOP 方位角及相位角分别在大概 2500 个和 500 个符号后就可跟踪至其真实值。

5.7　本 章 小 结

本章主要进行单载波 EON 系统相干接收中的偏振损伤联合均衡，CFO 估计和 CPN 恢复研究，提出并验证了多种基于 EKF 的偏振损伤联合均衡以及 CFO 估计和 CPN 恢复方案。5.1 节主要介绍了 EON 偏振损伤、CFO 估计和 CPN 恢复的相关研究背景；5.2 节详细阐述了 EKF 理论的基本概念及工作原理；5.3 节提出并验证了一种基于 EKF 的两阶段损伤均衡方案，可进行 PDL、RSOP 及一阶 PMD 等偏振损伤的联合均衡，以及实现载波相位噪声的恢复；5.4 节主要阐述了基于 EKF 的两阶段偏振损伤联合均衡方案，它通过在弹性接收机的 DSP 数字域构建两阶段补偿矩阵，达到 RSOP、一阶 PMD 和二阶 PMD 联合均衡的目的；5.5 节详细介绍了一种基于 EKF 的载波损伤均衡方案，能够同时进行频偏估计和载波相位恢复；最后，5.6 节主要阐述并验证了基于 EKF 的三阶段线性动态损伤一体化均衡方案，在该方案的第 1 阶段先补偿 PDL 损伤，再跟踪 RSOP 的方位角，第 2 阶段专门进行频偏估计，第 3 阶段进行 RSOP 相角及激光器相位噪声的跟踪。

对于上述方案，我们均通过仿真或实验结果与经典 DSP 技术进行了性能对比，证明了所提方案的有效性，这些方案均具有收敛速度快、计算复杂度低的特点。此外，从原理上分析可知，这些方案均利用星座图作为观测空间，具有不受频率偏移、相位噪声和奇异性问题影响的优点，均很容易地被扩展应用至更高阶 QAM EON 信号的偏振解复用、CFO 估计或 CPN 恢复中，比如 PDM-32QAM、PDM-64QAM 等调制格式。综上所述，所提方案非常适用于弹性接收机的偏振损伤一体化均衡或偏振解复用的 DSP 处理流程。

参 考 文 献

[1] Jinno M. Elastic optical networking: roles and benefits in beyond 100-Gb/s era [J]. Journal of Lightwave Technology, 2017, 35(5):1116-1124.

[2] Sambo N, Castoldi P, Errico A D, et al. Next generation sliceable bandwidth variable transponders [J]. IEEE Communications Magazine, 2015, 53(2):163-171.

[3] Pagano A, Riccardi E, Bertolini M, et al. 400Gb/s real-time trial using rate-adaptive transponders for next-generation flexible-grid networks [Invited] [J]. Journal of Optical Communications and Networking, 2015, 7(1):A52-A58.

[4] Dupas A, Layec P, Dutisseuil E, et al. Elastic optical interface with variable baudrate: architecture and proof-of-concept [J]. Journal of Optical Communications and Networking, 2017, 9(2):A170-A175.

[5] Proietti R, Qin C, Guan B, et al. Elastic optical networking by dynamic optical arbitrary waveform generation and measurement [J]. Journal of Optical Communications and Networking, 2016, 8(7):A171-A179.

[6] Zhou Y R, Smith K, West S, et al. Field trial demonstration of real-time optical superchannel transport up to 5.6Tb/s over 359km and 2Tb/s over a live 727km flexible grid

optical link using 64 GBaud software configurable transponders [J]. Journal of Lightwave Technology, 2017, 35(3):499-505.

[7] Muga N J, Pinto A N. Digital PDL compensation in 3D Stokes space [J]. Journal of Lightwave Technology, 2013, 31(13):2122-2130.

[8] Krummrich P M, Kotten K. Extremely fast (microsecond timescale) polarization changes in high speed long haul WDM transmission systems [C]//Optical Fiber Communication Conference, Los Angeles, California:Optical Society of America, 2004:FI3.

[9] Krummrich P M, Ronnenberg D, Schairer W, et al. Demanding response time requirements on coherent receivers due to fast polarization rotations caused by lightning events [J]. Optics Express, 2016, 24(11):12442-12457.

[10] Charlton D, Clarke S, Doucet D, et al. Field measurements of SOP transients in OPGW, with time and location correlation to lightning strikes [J]. Optics Express, 2017, 25(9): 9689-9696.

[11] Damask J N. Polarization Optics in Telecommunications [M]. New York: Springer-Verlag, 2005.

[12] Maher R, Millar D, Savory S, et al. Fast switching burst mode receiver in a 24-channel 112Gb/s DP-QPSK WDM system with 240km transmission [C]//National Fiber Optic Engineers Conference, Los Angeles, California: Optical Society of America, 2012: JW2A. 57.

[13] Faruk M S, Savory S J. Digital signal processing for coherent transceivers employing multilevel formats [J]. Journal of Lightwave Technology, 2017, 35(5):1125-1141.

[14] Xie C. Polarization-mode-dispersion impairments in 112-Gb/s PDM-QPSK coherent systems [C]//36th European Conference and Exhibition on Optical Communication, Torino 2010:Th.10.E.16.

[15] Kikuchi K. Performance analyses of polarization demultiplexing based on constant-modulus algorithm in digital coherent optical receivers [J]. Optics Express, 2011, 19(10): 9868-9880.

[16] Jian Y, Werner J J, Dumont G A. The multimodulus blind equalization and its generalized algorithms [J]. IEEE Journal on Selected Areas in Communications, 2002, 20(5):997-1015.

[17] YU Z, Yi X, Zhang J, et al. Modified constant modulus algorithm with polarization demultiplexing in Stokes space in optical coherent receiver [J]. Journal of Lightwave Technology, 2013, 31(19):3203-3209.

[18] Zhou J, Zheng G, Wu J. Constant modulus algorithm with reduced probability of singularity enabled by PDL mitigation [J]. Journal of Lightwave Technology, 2017, 35(13): 2685-2694.

[19] Yu Z, Yi X, Zhang J, et al. Experimental demonstration of polarization-dependent loss monitoring and compensation in Stokes space for coherent optical PDM-OFDM [J].

Journal of Lightwave Technology, 2014, 32(23):3926-3931.

[20] Muga N J, Pinto A N. Extended Kalman filter vs. geometrical approach for Stokes space-based polarization demultiplexing [J]. Journal of Lightwave Technology, 2015, 33(23):4826-4833.

[21] Muga N J, Pinto A N. Adaptive 3-D Stokes space-based polarization demultiplexing algorithm [J]. Journal of Lightwave Technology, 2014, 32(19):3290-3298.

[22] Czegledi C B, Agrell E, Karlsson M, et al. Modulation format independent joint polarization and phase tracking for coherent receivers [J]. Journal of Lightwave Technology, 2016, 34(14):3354-3364.

[23] Jiang W, Zhang Q, Cao G, et al. Blind and simultaneous polarization and phase recovery for time domain hybrid QAM signals based on extended Kalman filtering [C]//Asia Communications and Photonics Conference 2015, Hong Kong:Optical Society of America, 2015:AS4F.2.

[24] Zhang Q, Yang Y, Zhong K, et al. Joint polarization tracking and channel equalization based on radius-directed linear Kalman filter [J]. Optics Communications, 2018, 407(Supplement C):142-147.

[25] Marshall T, Szafraniec B, Nebendahl B. Kalman filter carrier and polarization-state tracking [J]. Optics Letters, 2010, 35(13):2203-2205.

[26] Szafraniec B, Marshall T S, Nebendahl B. Performance monitoring and measurement techniques for coherent optical systems [J]. Journal of Lightwave Technology, 2013, 31(4):648-663.

[27] Feng Y, Li L, Lin J, et al. Joint tracking and equalization scheme for multi-polarization effects in coherent optical communication systems [J]. Optics Express, 2016, 24(22): 25491-25501.

[28] Jain A, Krishnamurthy P K, Landais P, et al. EKF for joint mitigation of phase noise, frequency offset and nonlinearity in 400Gb/s PM-16-QAM and 200Gb/s PM-QPSK systems [J]. IEEE Photonics Journal, 2017, 9(1):1-10.

[29] Liu J, Zhong K, Dong Z, et al. Signal power distribution based modulation format identification for coherent optical receivers [J]. Optical Fiber Technology, 2017, 36(Supplement C):75-81.

[30] Inoue T, Namiki S. Carrier recovery for M-QAM signals based on a block estimation process with Kalman filter [J]. Optics Express, 2014, 22(13):15376-15387.

[31] Nguyen T H, Rottenberg F, Gorza S P, et al. Extended Kalman filter for carrier phase recovery in optical filter bank multicarrier offset QAM systems [C]//Optical Fiber Communication Conference, Los Angeles, California:Optical Society of America, 2017:Th4C.3.

[32] Pakala L, Schmauss B. Extended Kalman filtering for joint mitigation of phase and amplitude noise in coherent QAM systems [J]. Optics Express, 2016, 24(6):6391-6401.

[33] Zibar D, Piels M, Jones R, et al. Machine learning techniques in optical communication [J]. Journal of Lightwave Technology, 2016, 34(6):1442-1452.

[34] Pakala L, Schmauss B. Joint tracking of polarization state and phase noise using adaptive cascaded Kalman filtering [J]. IEEE Photonics Technology Letters, 2017, 29(16): 1297-1300.

[35] Jignesh J, Corcoran B, Lowery A. Parallelized unscented Kalman filters for carrier recovery in coherent optical communication [J]. Optics Letters, 2016, 41(14):3253-3256.

[36] Jignesh J, Corcoran B, Zhu C, et al. Unscented Kalman filters for polarization state tracking and phase noise mitigation [J]. Optics Express, 2016, 24(19):22282-22295.

[37] Fatadin I, Savory S J. Compensation of frequency offset for 16-QAM optical coherent systems using QPSK partitioning [J]. IEEE Photonics Technology Letters, 2011, 23(17):1246-1248.

[38] Liu G, Zhang K, Zhang R, et al. Demonstration of a carrier frequency offset estimator for 16-/32-QAM coherent receivers: a hardware perspective [J]. Optics Express, 2018, 26(4):4853-4862.

[39] Xiao F, Lu J, Fu S, et al. Feed-forward frequency offset estimation for 32-QAM optical coherent detection [J]. Optics Express, 2017, 25(8):8828-8839.

[40] Zhao D, Xi L, Tang X, et al. Digital pilot aided carrier frequency offset estimation for coherent optical transmission systems [J]. Optics Express, 2015, 23(19):24822-24832.

[41] Rozental V, Kong D, Corcoran B, et al. Filtered carrier phase estimator for high-order QAM optical systems [J]. Journal of Lightwave Technology, 2018, 36(14):2980-2993.

[42] Su X, Xi L, Tang X, et al. A Multistage CPE scheme based on crossed constellation transformation for M-QAM [J]. IEEE Photonics Technology Letters, 2015, 27(1):77-80.

[43] Zhang F, Li Y, Wu J, et al. Improved pilot-aided optical carrier phase recovery for coherent M-QAM [J]. IEEE Photonics Technology Letters, 2012, 24(18):1577-1580.

[44] Pan D, Tang X, Feng Y, et al. An effective scheme of optical pilot aided carrier phase estimation for a time packing Nyquist optical communication system [J]. Optical Fiber Technology, 2015, 26:135-141.

[45] Zhang W, Pan D, Su X, et al. Pilot-added carrier-phase recovery scheme for Nyquist M-ary quadrature amplitude modulation optical fiber communication system [J]. Chinese Optics Letters, 2016, 14(2):020601.

[46] Kalman R E. A new approach to linear filtering and prediction problems [J]. Journal of basic Engineering, 1960, 82(1):35-45.

[47] Mobinder S G, Angus P A. Kalman Filtering Theory and Practice Using Matlab [M]. New York: John Wiley & Sons, Inc., 2014.

[48] http://www.cs.unc.edu/~welch/media/pdf/kalman_intro.pdf.

[49] Xu H, Tang X, Cui L, et al. Joint equalization scheme of polarization-state and polarization mode dispersion based on extended Kalman filter [C]//Asia Communica-

tions and Photonics Conference, Guangzhou, Guangdong:Optical Society of America, 2017:Su3B.3.

[50] Xu H, Zhang X, Tang X, et al. Joint scheme of dynamic polarization demultiplexing and PMD compensation up to second order for flexible receivers [J]. IEEE Photonics Journal, 2017, 9(6):1-15.

[51] Kim S. Schemes for complete compensation for polarization mode dispersion up to second order [J]. Optics Letters, 2002, 27(8):577-579.

[52] 张晓光. 光纤偏振模色散自适应补偿系统的研究 [D]. 北京: 北京邮电大学, 2004.

[53] Schmogrow R, Nebendahl B, Winter M, et al. Error vector magnitude as a performance measure for advanced modulation formats [J]. IEEE Photonics Technology Letters, 2012, 24(1):61-63.

[54] Xu H, Feng Y, Zhang N, et al. Joint tracking and mitigation of linear dynamic impairments using a 3-stage extended Kalman filter in fiber channel [C]//2017 Opto-Electronics and Communications Conference (OECC) and Photonics Global Conference (PGC), Singapore 2017:1-2.

第 6 章 弹性光网络可靠传输的发展趋势

在可以预见的将来，人类社会的海量信息传输需求仍将持续高速增长。构建数字化、软件化、全动态特点的弹性光网络 (EON)，实现信道资源的灵活调配，将是下一代 400Gbit/s 和 1Tbit/s 高速光纤通信系统的主要发展方向。目前，EON 相关研究已经成为高速光纤通信领域的研究热点之一。EON 收发机需要根据用户应用场景的不同灵活设置波特率、调制格式等参数，这种弹性变化的场景要求相干接收的 DSP 技术必须具备一定的智能性，实现对系统参数的盲辨识以及链路损伤的自主补偿。

21 世纪以来，机器学习和最优化理论研究方兴未艾，发展日新月异，这些新技术已被成功应用于机器视觉、语音辨识、行车导航、统计学习、智能家居等各个领域。特别是最近几年，随着计算资源的跨越式发展，作为实现机器学习的核心技术之一，深度学习 (Deep Learning，DL) 已在计算机视觉、自然语言处理及网络购物系统等领域取得了巨大成功 [1]。深度学习通过自主训练和学习来解决各种问题。针对极高维度的复杂问题，这种技术无须特意开发精确的理论模型，只需给出大量的训练数据，即可寻找出待求解问题的最优解或近似最优解。

采用深度学习技术进行 EON 可靠传输研究，其优点体现在：首先，这种技术可以完美应对 EON 中复杂性、动态性引起的巨大挑战；其次，它能够适应 EON 不断变化的参数环境，从中自主学习并为意外案例或情况提供最佳的解决方案。这种技术将非常适合应用于 EON 的可靠传输场景，已经有研究学者进行了多种尝试，并在光性能监测、调制格式辨识、EDFA 功率控制、线性及非线性损伤缓解等领域取得了许多可喜的研究成果 [2−13]。这些研究表明，深度学习技术在 EON 的可靠传输研究中将大有可为 [8,14]。因此，基于深度学习技术的 EON 可靠传输研究，将是未来 EON 领域非常重要的研究方向。

本章将着重阐述人工智能、机器学习和最优化理论等技术在 EON 可靠传输领域的最新研究成果，并尝试指出尚待解决的问题以及未来的发展趋势。6.1 节及 6.2 节主要介绍利用机器学习技术进行 EON 光性能监测及参数辨识的最新进展，并对其进行汇总及展望，6.3 节主要阐述当前偏振损伤均衡技术的最新研究成果，指出一些有待解决的问题并进行展望，6.4 节为本章小结。

6.1 弹性光网络光性能监测技术展望

在 EON 中，光性能监测 (OPM) 是一种旨在监测接收到的 EON 信号在传输过程中的物理状态及所受损伤的技术 [5]。这种技术对能够自我测量、实现自主管理的 EON 来说，是必不可少的，它要求能够从接收信号中提取出评定当前光纤通信系统性能的重要相关参数并提供给上层的管理层，从而辨识出性能恶化的来源并采取相应的对策。利用 OPM 技术，我们可以获知 EON 的 OSNR、非线性因子、CD 及 PMD 等参数信息 [15]。

虽然高阶调制格式和相干光纤通信技术已经发展多年，但是目前的光性能监测技术还存在着很多问题，与未来 EON 监测的要求之间还存在一定差距。为了应对 EON 结构动态可重构、信道环境复杂所带来的问题，实现光网络更高的灵活性、鲁棒性及安全性，未来 EON 光性能监测技术的发展需要具备以下几个特点：

(1) 在实现对某一损伤参数监测的同时，能够对包括信号波长、调制格式和信道带宽等网络资源的分配进行智能化处理，并尽可能进行多种信道损伤参数的联合、实时监测，准确分离不同损伤参数。这种技术应具备足够大的参数监测范围，并且可在低 OSNR 条件下稳定运行。

(2) 能够应对 EON 中信号调制格式及速率灵活多变的场景。EON 被设定为在单信道或多信道系统中可兼容不同调制格式及数据速率业务，因此，针对 EON 系统的 OPM 技术必须具备数据速率和调制格式的透明性，尽力避免对软件框架和硬件模块的大规模修改，并且实现透明光网络。

(3) 能够实时监测 EON 的物理状态、信号传输性能等参数变化，及时、全面地反映当前网络的状态，并具备损伤源自动诊断及修复功能。

(4) 具备监测精度高、结构简单、硬件成本低、响应速度快的特点。此外，这种 OPM 技术不得对光网络的正常操作产生不利影响，即在执行 OPM 任务时该技术不得修改光网络组件，并不应将额外的监测信号插入数据网络中，避免导致数据信号质量的劣化。

为满足 EON 系统的上述 OPM 要求，减少部署在 EON 光路中间节点的 OPM 监测器数量，研究学者已开始尝试使用监督式学习算法 (比如人工神经网络、深度学习等) 对 EON 系统的光纤信道参数与接收机检测到信号属性之间的映射关系进行智能学习，以达到光性能监测的目的 [10,16,17]。其中，卷积神经网络 (Convolutional Neural Network，CNN) 技术作为深度学习的研究热点之一，已被开始应用于 EON 的光性能监测中 [15,18]。典型的 CNN 包括输入层、卷积层、池化层及全连接层，它使用反向传播算法进行训练，其工作机制与人类大脑的初级视觉皮层工作机制非常类似。CNN 的最主要特征为局部连接、权重共享及子采样，使得 CNN 可在一定程度上具有平移、缩放和旋转不变性 [19]。相比其他类型的深度学习技术 (如全连接的深度神经网络)，在 CNN 的一个输入数据期间假设其输出不变时，CNN 的关键优势在于，能够有效减少输入数据中共享权重的训练参数的数量，并自主地从原始和高维输入数据中提取抽象信息。

利用 CNN 进行 OPM 时，可以在数字相干接收后直接从测量的原始数据中提取并辨识出有用信息 (比如 OSNR、调制格式等)，这一过程不需人工编程或选择特定特征。另外，典型数字相干接收机可为 CNN 提供每秒高达几十 Gbit 的数据，解决了 CNN 训练所需大量数据的问题。基于以上优点，文献 [15] 提出了一种利用 CNN 进行 EON 物理层 OSNR 智能监测的方案。该方案首先对 EON 信号进行相干接收及高速 ADC 转换，其后将 4 路 I_x、I_y、Q_x、Q_y 数据进行基于 CNN 的 OSNR 估计，具体原理如图 6.1 所示。

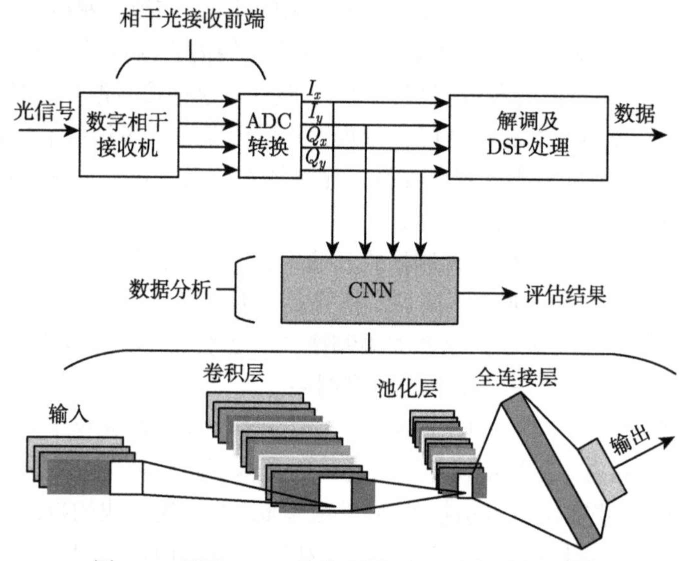

图 6.1　基于 CNN 的物理层 CPM 原理框图 [15]

这一方案将 CNN 的输入 $\boldsymbol{x}$ 及输出 $\boldsymbol{y}$ 之间的关系表示为 $\boldsymbol{y} = F(\boldsymbol{x};\theta)$，如果将 CNN 迭代过程看作函数 F，通过输入 $\boldsymbol{x}$、输出 $\boldsymbol{y}$ 及对参数系列 θ 的优化，最终使函数 F 实现对 EON 的 OPM 函数 F^*(假设将真实的 OPM 过程视为 F^* 函数过程) 的近似估计。在训练阶段，CNN 利用大量标签数据进行监督式学习，以实现对各层未知系数 θ 的优化。CNN 卷积层的作用是提取局部区域的特征，该方案将每偏振的 I 和 Q 通道作为输入通道，这种对一维输入数据 $\boldsymbol{x}$ 的离散处理过程可表示为

$$s_i = f\left(\sum_{k=0}^{K-1}\sum_{j=0}^{N-1} x_{i-j,k}w_{i-j,k} + b_k\right) \tag{6-1}$$

式中，x 为输入；s 为特征映射；下标 i、j、k 为张量部分的索引号，均取整数；N 为卷积核 w 的长度；K 为输入数据的通道数量；卷积核尺寸为 $N\times K$；b 为偏置。

尽管卷积层已经显著减少了 CNN 中的连接数量，但神经元个数并未显著减少，如果此时直接进行分类，计算量依然很大。为此，CNN 使用池化层进行特征选择以降低特征数量。该方案利用最大池化策略，将这一过程表示为

$$u_i = \max\nolimits_{p\in P_i} x_{\mathrm{p}} \tag{6-2}$$

式中，u_i 为最大池化输出；x_{p} 为数据点；P_i 为包含在长度为 L 的数据中的数据序列。

最后，经过多个卷积层和池化层运算后，该方案使用全连接层计算输出。在实验阶段，这一方案利用 14GBaud 和 16GBaud PDM-QPSK/16QAM/64QAM 信号对 OSNR 估计的误差及标准偏差进行了性能验证。结果表明，这一方案的 OSNR 估计结果准确，估计误差小于 0.4dB。

除了可利用 CNN 进行光性能监测外，文献 [20] 提出了一种采用深度神经网络 (Deep Neural Network，DNN) 联合进行 OSNR 监测及调制格式辨识 (MFI) 的方案。这种方案利用接收信号的幅度直方图 (Amplitude Histogram，AH) 作为关键特征，基于 AH 对不同 OSNR 及调制格式表现出独一无二的特性，该方案在 CMA 均衡后自动提取并计算接收信号的 AH，通过 DNN 进行 OSNR 估计及调制格式辨识。PDM-QPSK/16QAM/64QAM 实验结果表明，该方案的 OSNR 平均估计误差分别可达到 1.2dB、0.4dB 和 1dB。同时，MFI 的结果显示，对 3 种调制格式均能达到 100%的辨识准确度。这种方案将深度机器学习算法直接应用于标准数字相干接收机内，并且不需要任何额外的硬件，是一种非常具备应用前景的低成本 EON OPM 多参数估计技术。

此外，为解决相干接收中成本高、信号解调和 DSP 处理复杂的问题，文献 [5] 在不需要信号解调的情况下，提出了基于神经网络 (Neural Network，NN) 和支持向量机 (Support Vector Machine，SVM) 的带内 OSNR 估计和调制格式辨识方案。该方案利用一个光电探测器和信号的眼图特征，首先对不同调制格式或 OSNR 的眼图进行采样并提取相关特征，其后结合给定的调制格式或 OSNR 提取特征的各种实例进行分类器或神经网络的训练，最后利用训练好的分类器或神经网络对新观察到的部分或全部眼图特征进行调制格式辨识及带内 OSNR 预测。实验结果表明：这种方案对 PDM-QPSK、8QAM、16QAM 及 64QAM 调制格式取得了良好的辨识效果，经 250km 未补偿光纤传输后 OSNR 估计仍然保持了较高精度。

为了高效处理 DNN 收敛所需的大量训练数据并解决特征提取问题，文献 [17] 建立了人机输入数据预处理机制，提出了一个“操作范围扩展器”用以设定训练模型的操作范围，构建了预处理训练数据集和可指定操作范围之间的联系。该文献

基于 DNN 的 OSNR 估计器，通过模拟和实验评估操作范围扩展器的性能指标。此外，该文献还以信号与数字相干接收机本振之间的激光频率偏移量为例，研究了一种实用的距离扩展器，进行这种研究的主要原因在于：在很难完全控制频率偏移的情形下，需要 OPM 在数字补偿频率偏移之前发挥作用。基于此思路，在 $-3.5 \sim 3.5$GHz 的不同频率偏移下，该文献评估了这种 OSNR 估计方案的偏差误差和标准偏差，提出的操作范围扩展器能够在其训练阶段指定基于 DNN 的 OSNR 估计器的操作范围。

误差矢量幅度 (EVM) 和 OSNR 是时间 (电) 域和频率 (光) 域两个重要的监测参数。文献 [21] 讨论了 OPM 在 100G 相干光传输系统中的应用要求和局限性，分析了 EVM 测量和在线 OSNR 监测，并总结了不同系统供应商的最新测试结果。

从上述最新进展可以看出，尽管取得了一些基于机器学习的 OPM 研究成果，但仍然有许多问题有待解决。比如，如何有效降低数据训练过程中的复杂度需要深入研究；当前的方案只考虑了高斯白噪声，非线性噪声下的基于机器学习的 OSNR 监测问题还未解决；以及当前方案中的 OPM 监测对象主要集中在对 OSNR 参数估计上，而采用机器学习技术进行 EON 系统其他参数的估计，比如进行 BER 估计、Q 因子估计、CD 监测、DGD 监测、非线性参数估计及波特率估计等问题还未查阅到大量的公开报道，有待深入研究。此外，现有大部分 OPM 的研究工作都聚焦于针对线性区或者弱线性区的光纤通信系统，而随着 EON 系统频谱效率的进一步提升，将使用更加密集的波长信道传递数据，这将导致光纤中的非线性效应愈加显著，进而使得原有的诸多光性能监测方案面临失效的问题。因此，为了保障 EON 系统的稳定可靠运行，非线性条件下的光性能监测也将是未来的重点研究方向。

6.2 EON 参数辨识技术展望

如前所述，由于弹性收发机的各种参数可随光纤的传输距离、光信道噪声特性及用户流量变化进行自适应调整，因此无论是在 EON 关键中间节点进行实时性能监测，还是在相干接收端信号的正确解调和判决，EON 的参数智能辨识都将具有重大的理论和实践意义。通过 1.4.1 小节所述的参数辨识的研究现状可知，尽管国内外对符号率估计和调制格式辨识研究已取得相当的研究成果，但这些传统技术方案需要数据速率的先验信息，主要应用于明确规定的静态场景中，存在着比如计算复杂度高、OSNR 较低时辨识成功率较低等缺点，已经无法适用于具有智能化链路设备、可重构光发射机以及系统高容量等需求的 EON 系统。针对这些问题，最近已有研究学者提出了多种基于机器学习思想的 EON 调制格式辨识方案 [7,22–25]，本节将介绍几种典型的研究方案并尝试指出下一步的研究方向。

(1) 密度峰值聚类方案。文献 [22] 提出了一种基于密度峰值聚类算法的 QAM

相干光纤通信系统的调制格式辨识方案。该方案基于快速搜索寻找密度峰值 (Fast Search and Find of Density Peak，FSFDP) 聚类算法，在对采样信号进行调制格式透明的 CD 补偿及时钟恢复的基础上，使用信号星座图中的幅度圆环数量作为关键辨识特征。对于这些特征，该方案首先将幅度圆环映射成幅度对角线，实现从非线性聚类至线性聚类的转换；其后使用 FSFDP 聚类算法搜寻幅度对角线的聚类中心；最后计算判决图对数的差值，以产生 MFI 辨识使用的幅度圆环数量。实验结果表明，该方案对 ASE 和光纤非线性噪声具有很强的鲁棒性。在调制格式辨识精度达到 95%时，该方案对 QPSK、16QAM 及 64QAM 进行盲调制格式辨识时，最低 OSNR 容忍度分别可达到 13.2dB、13.3dB 及 19.7dB。

(2) 基于 CNN 的偏振复用调制格式辨识方案。为解决 PDM 系统的调制格式辨识问题，文献 [23] 利用二维斯托克斯平面的星座图作为关键特征，提出了一种基于轻量级 CNN 的 PDM-EON 系统调制格式辨识方案。这种方案利用图像分类的特点，能够在不改变卷积神经网络结构的情况下，辨识任意数量的调制格式，有效提高了调制格式辨识的精度。这种 MFI 模块位于色散补偿和偏振解复用之后，MFI 流程包括 3 步：① 将接收信号映射入斯托克斯空间，并产生 3 个斯托克斯二维平面图像；② 基于 MobileNet V2 架构，对产生图像进行 CNN 各层未知参数的训练；③ 利用已训练的 CNN 实现调制格式辨识。具体的原理框图如图 6.2 所示。进行基于 CNN 的 MFI 时，使用的 CNN 共 21 层，其中包含 17 个残差瓶颈层、3 个卷积层以及 1 个平均池化层。

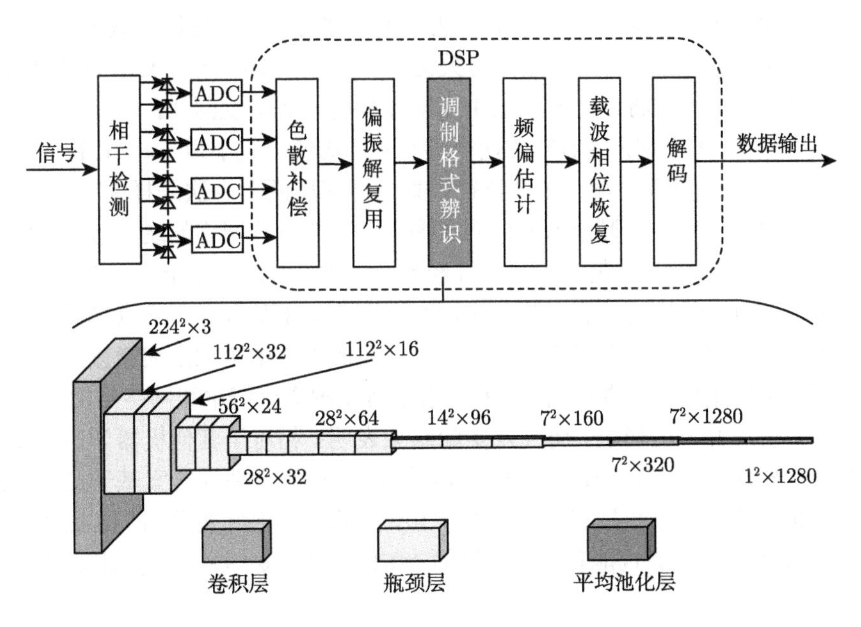

图 6.2　基于 CNN 的调制格式辨识架构 [23]

最后，在 OSNR 从 9dB 逐步递增至 35dB 时，使用 28GBaud 的 6 种 PDM 调制格式 (PDM-BPSK、PDM-QPSK、PDM-8PSK、PDM-16QAM、PDM-32QAM 及 PDM-64QAM) 进行性能测试。仿真结果表明，在无须更改 CNN 架构的条件下，这种方案可成功辨识上述任一种 PDM 调制格式，对 16QAM、32QAM 及 64QAM 的 OSNR 容忍度可低至 16dB。另外，这种方案的突出优势体现在：由于将接收信号映射进了斯托克斯空间，该方案具有对载波相位噪声、频偏及偏振混合不敏感的特点。

(3) 基于神经网络的联合 MFI 和 OSNR 估计方案。

目前的 OSNR 监测及进行 MFI 方案存在以下待解决问题 [20]：① 这些方案集中在 OSNR 监测或 MFI，未考虑对这两种参数的联合估计；② 很多方案需要额外的硬件设备，比如滤波器、干涉仪、光功率表等，极大地增加了应用的复杂度和成本；③ 一些技术必须对光发射机进行修改以便于插入导频，限制了它们在实际场景中的应用；④ 一些技术使用训练序列降低了系统的频谱利用效率；⑤ 许多技术使用复杂的迭代算法，计算复杂度高，难以适应 OSNR 和调制格式快速变化的场景。

为解决上述问题，鉴于 OSNR 参数与 BER 直接相关，并且 OSNR 对自动故障监测和诊断，以及信号质量的在线表征也至关重要，许多研究学者提出了多种基于神经网络联合进行 OSNR 监测和调制格式辨识的技术方案。典型方案有：文献 [26] 提出了一种基于 CNN 的调制格式辨识 (MFI) 和 OSNR 联合估计方案，它利用星座图包含幅度及相位信息的特性，从图像处理的角度处理原始数据形式 (如图像的像素点) 的星座图，将星座图作为关键特征实现调制格式辨识和 OSNR 估计。这种方案工作时，首先将带有颜色的星座图图片转换成灰度图片；其后将每幅图片下采样成 28×28 大小送入 CNN 的两个卷积层，均使用大小为 5×5 的卷积核与输入图像卷积以分别产生 6 和 12 个特征映射；再使用两个二次采样为 2×2 的池化层选择其中的最大值，以减小参数运算的复杂度，并改善网络的统计效率；最后将池化层的输出映射至一个包含 192 个神经元节点的一维层，并全连接至包括 22 个节点的输出层 (6 个节点用于 MFR，16 个用于 OSNR 估计)。这种方案利用 CNN 的卷积和池化操作，能够检测图像特征并在众多像素点中辨识出细微差别，而无须人工干预。这篇文献还综合研究了训练数据大小、图像分辨率和网络结构等多个因素对 CNN 辨识性能的影响。仿真及实验结果表明：相对于其他机器学习方法 (包括判决树、k 近邻、SVM、反向传播 ANN 等)，这种联合估计方案基于 CNN 强大的自学习能力进行特征提取和调制格式辨识，能够取得更好效果，即使以较少迭代次数进行训练时该方案也能获得 100%的 MFI 辨识精度，OSNR 估计误差均小于 0.7dB。

此外，为进一步降低 OSNR 估计误差，文献 [25] 提出了一种基于 DNN 的 MFI

及 OSNR 监测方案。这种方案首先利用一个 DNN，通过提取斯托克斯空间 s_1 和 s_2 轴中密度拟合曲线的一阶导数这一关键特征进行 MFI，其后基于辨识出的调制格式信息，使用另一个 DNN 进行 OSNR 监测。该方案工作时，首先对接收信号进行调制格式无关的 CD 补偿、定时恢复及 CMA 均衡等预处理，其后将 80 块信号样值转换至斯托克斯空间获取相应的密度分布，并计算密度分布拟合曲线的一阶导数，最后利用 DNN 进行 MFI 和 OSNR 估计。使用的 DNN 架构及详细参数如图 6.3 所示。

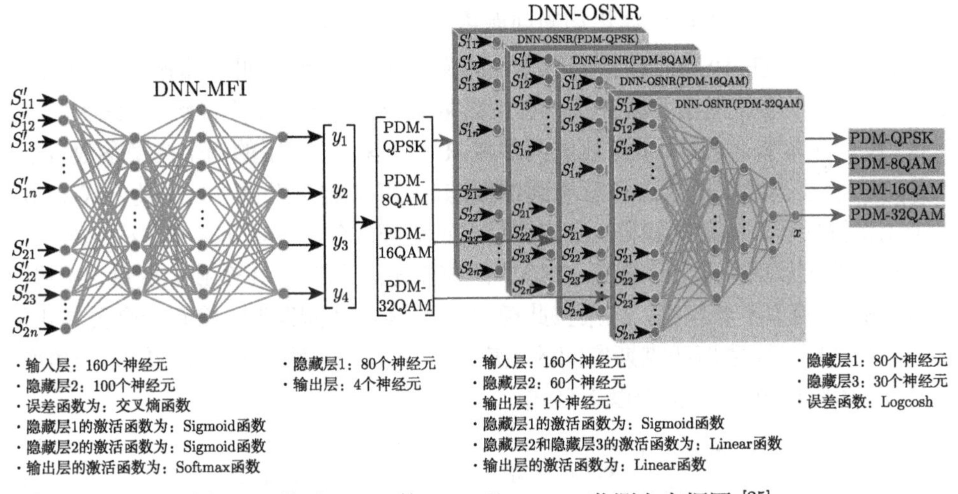

图 6.3 基于 DNN 的 MFI 及 OSNR 监测方案框图 [25]

通过 28GBaud PDM-QPSK、PDM-8QAM、PDM-16QAM 及 21.5GBaud PDM-32QAM 的背靠背及传输实验表明：这种方案进行 OSNR 估计时误差可分别低至 0.21dB、0.48dB、0.35dB 及 0.44dB，同时，这 4 种调制格式的 MFI 成功率均可达到 100%。由于这种方案基于斯托克斯空间表征，它具有对载波相位噪声、频偏及偏振混合不敏感的优点。

从上述最新研究进展可以看出，基于机器学习技术的 EON 智能参数辨识将是未来的研究热点之一。对 EON 中的调制格式辨识来说，当前这些方案仍然存在诸如网络结构复杂、训练时间过长等亟待解决的问题，如何减少神经网络的复杂度，增强调制格式辨识的实时性尚未解决。并且，如何使用神经网络技术进行 EVM、BER、线性或非线性损伤等 EON 系统参数的智能估计和辨识，有待进一步研究。

此外，这些上述方案主要针对单载波 EON 系统进行调制格式辨识，而基于机器学习技术对 OFDM-EON 多载波系统的重要参数 (如调制格式、波特率、带宽、子载波数量、循环前缀等) 辨识研究目前尚是空白，有待深入研究。

6.3 EON 偏振损伤均衡技术展望

根据第 5 章内容，我们知道偏振复用技术一方面提高了频谱效率，另一方面对光纤链路中的各种偏振损伤 (包括 PDL、RSOP 及 PMD 等) 更加敏感。在假设 PDL 这种静态损伤容易被补偿的前提下，针对 EON 中的偏振损伤均衡主要集中在 RSOP 跟踪及 PMD 补偿上，因此有必要针对 RSOP 理论、快速 RSOP 下的大 PMD 补偿以及信道损伤一体化均衡问题再进行深入研究。

具体来说，在 RSOP 理论研究方面，文献 [27] 详细阐明了偏振态 (SOP) 和 RSOP 概念的区别，提出并验证了一种三参量的 RSOP 模型，用以解决 RSOP 跟踪问题。我们在本书 3.1.2 小节所述的两参量 RSOP 模型，使用的两个模型参数 (α,δ) 均是从线偏振态出发推导出任意椭圆偏振态。然而，根据公式 (3-5) 及公式 (3-6)，对于无损偏振器件的琼斯矩阵，应该满足幺正矩阵的条件，即 $a^2+b^2+c^2+d^2=1$。从这种关系可以明显看出，表示 RSOP 的琼斯矩阵应该有 3 个独立变量，显然两参量 RSOP 模型不够精确。如果按此模型进行 RSOP 跟踪时，将有一个公共相位因子无法消除，导致斯托克斯空间的星座点在 s_2-s_3 平面内的整体旋转某一角度。为此，将 RSOP 模型修正为以下形式：

$$
\boldsymbol{J}_{\alpha,\beta,\kappa}=\begin{bmatrix}\cos\kappa\cdot\exp(\mathrm{j}\alpha) & -\sin\kappa\cdot\exp(\mathrm{j}\beta)\\ \sin\kappa\cdot\exp(-\mathrm{j}\beta) & \cos\kappa\cdot\exp(-\mathrm{j}\alpha)\end{bmatrix} \tag{6-3}
$$

式中，利用三个独立参量建立了 RSOP 的数学模型，参量 κ 表示引入的幅度信息，参量 α 及 β 表示相位信息。通过比较公式 (3-21) 和公式 (6-3)，可以发现三参量与两参量 RSOP 模型的不同之处在于它在指数部分多引入了一个相位因子。这种模型的适用范围及性能有待深入研究。

在大 PMD 补偿方面，尽管本书第 5 章针对快速 RSOP 下的 PMD 补偿问题提出了几种联合均衡方案，然而这些时域补偿方案最大只能补偿约 0.5 个符号周期的 DGD，PMD 补偿范围非常有限。当光纤链路存在非常大的 DGD(如超过 1 个符号周期) 时，会使得星座点随机散布在斯托克斯空间内部，理论上可将 PMD 损伤看作是在频域引入的，而这些方案仅在时域进行 PMD 补偿，无法获得 RSOP 的信息并进行有效跟踪。因此，针对快速 RSOP 条件下的大 DGD 补偿问题，有待进行深入研究。为解决这一问题，文献 [28] 巧妙地提出了一种在频域进行大 DGD 补偿，并在时域进行 RSOP 跟踪的技术方案。在每次卡尔曼滤波器迭代开始前，该方案均使用固定长度的滑动窗口将接收的符号序列分割成若干部分，其后利用 FFT 将每一部分信号转换至频域进行 PMD 补偿，这一过程使用的 PMD 补偿矩

阵 $\boldsymbol{U}_{\mathrm{comp}}(\omega)$ 为

$$\boldsymbol{U}_{\mathrm{comp}}(\omega)=\cos\left(\frac{\omega\Delta\tau}{2}\right)\boldsymbol{I}-\frac{\mathrm{j}(\boldsymbol{\tau}\cdot\boldsymbol{\sigma})}{\Delta\tau}\sin\left(\frac{\omega\Delta\tau}{2}\right) \tag{6-4}$$

此后，再利用 IFFT 将经过 PMD 补偿后的信号转换至时域进行 RSOP 均衡，使用的 RSOP 跟踪矩阵 $\boldsymbol{J}_{\mathrm{Comp}}$ 表示为

$$\boldsymbol{J}_{\mathrm{Comp}}=\begin{bmatrix}\exp(\mathrm{j}\alpha)\cos\kappa & -\exp(\mathrm{j}\beta)\cdot\sin\kappa\\ \exp(-\mathrm{j}\beta)\cdot\sin\kappa & \exp(-\mathrm{j}\alpha)\cdot\cos\kappa\end{bmatrix} \tag{6-5}$$

28GBaud PDM-QPSK 系统的仿真及实验结果表明，在快速 RSOP 及大 DGD 条件下，这种方案比 CMA 算法表现出了更优性能，最高能够均衡 2Mrad/s RSOP 下的 200ps DGD(约为 5.6 个符号周期)，计算复杂度更低。

这种方案尚未解决的问题有：由于使用的测量空间为斯托克斯空间，理想 PDM-QPSK 星座点的拟合平面为 S_2-S_3 平面，因而这种测量模型不能适用于高阶 QAM (比如 PDM-16QAM、PDM-32QAM、PDM-64QAM 等) 信号，需要寻找出适用的测量空间；此外，这种方案考虑大 PMD 补偿时只考虑了一阶 PMD，而未考虑更高阶 PMD 比如二阶 PMD 的影响，有待深入研究。

最后，在一体化均衡方面，本书第 5 章提出了多种基于卡尔曼滤波器的偏振损伤、载波损伤及一体化联合均衡方案，应用这些方案的前提均为提前进行了 CD 补偿。尽管已有一些方案考虑 CD 补偿和 RSOP 跟踪问题 [29,30]，但仍需基于卡尔曼滤波器收敛速度快、计算复杂度低的优点，进行能够同时进行 CD 补偿、快速 RSOP 跟踪、大 PMD 及 PDL 补偿的一体化均衡研究。这种方案如果能够完全替代经典的 CMA/MMA+FFOE+VVPE/BPS 方案，无疑将对 EON 弹性收发机芯片的集成、封装及测试具有重要的应用价值。

6.4 本章小结

本章主要针对 EON 可靠传输技术的发展趋势进行了展望。6.1 节主要针对基于机器学习的 OPM 最新进展进行了总结，6.2 节主要阐述了利用机器学习技术进行参数辨识的最新成果，6.3 节介绍了当前偏振损伤均衡技术的最新研究成果。每节的最后均指出了当前尚需解决的问题及下一步可能的研究方向，并尝试进行了技术展望。

通过上述内容，我们可以看出，当前基于机器学习的 EON 光性能监测及参数智能辨识研究刚处于萌芽期，许多问题有待深入研究。作为 EON 可靠传输领域前景光明的技术之一，我们应该充分使用机器学习技术进行 EON 系统重要参数的估

计，包括 OSNR 估计、BER 估计、Q 因子估计、CD 监测、DGD 监测及非线性参数估计等，同时也可以使用这种技术深入展开 OFDM-EON 系统其他参数 (比如波特率、带宽、子载波数量、循环前缀) 的智能辨识研究。在偏振损伤均衡技术方面，我们应该在 RSOP 理论、快速 RSOP 下的大 PMD 补偿以及损伤一体化均衡问题上再进行深入研究。

参 考 文 献

[1] LeCun Y, Bengio Y, Hinton G. Deep learning [J]. Nature, 2015, 521(7553):436.

[2] Mata J, de Miguel I, Durán R J, et al. Artificial intelligence (AI) methods in optical networks: a comprehensive survey [J]. Optical Switching and Networking, 2018, 28: 43-57.

[3] Proietti R, Chen X, Zhang K, et al. Experimental demonstration of machine-learning-aided QoT estimation in multi-domain elastic optical networks with alien wavelengths [J]. IEEE/OSA Journal of Optical Communications and Networking, 2019, 11(1): A1-A10.

[4] Shen Y, Harris N C, Skirlo S, et al. Deep learning with coherent nanophotonic circuits [J]. Nature Photonics, 2017, 11: 441.

[5] Thrane J, Wass J, Piels M, et al. Machine learning techniques for optical performance monitoring from directly detected PDM-QAM signals [J]. Journal of Lightwave Technology, 2017, 35(4):868-875.

[6] Côté D. Using machine learning in communication networks [Invited] [J]. Journal of Optical Communications and Networking, 2018, 10(10):D100-D109.

[7] Guesmi L, Fathallah H, Menif M. Modulation Format Recognition Using Artificial Neural Networks for the Next Generation Optical Networks[EB/OL], 2018-2. https://www.intechopen.com/books/advanced-applications-for-artificial-neural-networks/modulation-format-recognition-using-artificial-neural-networks-for-the-next-generation-optical-netwo.

[8] Musumeci F, Rottondi C, Nag A, et al. An overview on application of machine learning techniques in optical networks [J]. IEEE Communications Surveys & Tutorials, 2018:1.

[9] Zhuge Q, Hu W. Application of machine learning in elastic optical networks [C]//44th ECOC, Roma 2018.

[10] Wang Z, Yang A, Guo P, et al. OSNR and nonlinear noise power estimation for optical fiber communication systems using LSTM based deep learning technique [J]. Optics Express, 2018, 26(16):21346-21357.

[11] Huang Y, Cho P B, Samadi P, et al. Dynamic power pre-adjustments with machine learning that mitigate EDFA excursions during defragmentation [C]//Optical Fiber Communication Conference, Los Angeles, California:Optical Society of America,

2017:Th1J.2.

[12] Caballero F J V, Ives D J, Laperle C, et al. Machine learning based linear and nonlinear noise estimation [J]. Journal of Optical Communications and Networking, 2018, 10(10):D42-D51.

[13] Zhang J, Gao M, Chen W, et al. Non-data-aided k-nearest neighbors technique for optical fiber nonlinearity mitigation [J]. Journal of Lightwave Technology, 2018, 36(17): 3564-3572.

[14] Khan F N, Fan Q, Lu C, et al. An optical communication's perspective on machine learning and its applications [J]. Journal of Lightwave Technology, 2019, 37(2):493-516.

[15] Tanimura T, Hoshida T, Kato T, et al. Convolutional neural network-based optical performance monitoring for optical transport networks [J]. Journal of Optical Communications and Networking, 2019, 11(1):A52-A59.

[16] Kashi A S, Zhuge Q, Cartledge J C, et al. Nonlinear signal-to-noise ratio estimation in coherent optical fiber transmission systems using artificial neural networks [J]. Journal of Lightwave Technology, 2018, 36(23):5424-5431.

[17] Tanimura T, Hoshida T, Kato T, et al. Simple learning method to guarantee operational range of optical monitors [J]. Journal of Optical Communications and Networking, 2018, 10(10):D63-D71.

[18] Wang D, Wang M, Zhang M, et al. Cost-effective and data size-adaptive OPM at intermediated node using convolutional neural network-based image processor [J]. Optics Express, 2019, 27(7):9403-9419.

[19] 邱锡鹏. 卷积神经网络 [EB/OL]. 2019-9. https://nndl.github.io/.

[20] Khan F N, Zhong K, Zhou X, et al. Joint OSNR monitoring and modulation format identification in digital coherent receivers using deep neural networks [J]. Optics Express, 2017, 25(15):17767-17776.

[21] Lai J S, Tang R, Wu B B, et al. Research on optical performance monitoring (OPM) in coherent transmission system [C]//Asia Communications and Photonics Conference 2016, Wuhan:Optical Society of America, 2016:AS2B.2.

[22] Zhang J, Gao M, Chen W, et al. Blind and noise-tolerant modulation format identification [J]. IEEE Photonics Technology Letters, 2018, 30(21):1850-1853.

[23] Zhang W, Zhu D, He Z, et al. Identifying modulation formats through 2D Stokes planes with deep neural networks [J]. Optics Express, 2018, 26(18):23507.

[24] Lu J, Tan Z, Lau A P T, et al. Modulation format identification assisted by sparse-fast-Fourier-transform for hitless flexible coherent transceivers [J]. Optics Express, 2019, 27(5):7072-7086.

[25] Yi A, Yan L, Liu H, et al. Modulation format identification and OSNR monitoring using density distributions in Stokes axes for digital coherent receivers [J]. Optics Express, 2019, 27(4):4471-4479.

[26] Wang D, Zhang M, Li J, et al. Intelligent constellation diagram analyzer using convolutional neural network-based deep learning [J]. Optics Express, 2017, 25(15):17150-17166.

[27] Cui N, Zhang X, Zheng Z, et al. Two-parameter-SOP and three-parameter-RSOP fiber channels: problem and solution for polarization demultiplexing using Stokes space [J]. Optics Express, 2018, 26(16):21170-21183.

[28] Zheng Z, Cui N, Xu H, et al. Window-split structured frequency domain Kalman equalization scheme for large PMD and ultra-fast RSOP in an optical coherent PDM-QPSK system [J]. Optics Express, 2018, 26(6):7211-7226.

[29] Cui N, Zheng Z, Zhang X, et al. Joint blind equalization of CD and RSOP using a time-frequency domain Kalman filter structure in Stokes vector direct detection system [J]. Optics Express, 2019, 27(8):11557-11570.

[30] Yi W, Zheng Z, Cui N, et al. Joint equalization scheme of ultra-fast RSOP and large PMD in presence of residual chromatic dispersion [C]//Optical Fiber Communication Conference (OFC) 2019, San Diego, California:Optical Society of America, 2019:Th2A.51.